岩波基礎物理シリーズ
【新装版】

量子力学

岩波基礎物理シリーズ
【新装版】

量子力学

原 康夫
Yasuo Hara
[著]

岩波書店

QUANTUM MECHANICS

IWANAMI
UNDERGRADUATE COURSE IN PHYSICS

物理をいかに学ぶか

暖かな春の日ざし，青空に高く成長した入道雲，木々の梢をわたる秋風，道端の水たまりに張った薄氷，こうした私たちの身の回りの自然現象も，生命現象の不思議や広大な宇宙の神秘も，その基礎には物理法則があります．また，衛星中継で世界の情報を刻々と伝える通信，患部を正確にとらえるCT 診断，小さな電卓の中のさらに小さな半導体素子などの最先端技術は，物理法則の理解なしにはありえないものです．したがって，自然法則を学び，自然現象の謎の解明を志す理学系の学生諸君にとっても，また現代の最先端技術を学び，さらに技術革新を進めることを目指している工学系の学生諸君にとっても，物理は欠かすことのできない基礎科目です．

近代科学の歴史はニュートンに始まるといわれます．ニュートンは，物体の運動の分析から力学の法則に到達しました．そして，力学の法則から，リンゴの落下運動も天体の運行も同じように解明されることを見出しました．実験や観測によって現象をしらべ，その結果を数量的に把握し，基本法則に基づいて現象を数理的に説明するという方法は，物理学に限らず，その後大きく発展した近代科学の全体を貫くものだ，ということができます．物理学の方法は近代科学のお手本となってきたのです．また，超ミクロの素粒子から超マクロの宇宙までを対象とし，その法則を明らかにする物理学は，私たちの自然に対する見方(自然観)を深め，豊かにしてくれます．そのような意味でも，物理は科学を学ぶすべての学生諸君にしっかり勉強してほしい科目なのです．

このシリーズは，物理の基礎を学ぼうとする大学理工系の学生諸君のための教科書，参考書として編まれました．内容は，大学の 4 年生になってそれぞれ専門的な分野に進む前，つまり 1 年生から 3 年生までの間に学んでほしい基礎的なものに限りました．基礎をしっかり，というのがこのシリーズの第一の目標です．しかし，それが自然現象の解明にどのように使われ，どのように役立っているかを知ることは，基礎を学ぶ上でもたいへん重要なことです．現代的な視点に立って，理学や工学の諸分野に進むときのつながりを重視したことも，このシリーズの特徴です．

物理は難しい科目だといわれます．力学を学ぶには，物体の運動を理解するために微分方程式などのさまざまな数学を身につけなければなりません．電磁気学では，電場や磁場という目で見たり，手で触れたりできないものを対象にします．量子力学や相対性理論の教えることは，私たちの日常経験とかけ離れています．一見，身近な現象を相手にするかに見える熱力学や統計力学でも，エントロピーや自由エネルギーという新しい概念の理解が必要です．それらの法則が，物質という複雑なものを対象にするとなると，事態はさらに面倒です．

物理を学ぼうとこの本を開いた学生諸君，いきなりこんな話を聞いてどう感じますか？　いよいよ学習意欲をかきたてられた人は，この先を読む必要はありません．すぐ第1章から勉強にとりかかって下さい．しかし，そんなに難しいのか，と戦意を喪失しかけた人には，もう少しつきあってほしいと思います．

科学が芸術と本質的に異なるのは，ある程度努力しさえすれば誰にでも理解できるものだ，というところにあると思います．ある人の感動する音楽が別の人には騒音にしか響かないとしても，それはどうしようもないでしょう．科学は違います．確かに，科学の創造に携わってきたのはニュートンやアインシュタインといった天才たちでした．少なくとも，相当な基礎訓練をへた専門家たちです．しかし，そうして得られた科学の成果は，それが正しいものであれば，きちんと順序だてて学べば誰にでも理解できるはずです．誰にでも理解できるものでなければ，それを科学的な真理とよぶことはできない，といってもいいのだと思います．

そんなことをいうけれど，自分には難しくてよく理解できない，という反論もあるだろうと思います．そうかも知れません．しかし，それは教え方，あるいは学び方が悪かったせいではないでしょうか．物理学は組みたてられた構造物のようなものです．基礎のところの大事なねじがぬけていては，その上の構造物はぐらついてしまいます．私たちが教師として教室で物理の講義をするとき，時間が足りないとか，あるいはこんなことは皆わかっているはず，といった思いこみから，途中の大事なところをとばしているかも知れません．もう一つ大切なことは，構造物を組みたてながら，ときどき離れて全体の形をながめることです．具体的にいえば，数式をたどるだけでなくて，その数式の意味しているものが何かを考えることです．これを私たちは「物理的に理解する」といっています．

このシリーズの1冊1冊は，それぞれ経験豊かな著者によって，学生諸君がつまずくところはどこかをよく知った上で，周到な配慮をもって書かれました．単に数式を並べるだけではなく，それらの数式のもつ物理的な意味についても十分に語られています．実をいいますと，「物理的な理解」は人から教えられるのではなく，学生諸君ひとりひとりが自分で獲得すべきものです．しかし，物理をはじめて本格的に勉強して，すぐにそれができるものでもありません．この先生はこんな風に理解しているんだ，なるほど，と感じることは大いに勉強になり，あなた自身の理解を助けるはずです．

科学は誰にでも理解できるものだ，といいました．もちろん，それは努力しさえすれば，という条件つきです．この本はわかりやすく書かれていますが，ねころんで読んでわかるように書かれてはいません．机に向かい，紙と鉛筆を用意して読んで下さい．問題はまずあなた自身で解くように努力して下さい．

10冊のシリーズのうち，第1巻『力学・解析力学』，第10巻『物理の数学』は，高校の物理と数学が身についていれば，十分に読むことができます．この2冊に比べれば，第3巻『電磁気学』は少し努力を要するかも知れません．第5巻『量子力学』を学ぶには，力学は身につけておく必要があります．第7巻『統計力学』には量子力学の初歩的な知識が前提になっています．これらの巻に続くものとして，第2巻『連続体の力学』，第4巻『物質の電磁気学』，第6巻『物質の量子力学』，第8巻『非平衡系の統計力学』をそれぞれ独立な1冊として用意したことが，このシリーズの特徴のひとつ

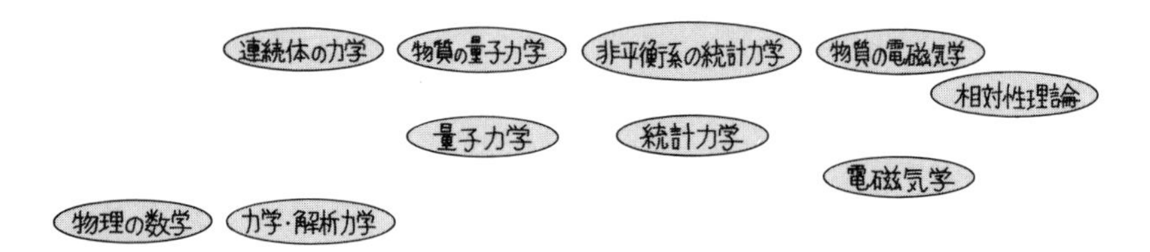

です．第9巻『相対性理論』は力学と電磁気学に続く巻として位置づけられます．各巻の位置づけは，およそ上の図のようなものです．図は下ほど基礎的な分野です．

このシリーズが，理工系の学生諸君が物理を本格的に学び，身につけることに役立つならば，それは著者，編者一同にとってたいへんうれしいことです．

1994年3月

編者　長岡洋介
　　　原　康夫

ま え が き

量子力学を学ぶ前の大学生諸君にとって「量子力学」という名前は魅力的に響くのではなかろうか．量子力学は，電子，光子，陽子など，粒子と波動の両方の性質を示し古典物理学では理解できない，ミクロな物質の従う力学である．原子，分子，原子核などの構造や性質は量子力学によって理解できること，半導体素子やレーザーなどは量子力学の応用であること等の事実を，多くの読者は知っていることと思う．

しかし，量子力学の講義に出席すると，多くの場合には，夢と現実のギャップに直面する．まず物理数学に悩まされる．微分方程式，しかも偏微分方程式，固有値問題，さまざまな特殊関数，関数の完全系などが次から次へと現われる．量子力学の講義は数式の羅列で，物理的内容はその中に埋没しているようにさえ感じられる．

数式のつぎに悩まされるのが，数式の物理学的意味の把握であろう．力学の場合には出てきた数式の表わしている現象が理解しやすいので，力学の数式は抵抗なしに受け入れやすい．日常経験する世界とはかけ離れたミクロな世界の運動法則である量子力学の数式の場合には，そうはいかない．本書では，まず，第1章から第4章までの序論的部分と1次元問題で，量子力学の特徴と基本的な考え方を理解し，慣れることを強くお薦めする．

量子力学はミクロな世界の現象を定性的に説明するばかりではない．量子力学のルールに従って計算されたミクロな世界の現象の計算結果は，精密な実験結果を見事に再現する．いちじるしい場合には，10桁目の数値までも一致する．このような意味で，量子力学は自然科学の諸分野の中で精密科学としてもっとも成功を収めた人類の金字塔といえよう．このような精密な結果を導くためには，前記のような数学は不可欠である．

本書は量子力学を初めて学ぶ読者を対象にしている．したがって，読者諸君が量子力学とはどのようなものかを，なるべくミクロな世界の典型的な現象の例を通して，理解しやすいよう，平易に記述するよう努力した．そのために，使用した数学は物理的内容を理解するのに必要な最低限にとどめるよう努力した．本書は量子力学の全体像の把握を主目的にしているので，結果の数学的導出を章末の演習問題としている場合がある．

第4章以降の各章では，その章のもっとも重要な個所，講義では必ず触れるような個所を章の前半に配置し，あとでもう一度勉強する機会に譲ってもよい個所は章の最後に配置するように工夫した．とにかく，最初は細部にこだわらずに通読してほしい．

演習問題は多く出した．数値的な答を求める問題がかなりあるが，ミクロな世界を定性的にも定量的にも捉える必要があると考えたからである．また，新しい話題，理論的な問題もいくつか入れた．

本書の執筆に際しては，筑波大学での量子力学の講義の経験が大いに参考になった．受講生の諸君に感謝する．なかでも原稿を読んでくれた今給黎隆，佐々木文子，照井章の3君に感謝する．照井君にはいくつかの図の作成に協力してもらった．また原稿を読み，貴重なコメントを頂いた岡崎誠，長岡洋介の両氏に感謝したい．貴重な写真を提供していただいた日立製作所基礎研究所の外村彰博士，NTT 厚木研究開発センターの宇津木靖博士，通産省電子技術研究所にも感謝する．

1994年5月

原　康夫

目　次

物理をいかに学ぶか
まえがき

1 序　　論 …………………………………… 1
1-1 なぜ量子力学を学ばねばならないか　1
1-2 古典論の困難　2
1-3 光の2重性　3
1-4 電子の2重性　8
1-5 不確定性原理　13
1-6 原子の定常状態と線スペクトル　15
第1章演習問題　19

2 シュレーディンガー方程式 …………………………………… 23
2-1 弦を伝わる横波の波動方程式　23
2-2 弦の固有振動　26
2-3 複 素 数　29
2-4 電子の2重性と波動方程式　31
2-5 シュレーディンガー方程式　36
第2章演習問題　41

3 1次元問題1——束縛状態 …………………………………… 43
3-1 1次元問題のシュレーディンガー方程式　43
3-2 無限に深い井戸型ポテンシャル　44
3-3 井戸型ポテンシャル($E < V_0$の場合)　47
3-4 調和振動子　55

第 3 章演習問題　61

4　1 次元問題 2――反射と透過 ……………………65

4-1　1 次元の自由運動　65

4-2　階段型ポテンシャルによる反射と透過　67

4-3　トンネル効果　71

4-4　デルタ関数　78

4-5　連続固有値の固有関数のデルタ関数規格化　80

4-6　周期的境界条件と状態密度　84

4-7　3 次元の自由粒子　85

第 4 章演習問題　86

5　中心ポテンシャルの中の電子――球座標での 3 次元問題 ‥91

5-1　球座標でのシュレーディンガー方程式　91

5-2　球面調和関数　95

5-3　軌道角運動量演算子　98

5-4　動径方向の波動方程式　100

5-5　水素原子　102

5-6　3 次元の井戸型ポテンシャル　108

5-7　磁場の中の電子(1)　111

第 5 章演習問題　114

6　物理量と期待値 ……………………………119

6-1　物理量と演算子　119

6-2　物理量と期待値　120

6-3　エルミート演算子　124

6-4　関数空間と物理量の行列表現　126

6-5　交換関係　130

6-6　振動量子の生成消滅演算子　133

6-7　ブラとケット　136

第 6 章演習問題　139

7 角運動量 ……………………………………………143
7-1 ス ピ ン 143
7-2 電子のスピン角運動量演算子$\hat{S}$と固有関数 145
7-3 スピンの回転 150
7-4 磁場の中の電子(2) 152
7-5 角運動量演算子の交換関係 156
7-6 角運動量演算子の表現行列と固有値 158
7-7 角運動量の合成 163
7-8 スピン-軌道相互作用 167
第7章演習問題 168

8 多粒子系 ……………………………………………173
8-1 多粒子系のシュレーディンガー方程式と波動関数 173
8-2 同種粒子 177
8-3 独立粒子近似 181
第8章演習問題 187

9 近似解法 ……………………………………………191
9-1 代数的方法と2準位近似 191
9-2 摂 動 論 193
9-3 時間に依存しない摂動 195
9-4 時間に依存する摂動 203
9-5 変 分 法 209
第9章演習問題 211

10 散　乱 ……………………………………………215
10-1 散乱断面積 215
10-2 ボルン近似 220
10-3 部分波展開と位相のずれ 226
第10章演習問題 231

11　光の放射 ……………………………………………233

11-1　光子の生成演算子と消滅演算子　233

11-2　演算子としてのベクトル・ポテンシャル　236

11-3　原子の自発放射　238

11-4　レーザー　238

第 11 章演習問題　241

さらに勉強するために ……………………245

問および演習問題略解 ……………………247

索　　引 ……………………………………259

— 《*Coffee Break*》 —

2 面神，2 重人格　21
行列力学と波動力学　42
古典力学的世界観と量子力学的世界観　63
ナノの世界　89
ニールス・ボーア　117
シュレーディンガーの猫　141
メビウスの環　171
ボース-アインシュタイン凝縮　189
アハラノフ-ボーム効果　213
ファインマンの経路積分量子化法　231
EPR のパラドックス　242

1 序　論

原子，電子，原子核などのミクロな物体は粒子的性質と波動的性質の両方をもつ．このような 2 重性をもつ物体を量子という．量子の従う運動法則が量子力学である．この章では，量子に特有な性質である 2 重性や定常状態がどのような実験結果から発見されたのかを学び，量子力学の基本的な考え方を身につける．

1-1 なぜ量子力学を学ばねばならないか

物質は分子からできていて，分子は原子からできている．原子は原子核と電子からできていて，原子核は陽子と中性子からできている．分子，原子，原子核，電子，陽子，中性子などは物質の基本的な構成粒子であり，これらの基本粒子の運動法則が量子力学である．ただし，あとで述べるように，「粒子」という呼び方には注意が必要である．いうまでもなく，人間は原子や電子を肉眼で見ることはできない．このように微小なものの力学である量子力学をなぜ学ばねばならないのであろうか．

もともと物理学は目に見えたり，手で触れたりできる現象の研究から始まった．目に見える石の放物運動，天体の運行，手に感じる熱，耳に聞こえる音，ピリッと感じる摩擦電気，磁石が鉄片を引っ張る現象などはその例である．しかし，物理学の研究の進展によって，熱現象，電磁気現象，物質の物理的・化学的性質などを理解するには，分子の世界，原子の世界といった，直接は目に見えないミクロな世界を理解せねばならないことが明らかになった．すなわち，日常生活で経験する物理現象，化学現象，例えば，

なぜ日本産の金と米国産の金は同一の性質をもつのか？

ネオンサインの色の原因は何か？

なぜ鉄は強い磁石になるのか？

なぜ物質には電気を伝える導体と伝えない絶縁体があるのか？

などの疑問の理解には，ミクロな世界の自然法則である量子力学の理解が不可欠なのである．これらの例はほんの一部にすぎない．

物理学の成果は産業に応用されて，人類の生活向上に貢献してきた．18世紀の産業革命は熱を動力に変える熱機関の発明によって始まった．熱機関の効率の科学的研究の成果が熱力学である．発電機，モーター，無線通信などは19世紀に完成した電磁気学の応用である．最近の情報化社会では，半導体，レーザーなどが重要な役割を演じている．これらは量子力学の応用であり，これらの技術の研究には量子力学の知識は不可欠である．

実用的価値を考えなくても，日常生活で身についたマクロな世界での常識の通用しないミクロな世界の法則である量子力学の理解は，自然科学に関心を持つ者の知的好奇心を満足させてくれる．

1-2　古典論の困難

原子はなぜ同じ大きさをもつのか　自然は多様で変化に富んでいるが，その一方，いちじるしい一様性も示す．例えば，すべての水素原子は同じ大きさをもつ．水素原子は水素原子核である陽子と電子がクーロン力によって結びついている複合体である．地球は太陽を焦点の１つとする楕円軌道上を運動するように，ニュートン力学は，水素原子中の電子は陽子を焦点の１つとする楕円軌道上を運動すると予言する．しかし，電子の楕円軌道の大きさについての制限はつかない．ニュートン力学は「なぜ水素原子の大きさは一定なのか」という質問には答えられないのである．

原子の不安定性の困難　困難はそれだけではない．電磁気学によれば，水素原子の中で荷電粒子である電子が回転数 ν の回転運動を行なうと，振動数 ν の電磁波が放射される．水素原子は電磁波を放射するとエネルギーを失うのでエネルギーが減少し，電子の軌道半径は小さくなり，最後には電子と陽子は 1 点になる．つまり，力学と電磁気学などから構成されている古典物理学(古典論)では，大きさのある水素原子がなぜ安定に存在できるのかを説明できない．

古典論を電子や光に適用できないことは，電子や光が波動の性質と粒子の性質の 2 重性を示すことからも明らかである．

1-3　光の 2 重性

ニュートン力学に従う粒子とは，決まった質量をもつ小物体である．2 つの通り道があれば，1 つの粒子はどちらか一方だけを通る．粒子の運動は各時刻での粒子の位置(軌跡)によって記述される．これに対して，波は媒質の中での振動の伝搬であり，広い領域に拡がって起こる現象である．2 つの通り道があれば，波は両方を通り，あとで合流するときに干渉効果を起こす．波を記述するには，各時刻での媒質のすべての点の振幅と位相を指定する必要がある．古典物理学では波動性と粒子性とは両立しない．

電灯の光をコンパクト・ディスクの面で反射させると虹色に見える．この現象は，光が波であり，いろいろな所で反射された光の波が干渉して強め合う角度が光の波長によって違うためだとして説明される．すなわち，光は波動性を示す．

しかし，波長の短い可視光や紫外線を金属にあてると電子が飛び出す光電効果，物質によって散乱された X 線の中にはその波長が入射 X 線の波長より長い方に変わったものが含まれているコンプトン散乱などの現象では，以下に示すように，光(一般に電磁波)は粒子的な性質を示すことが知られている．すなわち，振動数 ν，波長 λ の光線は，エネルギー E と運動量 p が

$$E = h\nu, \quad p = \frac{h}{\lambda} \tag{1.1}$$

の光子(光の粒子)の集まりだとすると，光電効果は金属による光子の吸収と電子の放出，コンプトン散乱は電子による光子の散乱として見事に説明される．ここで，定数 h は

$$h = 6.6260755 \times 10^{-34} \quad \mathrm{J{\cdot}s} \tag{1.2}$$

で，**プランク定数**(Planck constant)とよばれる．振動数 ν の電磁波のエネルギーの値は $h\nu$ の整数倍に限られることを 1900 年に発見したのがプランク(M. Planck)だったからである．

このように光は波動性と粒子性の両方の性質を示す．これを**光の 2 重性**(duality)という．とりあえず，光の 2 重性を「光は空間を波として伝わり，物質によって放出・吸収されるときは粒子として振る舞う」と理解してほしい．光は波動性と粒子性をもつが，その間には密接な関係(1.1)があることに注意しよう．

光電効果　紫外線のような波長の短い光を金属の表面にあてると，負電荷を帯びた電子が飛び出す．この現象を**光電効果**(photoelectric effect)といい，このように飛び出した電子を**光電子**という．

1900 年頃までに，光電効果の実験的研究によって，次のような結果が得られた．

(1) 金属にあてる光の振動数 ν が，その金属に特有なある値 ν_0 より小さいと，強い光をあてても光電子は飛び出さない．この ν_0 を限界振動数という．

(2) 光電子の運動エネルギーは，光の強さに関係なく，光の振動数 ν が大きくなると大きくなる．

(3) 単位時間に飛び出す光電子の数は，光の強さに比例する．

(4) どんなに弱い光でも，限界振動数より大きな振動数の光をあてると，ただちに光電子が飛び出す．

光が波だとしたら，電子が光から受けとるエネルギー E は，光の強さと光を受けた時間の積に比例するはずである．したがって，電子に光を長時間

あてれば，振動数の小さな光でも，大きなエネルギーを与えられることになる．光を波と考えると，実験結果(1)，(2)，(4)を説明できない．

1905年にアインシュタイン(A. Einstein)は，振動数νの光(一般に電磁波)はエネルギー$E=h\nu$をもつ粒子(光子)の流れだとして光電効果を説明した．

光子が電子と衝突するときに，光子はそのエネルギーの全部を一度に電子に与えて吸収されると考えると，光電効果の実験結果は，光子説によって次のように見事に説明される．すなわち，金属内部の電子1個を外部(真空中)に取り出すのに，W_0以上の仕事が必要だとすると(W_0を仕事関数という)，光電効果を起こすためには，エネルギーがW_0以上の光子をあてることが必要であり，限界振動数ν_0は$\nu_0=W_0/h$となる(実験結果(1))．また，飛び出した光電子の運動エネルギーの最大値K_mは，光子のエネルギー$E=h\nu$よりも仕事$W_0=h\nu_0$の分だけ小さく，

$$K_m = E-W_0 = h\nu-h\nu_0 \tag{1.3}$$

となり，K_mは光の振動数νとともに増加する(実験結果(2))．

1916年にミリカン(R. A. Millikan)は，図1-1のような装置を使って(1.3)式の関係を確かめ，プランク定数の値を求めた．振動数νの単色光を負極Kにあてたとき，その表面から飛び出して正極Pに到達する光電子による電流Iと負極に対する正極の電位Vの関係は，図1-2のようになった．この結果は，$V=-V_0$のとき，最大の運動エネルギーK_mをもって負極を飛び出した光電子が，正極にエネルギーを使いはたしてやっと到達した

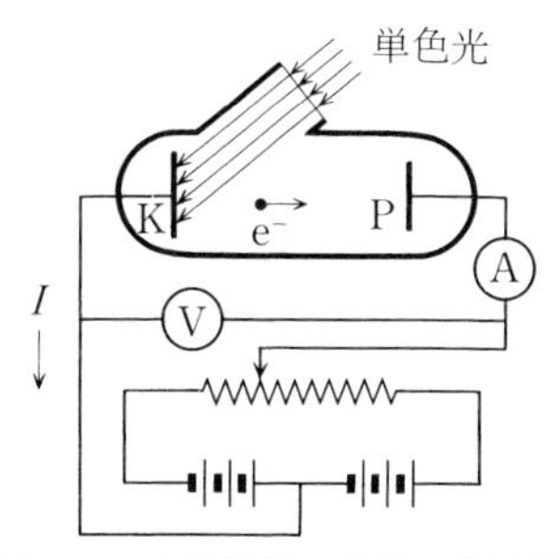

図1-1　光電効果の実験の概念図

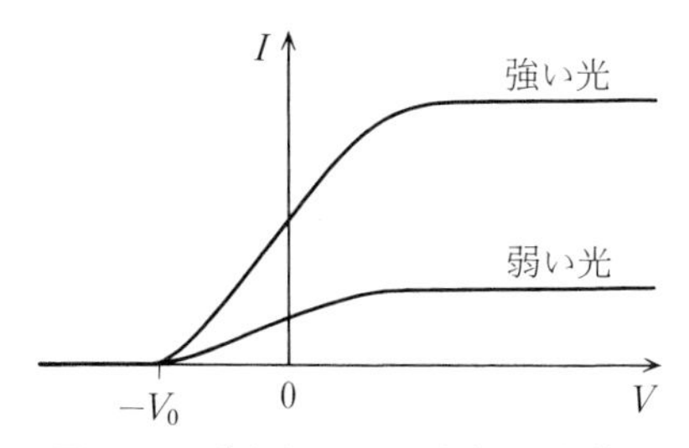

図1-2　正極電圧Vと電流Iの関係

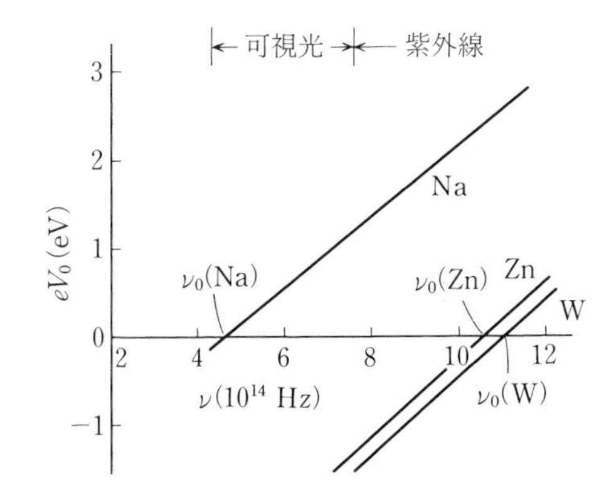

図 1-3　単色光の振動数 ν と阻止電圧 V_0 の関係

ことを示すので，$K_\mathrm{m}=eV_0$ の関係がある．

単色光の振動数 ν を変化させたり，負極の金属の種類を変えたりして，ν と eV_0 の関係を調べると，図 1-3 のようになった．これらの平行な直線の傾きを h とすると，関係，

$$eV_0 = h\nu - h\nu_0 \tag{1.4}$$

が得られた．この式と $K_\mathrm{m}=eV_0$ から(1.3)式が得られ，光子説の正しさが実証された．

一般に，電磁波によってエネルギー E が運ばれるときには，同時に大きさが $p=E/c$ の運動量も運ばれるので(c は真空中の光の速さ)，振動数 ν と波長 λ の関係 $c=\nu\lambda$ を使うと，光子の運動量 $\boldsymbol{p}$ は大きさが $p=h\nu/c=h/\lambda$ で，光の進行方向を向いている．

コンプトン散乱　池の中の杭による水面波の散乱では，入射波と散乱波の波長は同じである．ところが，1923 年にコンプトン(A. H. Compton)は，物質によって散乱されたX線には，入射波と同じ波長 λ のもののほかに，λ より長い波長 λ' をもつものがあることを発見した(図 1-4)．このような散乱を**コンプトン散乱**(Compton scattering)という．彼は，この現象をX線光子と電子の衝突として説明した．すなわち，波長 λ，振動数 ν の入射X線をエネルギー $E=h\nu=hc/\lambda$，運動量 $p=h/\lambda$ をもつ光子の流れと考え，コンプトン散乱をこの光子と静止している質量 m(静止エネルギー mc^2)の電子との弾性衝突と考えた．相対論的に考えると，エネルギー保存則から，

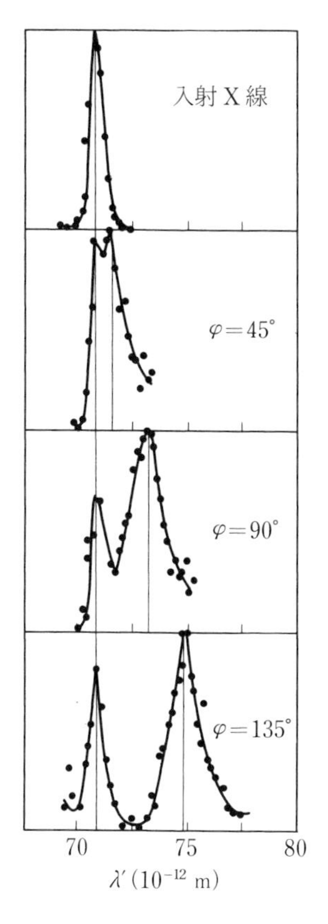

図 1-4 散乱X線の散乱角 φ と波長 λ' の分布．波長 $\lambda=7.1\times10^{-11}$ m の入射X線のグラファイトによる散乱．縦軸は散乱X線強度

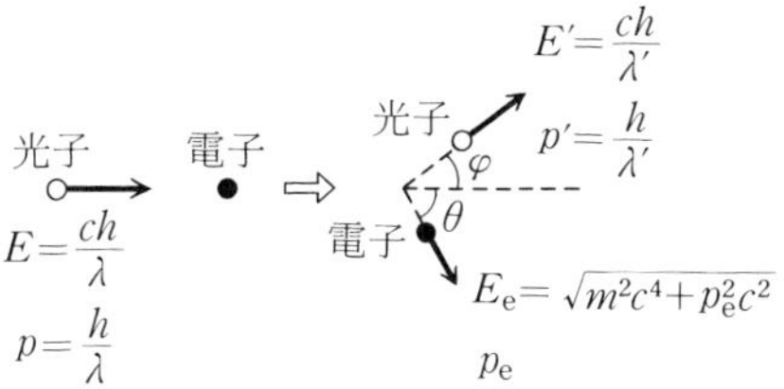

光子 $E=\dfrac{ch}{\lambda}$ $p=\dfrac{h}{\lambda}$ 電子 ⇨ 光子 $E'=\dfrac{ch}{\lambda'}$ $p'=\dfrac{h}{\lambda'}$ φ θ 電子 $E_{\mathrm{e}}=\sqrt{m^2c^4+p_{\mathrm{e}}^2c^2}$ p_{e}

図 1-5 原子の中の電子によるコンプトン散乱

$$\frac{ch}{\lambda}+mc^2=\frac{ch}{\lambda'}+\sqrt{m^2c^4+p_{\mathrm{e}}^2c^2} \tag{1.5}$$

が導かれ(図 1-5)，運動量保存則から

$$\begin{aligned}\frac{h}{\lambda}&=\frac{h}{\lambda'}\cos\varphi+p_{\mathrm{e}}\cos\theta\\ \frac{h}{\lambda'}\sin\varphi&=p_{\mathrm{e}}\sin\theta\end{aligned} \tag{1.6}$$

が導かれる．角 φ は光子の散乱角である．(1.6)の2つの式から $\sin^2\theta+\cos^2\theta=1$ を使って電子の散乱角 θ を消去すると，

$$p_e^2 = \left(\frac{h}{\lambda} - \frac{h}{\lambda'}\right)^2 + \frac{2h^2}{\lambda\lambda'}(1-\cos\varphi)$$

が得られる．この式と(1.5)式から，はね飛ばされた電子の運動量 p_e を消去すると，波長のずれ $\varDelta\lambda = \lambda' - \lambda$ は次のようになる．

$$\varDelta\lambda = \lambda' - \lambda = \frac{h}{mc}(1-\cos\varphi) = 0.00243(1-\cos\varphi) \quad \text{nm} \qquad (1.7)$$

この式が実験結果とよく合うこと，またはね飛ばされた電子が実際に発見されたことは，X線の粒子性の有力な証拠となった．なお，波長が変化しない散乱は，原子核に強く引きつけられている電子によるX線光子の散乱として説明される．

1-4 電子の2重性

電子の2重性　光と同じように，電子も2重性を示す．すなわち，あるときは粒子のように振る舞い，あるときは波のように振る舞う．

電子は決まった大きさの質量と電荷をもち，その半分の大きさの質量や電荷をもつ電子は発見されない．電子が蛍光物質に衝突すると，キラッと点状に光る(輝点が発生する)．つまり，電子は粒子のように振る舞う．トムソン(J. J. Thomson)は電子の粒子的性質を利用して電子を発見した．

しかし，電子は波動性も示す．図1-6のように，電子の通り道のスリットが2本ある場合を考えよう．電子が分割不可能な粒子であれば，電子が検出面上の位置 x に到達するには，スリット1を通るか，スリット2を通るかのどちらかでなければならない．したがって，電子が位置 x に到達する確

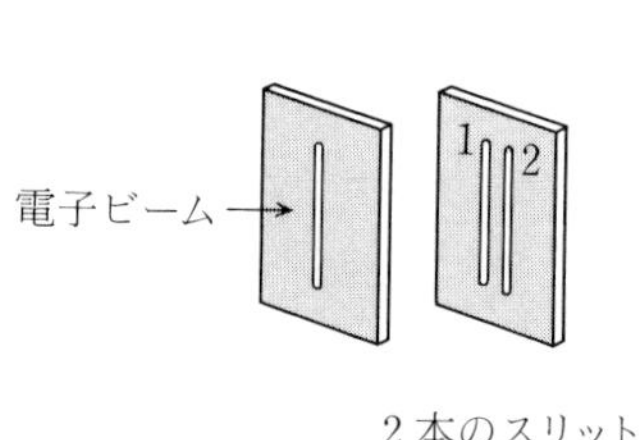

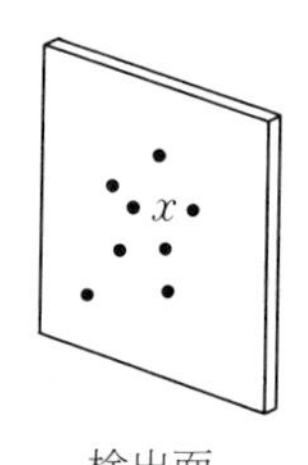

図1-6　電子ビームと2本のスリット1, 2

率は，「スリット1を通って x にくる確率 P_1」と「スリット2を通って x にくる確率 P_2」の和 P_1+P_2 になるはずである．

しかし，ミクロな世界で和になるのは確率ではない．電子顕微鏡の電子源から出てくる電子の流れの中に2本のスリットを置き，2本のスリットを通過した2つの流れの合流場所に置いてある検出面に到達した電子を記録すると，図1-7(d)に示すような明暗の縞ができる．この明暗の縞は，明らかに「スリット2が閉じているときに，電子がスリット1を通って検出面にくる確率 P_1」と「スリット1が閉じているときに，電子がスリット2を通って検出面にくる確率 P_2」の和の P_1+P_2 ではない．もし P_1+P_2 であれば，直

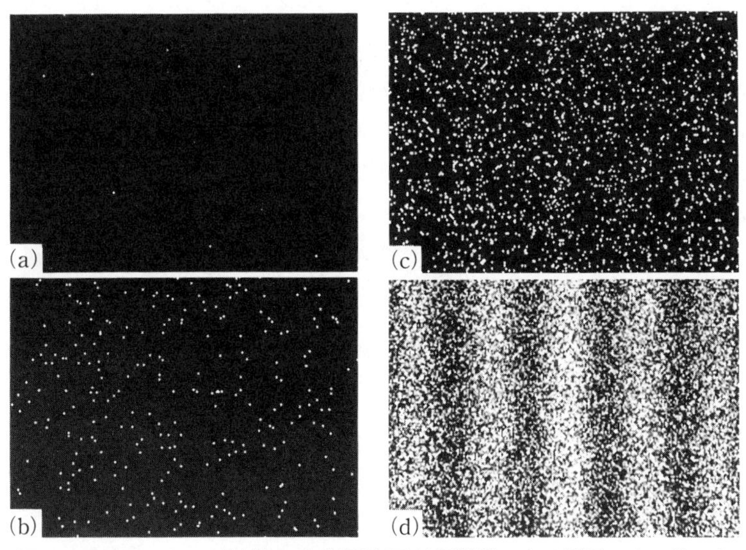

図1-7　電子による干渉縞の形成過程(電子顕微鏡による電子の2スリット干渉実験)．エネルギーの決まった電子が，2つのスリットを通過して，位置の分解能のよい電子検出器に1個また1個と間隔をおいてやってくる．電子が検出器の上面の蛍光フィルムに達すると，そこで検出され，記録装置に記録されて，モニターに写しだされる．この図には，電子が検出面に1個ずつ到着し，その結果，干渉縞が形成される様子を写真(a)→(d)で時間の順に示す．電子顕微鏡の内部に2個以上の電子がいることはまれであるように実験したので，この干渉縞は1個の電子の量子的な干渉による．(日立製作所基礎研究所 外村彰博士提供)

進した電子ビームがスクリーンに到達する2つの場所に到達電子数のピークがあるはずである．

この縞模様は，ヤングの実験で2本のスリットを通過した光のつくる干渉縞にそっくりなので，電子波の干渉縞と解釈できる．つまり，この写真は，2本のスリットを通過した2つの電子波 ψ_1 と ψ_2 とが重なりあって $\psi_1+\psi_2$ となり，検出面上で2つの波が強めあったり弱めあったりするので，検出面上での電子波の強度 $|\psi_1+\psi_2|^2$ の分布が明暗の縞を作ることを示している．すなわち，電子は，この場合には粒子ではなくて，波のように振る舞うことを示している．なお，この実験では，実験装置の内部に2個以上の電子が同時に存在することはまれであるような状況で実験したので，この明暗の縞は2個以上の電子の相互作用によって生じたのではない．

さて，この明暗の縞が形成されていく過程を記録した図1-7(a)-(d)を順に見ると，明暗の縞の輝度が連続的に増加していくのではなく，「粒子」としての電子が1個ずつ検出面(蛍光板)に衝突して，輝点を発生させていることがわかる．そして，場所によって衝突確率に大小の差があるので，明暗の縞が形成されていく様子がわかる．つまり，電子の場合に，干渉縞という波動現象の現われは，粒子(電子)を発見する確率の大小の空間的分布として理解できる．なお，2本のスリットを通過させる光の干渉実験でも，光の強度をきわめて弱くすると，図1-7と同じような実験結果が得られる．この場合には輝点は光子によって発生する．

陽子や中性子も，電子や光子と同じように，粒子性と波動性の両方の性質を示すことが発見されている．本書では簡単のために「粒子」という言葉を使うことが多いが，波動性を持つ事実を無視しているわけではない．なお，電子，光子，陽子，中性子などのように，粒子と波動の2重性を示すものを**量子力学的粒子**あるいは**量子**(quantum)とよぶことがある．量子力学(quantum mechanics)とは量子の従う力学である．

波動関数と確率密度(発見確率)　電子の示す波動と粒子の2重性の実態は図1-7を眺めることによって理解できたと思う．電子は空間を波として伝わる．量子力学ではその様子を波動関数 $\psi(x,y,z)$ によって記述する．この

波動関数(wave function)は重ね合わせの原理に従う．したがって，電子波が2つに分れ，再び合流する場合には，対応する波動関数 ψ は，2つの波に対応する波動関数 ψ_1 と ψ_2 の和

$$\psi = \psi_1 + \psi_2 \tag{1.8}$$

で表わされ，ψ_1 と ψ_2 の位相が一致する場合には強めあい，逆位相の場合には弱め合うという干渉効果を示す(ψ はもちろん $\psi(x, y, z)$ の省略形である)．

電子が空間を波動として伝わる様子を記述する波動関数そのものを観測することはできない．物質との作用を利用して検出されるのは「波」ではなく，図1-7に示されているように，「粒子」としての電子であり，測定できるのは，電子を検出器によって検出しようとする場合に，電子を発見する確率である．量子力学では点 (x, y, z) に電子を発見する確率(相対確率)は「電子の波動関数の絶対値の2乗」すなわち $|\psi(x, y, z)|^2$ であると要請し，$|\psi(x, y, z)|^2$ を**確率密度**(probability density)という．このような物理的な役割を演じる波動関数 ψ は電子の状態(state)を表わすという．

第2章で説明するが，実は波動関数は複素数なので，(1.8)式の場合には，

$$|\psi|^2 = |\psi_1 + \psi_2|^2 = |\psi_1|^2 + |\psi_2|^2 + \psi_1^* \psi_2 + \psi_2^* \psi_1 \tag{1.9}$$

と表わされる．ψ^* は ψ の複素共役を意味する(2-3節参照)．右辺の第1項の $|\psi_1|^2$ は「スリット1だけが開いているときに電子がスリット1を通って点 (x, y, z) にくる確率 P_1」で，第2項の $|\psi_2|^2$ は「スリット2だけが開いているときに電子がスリット2を通って点 (x, y, z) にくる確率 P_2」である．第3,4項は2つのスリットを通過した電子波の干渉効果を表わすので干渉項という．

図1-7の実験では，実験装置の内部に2個以上の電子が同時に存在することはまれであるような状況で実験を行なった．したがって，この実験は，検出された1個の電子に対応する電子波は，スリット1と2の両方を通って，検出面に到達したことを示す．

図1-7(d)に記録されている確率密度 $|\psi(x, y, z)|^2$ は，同一の条件で電子を1個ずつ入射する実験を多数回行なった場合に電子を検出する確率を表わ

している．今後，確率密度という言葉を使うときには，このように同一条件下での実験を多数回行なった場合の電子の発見確率を意味する．状態を表わす波動関数 ψ が決まっていても，粒子の位置座標を測定したときに得られる測定値を予言することは一般に不可能である．量子力学が予言できるのは，さまざまな測定値の得られる確率だけで，これが $|\psi|^2$ で表わされる．そこで波動関数 ψ を**確率振幅**(probability amplitude)ともいう．波動関数を決める方程式が次章で学ぶシュレーディンガー方程式である．

ド・ブロイ波長　質量 m，速度 v の電子の流れが波動性を示すときの波長 λ は，(1.1)式と同じように，

$$\lambda = \frac{h}{p} = \frac{h}{mv} \tag{1.10}$$

である．この波長を**ド・ブロイ波長**(de Broglie wavelength)という．

(1.10)式の正しさは，1927年にデビソン(C. J. Davisson)とガーマー(L. H. Germer)によって確かめられた．かれらはニッケルの単結晶の表面に垂直に電子ビームをあてたところ(図1-8(a))，表面で散乱された電子の強度はある特定の方向で強くなること(図1-8(b))，そしてその方向(散乱角 θ)は電子ビームの加速電圧 V とともに変わることを発見した．波長 λ の波は

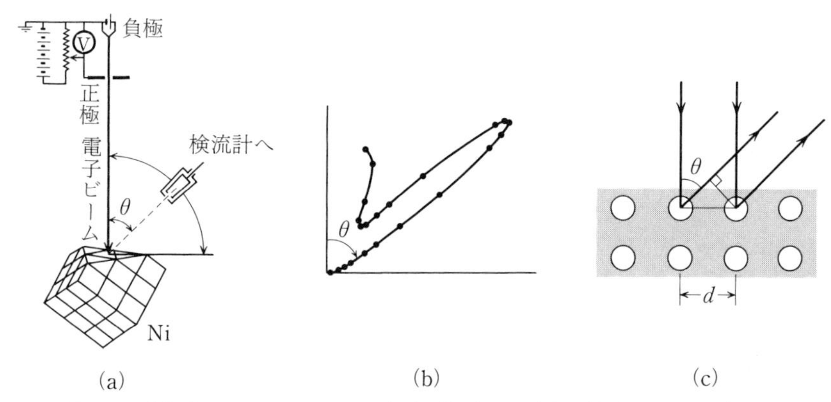

図1-8　(a)デビソン-ガーマーの実験の概念図　(b)反射電子ビーム強度の角度分布(加速電圧は54 V)　(c)強く散乱されるための条件

原子間隔 d の結晶表面によって，条件

$$d\sin\theta = n\lambda \qquad (n=1,2,\cdots) \tag{1.11}$$

を満たす方向に強く散乱されるので(図 1-8(c))，図 1-8(b)の実験結果から電子波の波長 λ が求められる．電位差 V で加速され，エネルギー $E=p^2/2m=h^2/2m\lambda^2=eV$ になった電子のド・ブロイ波長は

$$\lambda = \frac{h}{\sqrt{2meV}} = \sqrt{\frac{150.4}{V(\text{ボルト})}}\times 10^{-10}\quad \text{m} \tag{1.12}$$

であるが(電子の質量は $m=9.109\times10^{-31}$ kg，電荷は $-e=-1.602\times10^{-19}$ C)，この理論値と実験値はよく一致している．

エネルギー E をもつ電子が波動的に振る舞う場合の振動数 ν は，光の場合と同じように，

$$\nu = \frac{E}{h} \tag{1.13}$$

である．光との類推で導入された関係(1.13)式の理論的・実験的根拠については 1-6 節と 9-4 節で説明する．なお，粒子像での電子の速さ v は，波動像では長さが有限な波である波束の群速度 v_g に対応し，位相速度 $\lambda\nu$ には対応しないことを注意しておく．

1-5 不確定性原理

水面を伝わる波の場合には，波が伝わる様子を目で見たり，映画に写したりすることができる．水の波を目で見ても映画に写しても，波の伝わり方に何の変化も生じない．電子の場合はどうなのだろうか．電子が空間を波あるいは粒子として運動する様子を観測しようとすると，例えば，光で電子の通路を照射して，光を電子で散乱させる必要がある．ところで，光の粒子性のために，光の強さのレベルを光子 1 個以下にはできない．すなわち，光は最低でも(1.1)式に示された大きさのエネルギーと運動量をもつ．したがって，電子を途中で観測すると，電子は非常に軽いので，観測の際の衝撃で，電子のその後の進路が大きく乱されてしまう．例えば，図 1-7 の場合には，電子

がこないはずの縞の暗い部分にも電子が行くようになって，明暗の縞が消えてしまう．つまり，電子が2つのスリットのどちらを通過したのかを識別しようとすると，干渉縞が消えてしまうほど，電子の運動が大きく乱される(第1章演習問題5参照)．したがって，電子の粒子的な振る舞いを調べると波動的な振る舞いは消えるので，電子の波動性と粒子性を同時に検出することはできない．

一般に，電子のような微小なものの「位置」と「運動量」の両方を同時に正確に測定することはできない．光を使って物体の位置を精密に測定しようとすると，細く絞った光線を物体にあてて散乱させる必要がある．波動光学によれば，光線は光の波長λの$1/2\pi$倍程度までにしか絞れない．つまり，波長λの光を使っての物体の位置の測定値には$\lambda/2\pi$程度の不確定さ(ゆらぎ，ばらつき)Δxがある．一方，光子1個のもつ運動量はh/λなので，波長λの光をあてると物体の運動量が変化してしまい，運動量の測定値にはh/λ程度の不確定さΔpがある．

短波長の光を使って電子の位置を正確に決めようとすると，運動量の測定値の不確定さが大きくなり，長波長の光を使って電子の運動量を正確に決めようとすると位置の測定値の不確定さが大きくなる．その結果，

$$\text{「位置の測定値の不確定さ}\ \Delta x\text{」}\times\text{「運動量の測定値の不確定さ}\ \Delta p\text{」}\gtrsim\frac{h}{2\pi}$$

という関係が成り立つ．($A\gtrsim B$という記号は，AはBと同じ位の大きさかBより大きいことを意味する．)正確な関係式は，6-5節で示すように，

$$\begin{aligned}&\text{「}x\ \text{座標の測定値の不確定さ}\ \Delta x\text{」}\\&\quad\times\text{「運動量の}\ x\ \text{成分の測定値の不確定さ}\ \Delta p_x\text{」}\geqq\frac{h}{4\pi}\end{aligned}\tag{1.14}$$

である．y方向，z方向についても同じ形の関係式が成り立つ．この関係式は**ハイゼンベルクの不確定性関係**(Heisenberg's uncertainty relation)とよばれ，このような関係が存在するという原理を**不確定性原理**(uncertainty principle)とよぶ．なお，(1.14)式の$\Delta x, \Delta p_x$には測定装置の精度が不十分なための測定誤差は入っていない．

量子力学では $h/2\pi$ という定数がしばしば現われるので，$\hbar$ という記号で表わし，エイチバーとよむ．

$$\hbar \equiv h/2\pi \doteqdot 1.05\times10^{-34} \quad \mathrm{J\cdot s} \tag{1.15}$$

である．この数値を記憶してほしい．

不確定性関係は，電子ばかりでなく，光子，陽子，中性子などに対しても成り立つ．ニュートン力学が適用できる質量(M)の大きな巨視的な物体に対して，(1.14)式は，

$$\begin{aligned}&「質量\ M」\times「位置の測定値の不確定さ\ \varDelta x」\\ &\qquad\times「速度の測定値の不確定さ\ \varDelta v」\geqq \frac{h}{4\pi}\end{aligned} \tag{1.16}$$

となるので，巨視的な物体の場合には位置と速度の両方のきわめて正確な測定値が得られる．巨視的な物体が波動性を示す場合の波長(ド・ブロイ波長) λ は $\lambda=h/p=h/Mv$ となるので，きわめて短く，波動性は見えない．例えば，完全に同一な野球ボール(質量 $M=0.15\,\mathrm{kg}$)を数多く作れるとして，これらのボールを同じ速度($v=40\,\mathrm{m/s}$)で同一方向に次々に投げたときにボールの流れが示すはずの波長は $\lambda=h/Mv=10^{-34}\,\mathrm{m}$ である．このような短い波長の波動は観測不可能であることは明らかであろう．

逆に，電子が波の性質と粒子の性質の両方を持てるのは，電子のように微小な物体の位置と速度の両方を同時に正確には測定できないという，不確定性原理のためである．

1-6 原子の定常状態と線スペクトル

1-2 節に記したように，古典物理学は，「水素原子はその中での電子の回転運動の回転数と同じ振動数の電磁波をたえず放射する」と予言する．この問題を考えよう．ネオンサインで経験しているように，放電管の中の気体は特有の色の光を放射する．ネオンは赤，アルゴンは紫，アルゴンと水銀蒸気を混ぜたものは青である．原子を高温に加熱したり，アーク放電，電気火花，原子衝突などで刺激すると，原子は光を放射するが，この光を回折格子で分

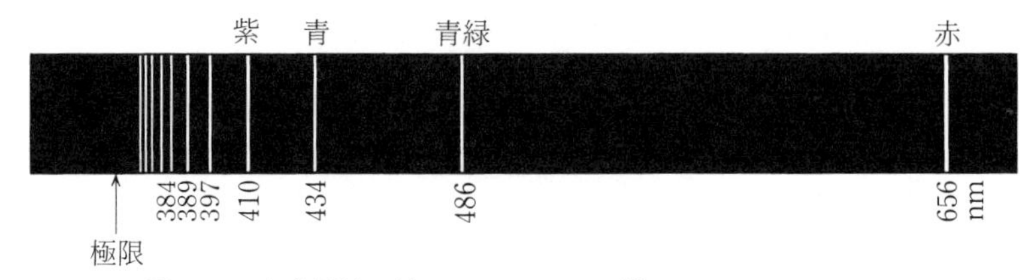

図 1-9　水素原子の線スペクトルの一部
光の波長は(1.17)式で $m=2$ とおいた場合になっており，バルマー系列とよばれる.

光すると多くの線に分かれる(図 1-9 参照)．これを**線スペクトル**という．高温で水素原子の放射する光の振動数 ν は，条件

$$\nu = A\left[\frac{1}{m^2}-\frac{1}{n^2}\right] \qquad \begin{pmatrix} m=1, 2, 3, \cdots \\ n=m+1, m+2, \cdots \end{pmatrix} \tag{1.17}$$

$$A = 3.29\times 10^{15} \quad \mathrm{s}^{-1} \tag{1.18}$$

を満たすとびとびの値だけである．もちろん，この事実も古典物理学では理解できない.

水素原子以外の原子や分子も高温の場合には光を放射するが，放射される光の振動数 ν の値はやはりとびとびの特定の値だけで，それらの間には，**リッツの結合原理**(Ritz combination principle)とよばれる，

$$\nu = \nu_n - \nu_m \quad (\nu_1, \nu_2, \nu_3, \cdots \text{ は定数}) \tag{1.19}$$

という形の関係がある．ただし，水素原子の場合には $\nu_n=-A/n^2$ ($n=1, 2, \cdots$) という簡単な形であるが，ほかの原子や分子の場合には ν_n の形は複雑である.

さて，$E_n=h\nu_n$, $E_m=h\nu_m$ とおいて，(1.19)式を

$$h\nu = E_n - E_m \qquad (m, n \text{ は } n>m \text{ の自然数}) \tag{1.20}$$

と変形してみよう．原子や分子から放射される振動数 ν の光の光子のエネルギーの大きさは $h\nu$ なので，エネルギー保存則を考慮すると，(1.20)式は，原子や分子はある決まったとびとびの値のエネルギー($E_1, E_2, E_3, \cdots$)しかもてないことを示唆する．このとびとびのエネルギーの状態を原子や分子の**定常状態**(stationary state)という．定常状態のエネルギーの値を**エネル**

ギー準位(energy level)という．エネルギーが最小の状態を**基底状態**(ground state)，そのほかの状態を**励起状態**(excited state)という．そして，(1.20)式は，原子や分子が1つの定常状態にあるときにはエネルギーは一定で，原子や分子は光を放射せず，原子や分子がエネルギーの高い(低い)定常状態(E_n)からエネルギーの低い(高い)定常状態(E_m)に移るとき，振動数 $\nu=|E_n-E_m|/h$ の光の光子を1個放射(吸収)することも意味する(図1-10)．

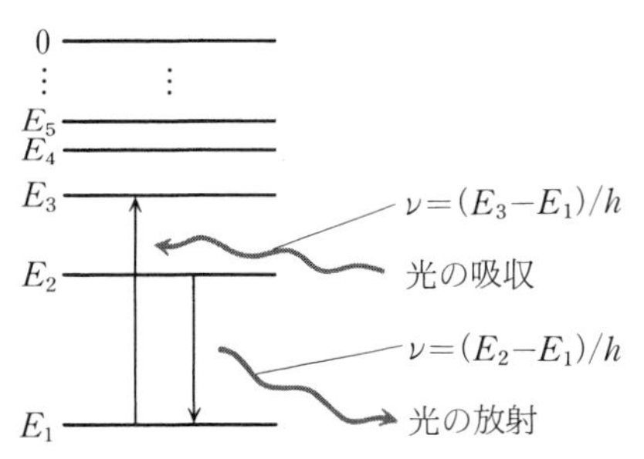

図 1-10 原子のエネルギー準位と光の放射・吸収．原子がエネルギーの低い定常状態(E_m)にあるとき，振動数 $\nu=(E_n-E_m)/h$ の光の光子を1個吸収すると，エネルギーの高い定常状態(E_n)に移る．

水素原子のエネルギー準位は，(1.17)式の h 倍，(1.20)式と $Ah=13.6$ eV から

$$E_n = -\frac{13.6}{n^2} \ \text{eV} \qquad (n=1, 2, 3, \cdots) \tag{1.21}$$

であることがわかる．電子と水素原子核(陽子)が無限に遠く離れている場合を位置エネルギー(クーロンエネルギー)の基準点に選んでいるので，水素原子のエネルギーの値は負である．$E_1=-13.6$ eV は，基底状態の水素原子をイオン化するには，原子に 13.6 eV のエネルギーを外から与えねばならないことを意味する．

定常状態は，波動の場合の定常波に対応する．弦や気柱の定常波の振動数はとびとびの値しかとれないが，この事実は原子や分子のエネルギー($E=h\nu$)がとびとびの値しかとれない事実に対応している．

量子力学によって原子や分子のエネルギー準位を計算できる．水素原子のエネルギー準位は5-5節で計算する．

さて，古典力学での質点のエネルギー E は運動エネルギーと位置エネルギーの和であるが，この値には位置エネルギーを測定する基準点の選び方による不定性がある．したがって，波動像での電子の振動数が(1.13)式のように $\nu=E/h$ だとすると，この振動数にも不定性がある．しかし，この不定性は困難を引き起こさない．2-5節で示すように，エネルギーが一定な定常状態では，確率密度は時間的に一定である．確率密度が振動するのは，異なる振動数 $\nu_A=E_A/h$, $\nu_B=E_B/h$ の状態の波動関数の干渉による現象で，その振動数は $\nu=|\nu_A-\nu_B|=|E_A-E_B|/h$ である．したがって，この場合には基準点の選び方によるエネルギーと振動数の不定性は消える．

(1.13)式を基礎の1つとする量子力学によって，振動数 ν の電磁波の放射・吸収を伴う $|E_A-E_B|=h\nu$ の2つの状態A, Bの間の遷移が見事に説明される事実は，(1.13)式の正しさの証明であることを9-4節で示す．

フランク-ヘルツの実験　原子の定常状態の存在を直接に確かめられるのがフランク-ヘルツの実験である．

室温では原子はふつう基底状態にある．励起状態と基底状態のエネルギーの差 E_2-E_1 より小さなエネルギーの電子が基底状態の原子に衝突しても，原子は励起状態には移れない．つまり，電子は衝突ではエネルギーを失えず，弾性衝突のみを行なう．しかし電子のエネルギーが E_2-E_1 よりも大きくなると，電子は基底状態の原子と衝突して，これを励起状態に移して，エネルギー E_2-E_1 を失う．

1913～14年にフランク(J. Franck)とヘルツ(G. Hertz)は図1-11に示す装置で実験を行ない，図1-12に示す結果を得た．この結果は次のように解釈される．

負極Kから飛び出した熱電子は，負極Kと金網Gの間の電圧 V の電場で加速され，正極Pより0.5Vだけ高電位の金網Gのすき間を通り抜けて，正極Pに到達する．電圧 V を増加させていって，eV の値が E_2-E_1 を越えると，電子の中には水銀原子との非弾性衝突でエネルギーを失い，電位の

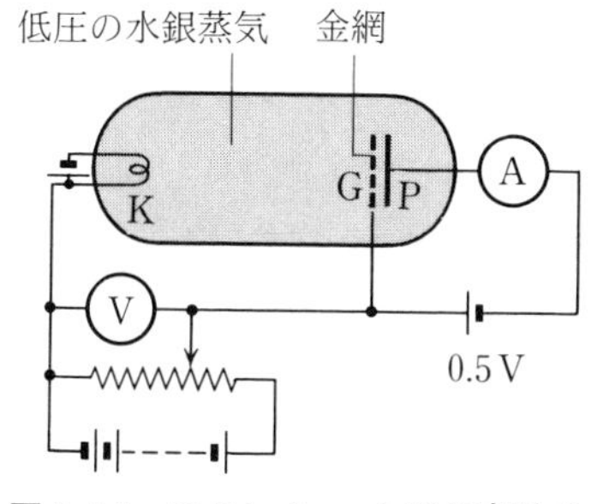

図 1-11　フランク-ヘルツの実験の概念図

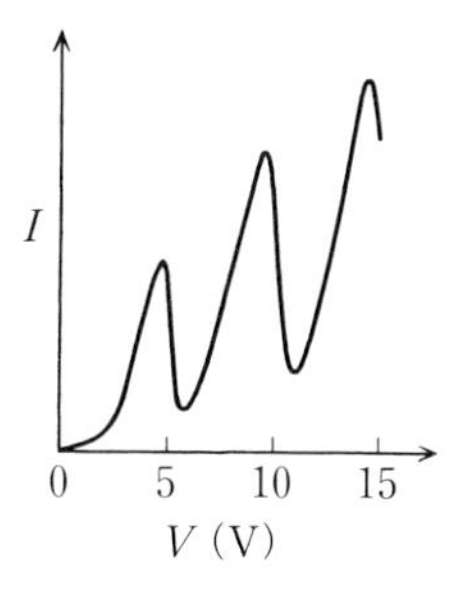

図 1-12　金網 G の電圧 V と電流 I の関係

高い金網 G でさえぎられて，正極 P に到達できないものが現われ，電流 I は減少する．エネルギーを失った電子がさらに非弾性衝突したことを示すのが，約 4.9 eV 間隔で現われる第 2，第 3 の電流の減少である．

水銀原子が $E_2-E_1=4.9\ \mathrm{eV}$ の励起状態に励起されたことを確かめるには，励起された水銀原子が波長 $\lambda=ch/(E_2-E_1)\fallingdotseq 2.5\times10^{-7}\ \mathrm{m}$ の光を放射することを示せばよい．実際，この管から放射される光のスペクトルを調べたところ，赤熱された負極から放射される連続スペクトル以外には，波長 $2.536\times10^{-7}\ \mathrm{m}$ の線スペクトルだけが観測された．

第1章　演習問題

1. ド・ブロイ波長が原子の大きさ(約 $10^{-10}\ \mathrm{m}$)くらいの，電子ビーム中の電子の速さ v を計算せよ．この電子の運動エネルギー E は約何 eV か．電子の質量 $m=9.11\times10^{-31}\ \mathrm{kg}$ とせよ．

2. 速さが $1.0\times10^4\ \mathrm{m/s}$ の中性子線のド・ブロイ波長はいくらか．中性子の質量 $m_\mathrm{n}=1.67\times10^{-27}\ \mathrm{kg}$ とせよ．

3. 原子炉の内部(絶対温度 T)で発生する中性子は，炉の中での原子との衝突によって，その運動エネルギーは原子の熱エネルギー $(3/2)kT$ と同程度になる．このような中性子を熱中性子という．$T=300\ \mathrm{K}$ のとき，この熱中性子のド・ブロイ波長 λ と速さはそれぞれいくらになるか．ボルツマン定数 k を $k=$

1.38×10^{-23} J/K とせよ．

4. 同じ運動エネルギーをもつ場合，次のどの粒子のド・ブロイ波長がいちばん長いか．電子，陽子，アルファ粒子(ヘリウム原子核)．

5. 図 1-6 の間隔 d の 2 本のスリットを通過する波長 λ の単色の電子波がスリットから距離 l の所にある検出面につくる干渉縞の間隔は $l\lambda/d$ である．波長が d よりも短い光を電子にあてて，電子がどちらのスリットを通過したのかを確かめようとすると，観測の際の衝撃による電子の進行方向の変化で，検出面上の干渉縞が消えることを不確定性関係を使って示せ．

6. 単色の X 線が物質に衝突した．X 線の光子がこの衝突でエネルギーを失って散乱される場合，散乱 X 線の波長が入射 X 線の波長より長い理由を説明せよ．

7. 図 1-8 のデビソン-ガーマーの実験で，Ni による電子ビームの反射波の強度が極大になる角度 θ($n=1$ の場合)は，加速電圧が 54 V のとき何度になるか．格子間隔 $d=2.17\times10^{-10}$ m とせよ．

8. 電子の位置を水素原子の大きさ程度の精度($\Delta x=0.5\times10^{-10}$ m)で決めたとする．そのときの電子の運動量の不確定さ Δp と速さの不確定さ $\Delta v=\Delta p/m$ を計算せよ．

電子を長さが約 10^{-10} m の領域に閉じ込めた場合に，この電子の運動エネルギーは近似的に $(\Delta p)^2/2m$ だと考えられる．これは約何 eV か．水素原子の基底状態の結合エネルギー 13.6 eV と比較せよ．

2面神，2重人格

最初のコーヒーブレイクにふさわしい話題は，ローマ神話の入り口の神様であるヤヌス(Janus)だろう．1月は1年の入り口の月なのでヤヌス神にちなんでJanuaryというそうである．ヤヌスは頭の前後に顔をもつ2面神である．2つの顔は家の外と内の両方を同時に見るためにあるのだろうが，物事を2つの視点から見る必要性も意味しているのかもしれない．

ピカソには2つの顔をもつ人物の絵があるが，2つの顔は何を意味するのだろうか．顔を左から見た場合と右から見た場合を合成したのだろうか．とにかく1つのものの2面性を意味しているのだろう．

電子の2重性をdualityというが，2重人格はdual characterという．2重人格を描いた有名な小説に『ジキル博士とハイド氏』がある．昼は学識豊かで慈悲深い医師のジキル博士が夜は殺人を犯す残忍なハイド氏になるという話である．

2重性，2面性をもつのは電子ばかりではないようである．

2 シュレーディンガー方程式

波動の従う運動方程式が波動方程式である．波動関数の従う運動方程式がシュレーディンガー方程式である．本章では量子力学の基本方程式であるシュレーディンガー方程式を紹介し，その性質を簡単に調べてみることにする．

2-1 弦を伝わる横波の波動方程式

波動関数 $\psi(\boldsymbol{r}, t)$ の運動方程式であるシュレーディンガー方程式を学ぶ前に，弦を伝わる横波の波動方程式を理論的に導き，その解を求めよう．

x 軸に沿って張力 S で張ってある線密度 ρ の弦を xy 平面内で振動させる(図 2-1)．この弦の 2 点 x と $x+\varDelta x$ の間の長さ $\varDelta x$，質量 $\rho\varDelta x$ の微小部分に対する運動方程式を導こう．弦の変位が小さいときには弦の各点の振動方向は y 軸に平行なので，時刻 t での点 x の弦の変位は $y(x, t)$ と表わされ

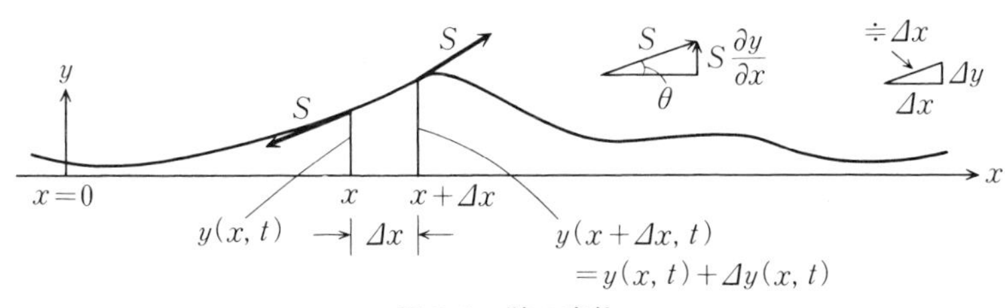

図 2-1　弦の変位

る．したがって，弦の加速度は，x を一定に保って，変位 $y(x,t)$ を t で2回微分，つまり t で2回偏微分したものであり，弦の微小部分の「質量」×「加速度」は

$$\rho \Delta x \frac{\partial^2 y}{\partial t^2} \tag{2.1}$$

である．

曲線 $y=f(x)$ の勾配が df/dx であるように，点 x での弦の勾配は $y(x,t)$ の(t を一定に保っての) x による偏微分 $\partial y/\partial x$ なので，長さ Δx の弦の微小部分に対して両側の部分が作用する張力 S の合力の y 成分は

$$S\frac{\partial y}{\partial x}(x+\Delta x,t)-S\frac{\partial y}{\partial x}(x,t) = S\Delta x\frac{\partial^2 y}{\partial x^2}+O[(\Delta x)^2] \tag{2.2}$$

である．ただし，弦の勾配 ($\tan\theta$) は小さいとして，$\tan\theta=\sin\theta$ と近似した(図2-1参照)．$\Delta x\to 0$ の極限を考えて $O[(\Delta x)^2]$ 項を無視すると，微小部分の運動方程式，「質量」×「加速度」=「力」は，(2.1), (2.2)式から

$$\frac{\partial^2 y}{\partial x^2} = \frac{1}{c^2}\frac{\partial^2 y}{\partial t^2} \tag{2.3}$$

と表わされる．これを弦を伝わる横波の**波動方程式** (wave equation) という．(2.3)式の右辺の定数 c は

$$c = \sqrt{\frac{S}{\rho}} \tag{2.4}$$

で，すぐに示すように，弦を伝わる横波の速さである．

波動方程式(2.3)の一般解は次のように表わされる．

$$y(x,t) = f(x-ct)+g(x+ct) \tag{2.5}$$

$f(u), g(u)$ は u を変数とする2回微分可能な任意関数である．(2.5)式が波動方程式(2.3)の解であることは，

$$\frac{\partial f(x\mp ct)}{\partial x} = f'(x\mp ct), \quad \frac{\partial f(x\mp ct)}{\partial t} = \mp cf'(x\mp ct)$$

$$\frac{\partial^2 f(x\mp ct)}{\partial x^2} = f''(x\mp ct), \quad \frac{\partial^2 f(x\mp ct)}{\partial t^2} = c^2 f''(x\mp ct)$$

という性質を利用すれば確かめられる．ただし $f'(u)=df(u)/du$, $f''(u)=d^2f(u)/du^2$ である．

条件 $x-ct=$一定 を満たす点は速さ c で $+x$ 方向に移動するので，$y=f(x-ct)$ を x の関数として眺めると，時刻 $t=0$ で $y=f(x)$ という関数の表わす形が $+x$ 方向に速さ c で移動する様子を表わしていることがわかる．したがって，解(2.5)は，時刻 $t=0$ での波形が $y=f(x)$ と $g(x)$ である横波が速さ c で x 軸の正の向きと負の向きにそれぞれ進んでいることを表わす．

2 つの関数 $y_1(x,t)$ と $y_2(x,t)$ が波動方程式(2.3)の解であれば，任意定数 A_1, A_2 を使って重ね合わせた

$$y(x,t) = A_1y_1(x,t)+A_2y_2(x,t) \tag{2.6}$$

も(2.3)式の解であることが，(2.6)式を(2.3)式に代入することによって確かめられる．

波動方程式(2.3)の解で波長が λ の正弦波は，一般に，

$$y(x,t) = A\sin\frac{2\pi}{\lambda}(x+ct+\alpha)+B\sin\frac{2\pi}{\lambda}(x-ct+\beta) \tag{2.7}$$

と表わされる．A, B, α, β は任意定数である．(2.7)式の正弦波が(2.3)式の解であることを示すには，(2.7)式の $y(x,t)$ が次の関係，

$$\frac{\partial^2 y}{\partial x^2} = -\left(\frac{2\pi}{\lambda}\right)^2 y, \quad \frac{\partial^2 y}{\partial t^2} = -\left(\frac{2\pi c}{\lambda}\right)^2 y = -(2\pi\nu)^2 y \tag{2.8}$$

を満たすことを示せばよい．$\nu=c/\lambda$ は波の振動数である．

固定端と定常波　弦が $+x$ 軸上に張ってあり，その一端が原点 $(x=0)$ に固定されている場合，すなわち，原点が固定端の場合を考える．固定端では弦の変位は 0 なので，変位 $y(x,t)$ は境界条件

$$y(0,t) = 0 \tag{2.9}$$

を満たさねばならない．$+x$ 軸上を左向きに進む正弦波

$$A\sin[(2\pi/\lambda)(x+ct+\alpha)]$$

があれば，固定端 $x=0$ での境界条件(2.9)を満たすように，$+x$ 軸上を右向きに進む正弦波

$$-A\sin[(2\pi/\lambda)(-x+ct+\alpha)] = A\sin[(2\pi/\lambda)(x-ct-\alpha)]$$

が存在する．弦の振動は，2 つの波を重ね合わせた，

$$y(x, t) = 2A \sin \frac{2\pi x}{\lambda} \cos \frac{2\pi}{\lambda} (ct + \alpha) \tag{2.10}$$

となる．この波は，媒質のすべての点が同じ位相で振動する定常波である．なお，(2.10)式を導く際に，公式 $\sin(a \pm b) = \sin a \cos b \pm \cos a \sin b$ を使った．

2-2 弦の固有振動

前節で考えた $+x$ 軸上に張った弦は無限に長いので，任意の長さの波長 λ をもつ定常波(2.10)が生じる．これに対して，図 2-2 に示す長さが L の弦の場合には，弦の両端 $x=0$ と $x=L$ は固定端なので，$x=0$ での境界条件(2.9)のほかに $x=L$ での境界条件

$$y(L, t) = 0 \tag{2.11}$$

がある．境界条件(2.9)を満たす定常波(2.10)に境界条件(2.11)を課すと，$\sin(2\pi L/\lambda) = 0$ となるので，

$$\lambda_n = \frac{2L}{n} \qquad (n=1, 2, \cdots) \tag{2.12}$$

というとびとびの長さの波長 λ_n をもつ定常波

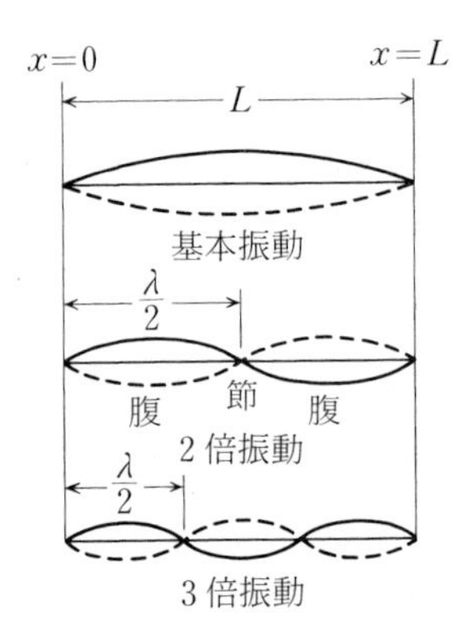

図 2-2　弦の固有振動

$$y(x,t) = A_n \sin\frac{n\pi x}{L}\cos\left(\frac{n\pi ct}{L}+\alpha_n\right) \qquad (n=1,2,\cdots) \tag{2.13}$$

のみが現われる(図 2-2 参照). A_n と α_n は任意定数である.

このような定常波の振動を**固有振動**または**基準振動**とよび, 固有振動の振動数

$$\nu_n = \frac{c}{\lambda_n} = \frac{nc}{2L} \qquad (n=1,2,\cdots) \tag{2.14}$$

を**固有振動数**という. 固有振動数もとびとびの値をとる.

フーリエ級数 (2.3)式の一般解を表わすために, フーリエ級数を紹介する. $x=0$ と $x=L$ での境界条件

$$f(0) = f(L) = 0 \tag{2.15}$$

を満たす, 領域 $0 \leqq x \leqq L$ での任意の連続関数 $f(x)$ は,

$$f_n(x) = \sqrt{\frac{2}{L}}\sin\frac{n\pi x}{L} \qquad (n=1,2,\cdots) \tag{2.16}$$

で定義される無限個の関数 $f_1(x), f_2(x), \cdots$ によって,

$$f(x) = \sum_{n=1}^{\infty} a_n f_n(x) \tag{2.17}$$

と無限級数として表わすことができる(証明略). この級数を**フーリエ級数**(Fourier series)といい, このような級数への展開をフーリエ展開(Fourier expansion)という*. この無限個の関数は

$$\begin{aligned}\int_0^L f_m^*(x)f_n(x)dx &= \frac{2}{L}\int_0^L \sin\frac{m\pi x}{L}\sin\frac{n\pi x}{L}dx \\ &= \frac{1}{L}\int_0^L\left\{\cos\left[\frac{(m-n)\pi x}{L}\right]-\cos\left[\frac{(m+n)\pi x}{L}\right]\right\}dx \\ &= \begin{cases}1 & (m=n \text{ の場合}) \\ 0 & (m\neq n \text{ の場合})\end{cases} \\ &\equiv \delta_{mn}\end{aligned} \tag{2.18}$$

* 関数 $f(x)$ が境界条件 $f(0)=f(L)=0$ を満たさない場合および関数 $f(x)$ が連続でない場合のフーリエ展開については本書では触れない.

という関係を満たすので，関数の集合 $\{f_n(x)\}$ を**規格直交系**あるいは**正規直交系**(orthonormal set)という．**直交条件**

$$\int_0^L f_m^*(x)f_n(x)dx = 0 \qquad (m \neq n) \tag{2.19}$$

を満たす 2 つの関数 $f_m(x)$ と $f_n(x)$ は**直交する**(orthogonal)といい，**規格化条件**

$$\int_0^L |f_m(x)|^2 dx = 1 \tag{2.20}$$

を満たす関数 $f_m(x)$ は**規格化されている**(normalized)というからである．$f_m^*(x)$ の右肩の＊印は関数 $f_m(x)$ の複素共役を意味する(複素共役については次節を参照．弦の振動の場合の(2.16)式で定義される $f_n(x)$ は実数なので $f_m^*(x)=f_m(x)$ であるが，ここでは複素数が現われる量子力学の準備をしている)．規格直交系，正規直交系の系は集合(セット)を意味している．(2.18)式に現われる記号 δ_{mn} をクロネッカー・デルタという．

(2.17)式の両辺に $f_m^*(x)$ をかけて，領域 $0 \leqq x \leqq L$ で積分し，(2.18)式を使うと，(2.17)式の右辺の係数 a_m は次のように表わされることがわかる．

$$a_m = \int_0^L f_m^*(x)f(x)dx = \sqrt{\frac{2}{L}}\int_0^L f(x)\sin\frac{m\pi x}{L}\,dx \tag{2.21}$$

ある境界条件を満たす任意の連続関数 $f(x)$ を，同じ境界条件を満たす関数系 $\{f_n(x)\}$ による無限級数 $f(x)=\sum_n a_n f_n(x)$ として表わせる場合，関数系 $\{f_n(x)\}$ を**完全系**(complete set)という．したがって，(2.16)の関数の集合 $\{f_n(x)\}$ は**正規直交完全系**である．なお，関数 $f(x)$ を(2.17)式のように無限級数で表わせるとは，数学的には

$$\lim_{N\to\infty}\int_0^L \left|f(x)-\sum_{n=1}^{N} a_n f_n(x)\right|^2 dx = 0 \tag{2.22}$$

であることを意味する．

参考までに，領域 $0 \leqq x \leqq 2$ で定義されている関数 $f(x)$

$$f(x) = \begin{cases} x & (0 \leqq x \leqq 1) \\ 2-x & (1 \leqq x \leqq 2) \end{cases} \tag{2.23}$$

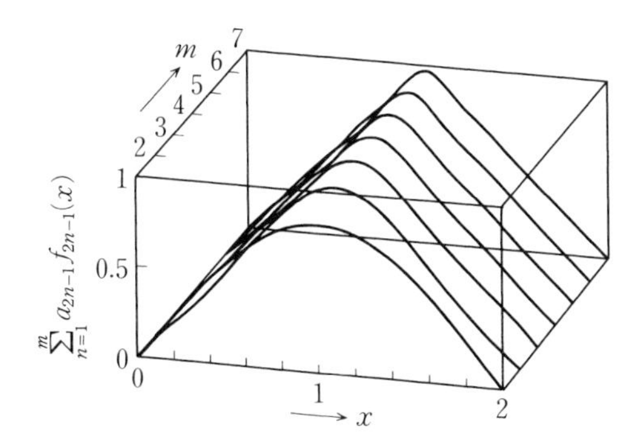

図 2-3　$\sum_{n=1}^{m} a_{2n-1}f_{2n-1}(x)$

をフーリエ展開した時の最初の数項の和を図 2-3 に示す．

弦の固有振動と一般の振動　長さ L の弦をはじくと，波長が $\lambda_n=2L/n$ $(n=1,2,\cdots)$ の定常波(2.13)のうちの 1 つが生じることもあるが，ふつうの場合にはこれらの定常波が重なり合った複雑な波動

$$y(x,t) = \sum_{n=1}^{\infty} A_n\sqrt{\frac{2}{L}}\sin\frac{n\pi x}{L}\cos\left(\frac{n\pi ct}{L}+\alpha_n\right) \tag{2.24}$$

が生じる．A_n, α_n は任意定数である．(2.24)式は波動方程式(2.3)の境界条件 $y(0,t)=y(L,t)=0$ を満たす一般解である．

2-3　複素数

量子力学の波動関数は実数ではなく複素数(complex number)なので，量子力学の学習に必要な複素数の知識を準備しよう．

実数 x を数直線(x 軸)上の点と 1 対 1 対応させられるように，複素数 $z=x+iy$ を xy 平面上の点と 1 対 1 対応させられる(図 2-4 参照)．この平面を複素平面あるいはガウス平面という．極座標 r, θ を導入すると，複素数の実数部 x と虚数部 y は

$$x = r\cos\theta, \quad y = r\sin\theta \tag{2.25}$$

と表わされる．

$$|z| \equiv \sqrt{x^2+y^2} = r \tag{2.26}$$

を複素数 z の絶対値といい，θ を偏角という．

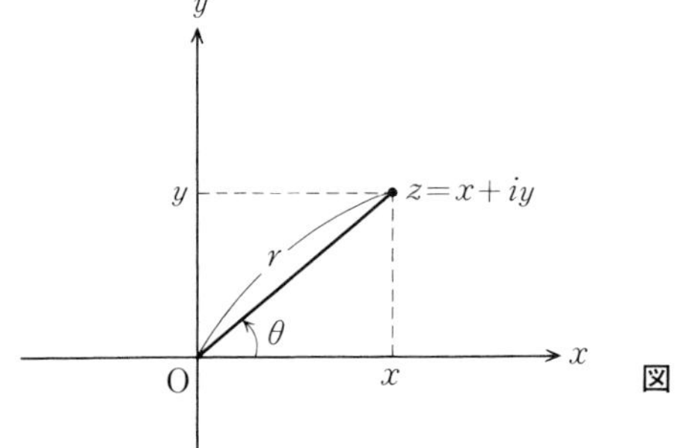

図 2-4 複素平面(ガウス平面)
$z=x+iy=re^{i\theta}$

指数関数 e^x, 3 角関数 $\sin x, \cos x$ のテイラー展開

$$e^x = 1+x+\frac{1}{2}x^2+\frac{1}{3!}x^3+\cdots+\frac{1}{n!}x^n+\cdots \tag{2.27}$$

$$\sin x = x-\frac{1}{3!}x^3+\cdots+\frac{(-1)^m}{(2m+1)!}x^{2m+1}+\cdots \tag{2.28a}$$

$$\cos x = 1-\frac{1}{2}x^2+\cdots+(-1)^m\frac{1}{(2m)!}x^{2m}+\cdots \tag{2.28b}$$

に注目しよう．$e(=2.718\cdots)$ の肩に純虚数 e^{ix} がのっている指数関数 e^{ix} を，(2.27)式の x を ix で置き換えた式によって定義すると，(2.28)式を利用して

$$\begin{aligned} e^{ix} &= 1+ix+\frac{1}{2}(ix)^2+\frac{1}{3!}(ix)^3+\cdots \\ &= 1-\frac{1}{2}x^2+\cdots+i\left[x-\frac{1}{3!}x^3+\cdots\right] \\ &= \cos x+i\sin x \end{aligned} \tag{2.29}$$

と表わせることがわかる．したがって，複素数 z を

$$z = x+iy = r(\cos\theta+i\sin\theta) = re^{i\theta} \tag{2.30}$$

と表わせることがわかった．

2 つの複素数 $z=x+iy$ と $z^*=x-iy$ とを互いに複素共役(complex conjugate)であるという($(z^*)^*=z$)．z が実数なら，$z^*=z$ である．

次の関係が成り立つことは，容易に示される．

$$|z^*| = |z|,\quad (e^{i\theta})^* = e^{-i\theta},\quad |e^{i\theta}| = 1 \tag{2.31}$$

$$e^{iax} = \cos ax + i\sin ax,\quad e^{-iax} = \cos ax - i\sin ax \tag{2.32}$$

$$\cos ax = \frac{e^{iax}+e^{-iax}}{2},\quad \sin ax = \frac{e^{iax}-e^{-iax}}{2i} \tag{2.33}$$

$$\frac{d}{dx}\left(e^{ibx}\right) = ibe^{ibx} \qquad (b\text{ は定数}) \tag{2.34}$$

$$\int e^{ibx}dx = \frac{1}{ib}e^{ibx}+\text{任意定数} \qquad (b\text{ は }0\text{ でない定数}) \tag{2.35}$$

$$e^{iax+iby} = e^{iax}e^{iby} \tag{2.36}$$

$$(zw)^* = z^*w^* \tag{2.37}$$

$$|\psi_1+\psi_2|^2 = |\psi_1|^2+|\psi_2|^2+\psi_1^*\psi_2+\psi_1\psi_2^* \tag{2.38}$$

2-4 電子の2重性と波動方程式

$+x$ 方向に進む波長 λ，振動数 ν の正弦波

$$y(x,t) = A\cos 2\pi\left(\frac{x}{\lambda}-\nu t\right) \tag{2.39}$$

は，$\lambda\nu = c$ ならば，波動方程式(2.3)を満たす．したがって，波動方程式(2.3)は関係 $\lambda\nu = c$ を満たす正弦波(2.39)が解になるように作られた偏微分方程式である．

さてそれでは，電子に対する波動方程式はどのようなものであろうか．電子の波動性と粒子性の関係

$$\lambda = \frac{h}{p} = \frac{2\pi\hbar}{p},\quad \nu = \frac{E}{h} = \frac{E}{2\pi\hbar} \tag{2.40}$$

に注目すると，力の作用を受けずに $+x$ 方向に進むエネルギー E，運動量 p，質量 m の電子のビームの波動関数は，(2.39)式に(2.40)式を代入した

$$\psi(x,t) = A\cos\left(\frac{px}{\hbar}-\frac{Et}{\hbar}\right) \tag{2.41}$$

であるように思われる．しかし，(2.41)式は不適当である．この場合には電子のエネルギー E は運動エネルギーなので，電子の運動量 p との間に $E=p^2/2m$ という関係がある．波動関数(2.41)は

$$-\frac{\hbar^2}{2m}\frac{\partial^2\psi}{\partial x^2}=\frac{p^2}{2m}A\cos\left(\frac{px}{\hbar}-\frac{Et}{\hbar}\right)=\frac{p^2}{2m}\psi \tag{2.42}$$

という関係は満たす．ところが，(2.41)式から導かれる

$$\hbar\frac{\partial\psi}{\partial t}=EA\sin\left(\frac{px}{\hbar}-\frac{Et}{\hbar}\right) \tag{2.43}$$

は E に比例するが ψ には比例しない．したがって，関係 $E=p^2/2m$ を満たす正弦波(2.41)が解になるような波動方程式が作れないので，(2.41)式は不適当なのである．

電子の波動関数が複素数(複素関数)だとすると，この困難は解消する．$+x$ 方向に進む電子の波動関数として

$$\begin{aligned}\psi(x,t)&=A\{\cos[(px-Et)/\hbar]+i\sin[(px-Et)/\hbar]\}\\&=Ae^{i(px-Et)/\hbar}=Ae^{ipx/\hbar}e^{-iEt/\hbar}\end{aligned} \tag{2.44}$$

を考える．A は複素数の定数である．波動関数(2.44)は

$$i\hbar\frac{\partial\psi}{\partial t}=i\hbar Ae^{ipx/\hbar}\frac{d}{dt}(e^{-iEt/\hbar})=EAe^{i(px-Et)/\hbar}=E\psi \tag{2.45}$$

$$-\frac{\hbar^2}{2m}\frac{\partial^2\psi}{\partial x^2}=-\frac{\hbar^2}{2m}Ae^{-iEt/\hbar}\frac{d^2}{dx^2}(e^{ipx/\hbar})=\left(\frac{p^2}{2m}\right)\psi \tag{2.46}$$

という関係を満たす．

したがって，力の作用を受けずに $+x$ 方向に進む電子ビームの波動方程式として，

$$-\frac{\hbar^2}{2m}\frac{\partial^2\psi}{\partial x^2}=i\hbar\frac{\partial\psi}{\partial t} \tag{2.47}$$

が考えられる．関係 $E=p^2/2m$ を満たす複素正弦波の波動関数(2.44)が(2.47)式の解だからである．(2.47)式を**1次元の自由粒子のシュレーディンガー方程式**という．

［注意］ 波動関数として $e^{-i(px-Et)/\hbar}$ でなく $e^{i(px-Et)/\hbar}$ を選んだ．この2

つの関数は互いに複素共役なので，どちらを選んでも物理的には同等である．物理的に意味があるのは $|\psi(x,t)|^2$ だからである．

なお，$-x$ 方向に運動量 p で進む電子のビームの波動関数は

$$\psi(x,t) = Ae^{i(-px-Et)/\hbar} \qquad (E=p^2/2m) \tag{2.48}$$

である．

(2.47)式は時間 (t) について1階，空間 (x) について2階の偏微分方程式で，時間と空間について不揃いである．原因は，古典力学での $E=p^2/2m$ という関係に対応する非相対論的な方程式だからである．

運動量演算子　関数 $f(x)$ の導関数 df/dx は，関数 $f(x)$ に微分演算という操作，すなわち

$$\lim_{\Delta x\to 0}\frac{f(x+\Delta x)-f(x)}{\Delta x} \equiv \frac{df}{dx} \tag{2.49}$$

という操作を行なって得られた関数である．この事実を，導関数 df/dx は関数 $f(x)$ に微分演算子 d/dx を作用して導かれる，という．偏微分 $i\hbar\partial\psi/\partial t$ は2変数の関数 $\psi(x,t)$ に微分演算子 $i\hbar\partial/\partial t$ を作用して導いたものということになる．

$$-\hbar^2\frac{\partial^2\psi}{\partial x^2} = -i\hbar\frac{\partial}{\partial x}\left[(-i\hbar)\frac{\partial\psi}{\partial x}\right] \equiv \left(-i\hbar\frac{\partial}{\partial x}\right)^2\psi \tag{2.50}$$

なので，電子の波動方程式(2.47)は，エネルギーの式 $E=p_x^2/2m$ の両辺の E と p_x を微分演算子で

$$E\to i\hbar\frac{\partial}{\partial t},\quad p_x\to \hat{p}_x = -i\hbar\frac{\partial}{\partial x} \tag{2.51}$$

と置き換えたものを，波動関数 $\psi(x,t)$ に作用した形になっている*．

さて，波動関数(2.44)の $e^{ipx/\hbar}$ という因子は，その起源から明らかなように，電子の運動量の x 成分の値が p であることを示している．この因子に(2.51)式で定義した微分演算子 $\hat{p}_x$ を作用させると，次のようになる．

---

* $i\hbar\partial/\partial x$ ではなく $-i\hbar\partial/\partial x$ である理由は，$\hat{p}_x$ の固有値が p になるためである［(2.52)式］．

$$\hat{p}_x e^{ipx/\hbar} = -i\hbar \frac{d}{dx} e^{ipx/\hbar} = pe^{ipx/\hbar} \tag{2.52}$$

(2.52)式のように，ある関数に演算子を作用させたものが，その関数の定数倍になれば，その関数をその演算子の**固有関数**(eigen function)，定数を**固有値**(eigen value)といい，このような方程式を**固有値方程式**という*．したがって，関数 $e^{ipx/\hbar}$ は微分演算子 $\hat{p}_x$ の固有関数で，固有値は p である．固有関数に対応する状態を**固有状態**(eigen state)という．

$\hat{p}_x$ を運動量の x 成分の演算子(operator)という．$\hat{p}_x$ と同じように $\hat{p}_y$, $\hat{p}_z$ を定義して，

$$\hat{p}_x = -i\hbar \frac{\partial}{\partial x}, \quad \hat{p}_y = -i\hbar \frac{\partial}{\partial y}, \quad \hat{p}_z = -i\hbar \frac{\partial}{\partial z} \tag{2.53}$$

をまとめて**運動量演算子**(momentum operator)という．

波動関数

$$\psi(x, y, z, t) = Ae^{i(p_x x + p_y y + p_z z - Et)/\hbar} \tag{2.54}$$

は固有値方程式

$$\hat{p}_x \psi = p_x \psi, \quad \hat{p}_y \psi = p_y \psi, \quad \hat{p}_z \psi = p_z \psi \tag{2.55}$$

を満たすので，波動関数(2.54)は運動量演算子 $\hat{\boldsymbol{p}} = (\hat{p}_x, \hat{p}_y, \hat{p}_z)$ の固有値 $\boldsymbol{p} = (p_x, p_y, p_z)$ の固有関数である．

波数 $\boldsymbol{k}$ と角振動数 $\boldsymbol{\omega}$　波数 k と角振動数 ω を

$$k = \frac{p}{\hbar} = \frac{2\pi p}{h} = \frac{2\pi}{\lambda}, \quad p = \hbar k \tag{2.56}$$

$$\omega = \frac{E}{\hbar} = \frac{2\pi E}{h} = 2\pi\nu, \quad E = \hbar\omega \tag{2.57}$$

と定義すると，波動関数(2.44)は

$$\psi(x, t) = Ae^{i(kx - \omega t)} \tag{2.58}$$

と簡単になる．$k = 2\pi/\lambda$ は，「単位長さあたりの波の数」の 2π 倍なので，**波**

---

* ここでは演算子とは関数を(一般には)別の関数に変える操作を行なうものを意味する．

数(wave number)という．運動量 $\boldsymbol{p}=(p_x, p_y, p_z)$ に対応して波数ベクトル $\boldsymbol{k}=(k_x=p_x/\hbar, k_y=p_y/\hbar, k_z=p_z/\hbar)$ を定義できる．

位相速度と群速度　波動関数(2.44)が表わす波の位相が一定，すなわち $px-Et=$一定 という条件から，電子波の等位相面は速さ E/p で $+x$ 方向に伝わることがわかる．この速さ v_{p} を**位相速度**(phase velocity)という．位相速度は

$$v_{\mathrm{p}}=\frac{E}{p}=\frac{p}{2m}=\frac{v}{2} \tag{2.59}$$

なので，古典力学での電子の速さ v とは一致しない．

この不一致の原因は，波動関数(2.44)に対応する電子の確率密度は空間的にも時間的にも一定な定数，

$$|\psi(x, t)|^2=|A|^2 \tag{2.60}$$

であり，物質の塊が運動しているという電子の粒子像に対応しないからである．

電子ビームの長さは有限なので，現実の電子波は無限に長い波ではなく，波長に比べればはるかに長いが，長さが有限な波である．長さが有限な波を**波束**(wave packet)という．波束の具体例を4-5節に示す．

簡単のために，ここでは異なる波数と振動数をもつ2つの波動関数

$$\begin{aligned}\psi_1(x, t) &= Ae^{i(kx-\omega t)} \qquad (\hbar\omega=\hbar^2k^2/2m)\\ \psi_2(x, t) &= Ae^{i[(k+\Delta k)x-(\omega+\Delta\omega)t]} \qquad [\hbar(\omega+\Delta\omega)=\hbar^2(k+\Delta k)^2/2m]\end{aligned} \tag{2.61}$$

を重ね合わせて作った波動関数 $\psi=\psi_1+\psi_2$ を考える．

$$\psi(x, t)=Ae^{i(kx-\omega t)}\{1+e^{i[(\Delta k)x-(\Delta\omega)t]}\} \tag{2.62}$$

$$|\psi(x, t)|^2=2|A|^2\{1+\cos[(\Delta k)x-(\Delta\omega)t]\} \tag{2.63}$$

となり，この波動関数は無限に長い波を表わすので，波束ではない．しかし，図2-5に示されているように，この ψ は長さが $2\pi/(\Delta k)$ の波の塊のつながりである．この波の塊は速さ $v=\Delta\omega/\Delta k$ で運動する．

一般に，長さが Δx の波束は，波数 k が $k_0(=p_0/\hbar)$ の近傍の幅が $\Delta k\approx 1/\Delta x$，すなわち $\Delta p=\hbar\Delta k\approx\hbar/\Delta x$，の範囲の多くの波を重ね合わせて作られ

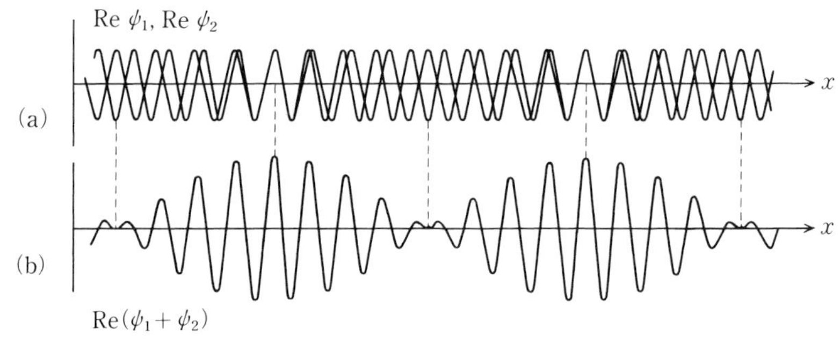

図 2-5　(a) 2つの正弦波 Re ψ_1, Re ψ_2 (Re ψ_i は ψ_i の実数部)
(b) Re $(\psi_1+\psi_2)$

る．波束の移動速度 v_g を**群速度**(group velocity)という．上の例では $v=\Delta\omega/\Delta k$ であったことから推測されるように，群速度 v_g は

$$v_g = \left.\frac{d\omega}{dk}\right|_{k=k_0} \tag{2.64}$$

である．電子波の場合には，$E=\hbar\omega$, $p=\hbar k$ なので，

$$v_g = \frac{d\omega}{dk} = \frac{dE}{dp} = \frac{p}{m} = v \tag{2.65}$$

となり，電子波の群速度は古典力学での電子の速さに等しい．

2-5 シュレーディンガー方程式

前節では力の作用を受けない電子を考えた．この節では位置エネルギー $V(x,y,z)$ をもつ保存力の作用をうけて運動する電子を考える．この場合，電子のエネルギー E は

$$E = \frac{1}{2m}(p_x^2+p_y^2+p_z^2)+V(x,y,z) = H(\boldsymbol{p},\boldsymbol{r}) \tag{2.66}$$

である．ハミルトン(W. R. Hamilton)の提案した古典力学の定式化では，(2.66)式のように運動量 $\boldsymbol{p}$ と位置座標 $\boldsymbol{r}$ で表わしたエネルギーを**ハミルトニアン**(Hamiltonian)とよび，記号 H で表わすので，(2.66)式の最後に =

$H(\boldsymbol{p}, \boldsymbol{r})$ と記した.

ハミルトニアンが $H(\boldsymbol{p}, \boldsymbol{r})$ の電子の波動方程式は(2.47)式を一般化すれば求められる. すなわち, ハミルトニアン $H(\boldsymbol{p}, \boldsymbol{r})$ の中の運動量 $\boldsymbol{p}$ を(2.53)式で定義した運動量演算子 $\hat{\boldsymbol{p}}$ で置き換えて, **ハミルトン演算子** $\hat{H}$,

$$\hat{H} = -\frac{\hbar^2}{2m}\left(\frac{\partial^2}{\partial x^2}+\frac{\partial^2}{\partial y^2}+\frac{\partial^2}{\partial z^2}\right)+V(x, y, z) \tag{2.67}$$

を定義し, これを波動関数 $\psi(x, y, z, t)$ に作用させた $\hat{H}\psi$ で, (2.47)式の左辺を置き換えればよい. すなわち

$$\begin{gathered} \hat{H}\psi = i\hbar\frac{\partial\psi}{\partial t} \\ -\frac{\hbar^2}{2m}\left(\frac{\partial^2\psi}{\partial x^2}+\frac{\partial^2\psi}{\partial y^2}+\frac{\partial^2\psi}{\partial z^2}\right)+V(x, y, z)\psi = i\hbar\frac{\partial\psi}{\partial t} \end{gathered} \tag{2.68}$$

が電子の波動関数 $\psi(x, y, z, t)$ の従う波動方程式である.

これからは式を簡単にするためにラプラシアン ∇^2

$$\nabla^2 = \frac{\partial^2}{\partial x^2}+\frac{\partial^2}{\partial y^2}+\frac{\partial^2}{\partial z^2} \tag{2.69}$$

という記号も使うことにする. ∇^2 を使うと(2.68)式は

$$-\frac{\hbar^2}{2m}\nabla^2\psi+V(x, y, z)\psi = i\hbar\frac{\partial\psi}{\partial t} \tag{2.70}$$

となる.

方程式(2.68)は1926年にシュレーディンガー(E. Schrödinger)が発見した方程式なので, **シュレーディンガー方程式**(Schrödinger equation)という. シュレーディンガー方程式は非相対論的な電子の従う基本的な運動方程式である. 非相対論的とは, 光速 c に比べて速さ v が遅い($v \ll c$)という意味であり, $E=p^2/2m+V(x, y, z)$ が成り立つ場合である.

[参考] **位置演算子** 厳密には, ハミルトン演算子 $\hat{H}$ の中の位置座標 $\boldsymbol{r}=(x, y, z)$ を位置演算子 $\hat{\boldsymbol{r}}=(\hat{x}, \hat{y}, \hat{z})$ で置き換えて $H(\hat{\boldsymbol{r}}, \hat{\boldsymbol{p}})$ とする必要がある. 位置演算子とは,「位置座標の任意の関数 $f(x, y, z)$ に対して

$$\hat{x}f(x, y, z) = xf(x, y, z)$$
$$\hat{y}f(x, y, z) = yf(x, y, z) \tag{2.71}$$
$$\hat{z}f(x, y, z) = zf(x, y, z)$$

が成り立つ演算子」と定義されるので，$H(\hat{\boldsymbol{r}}, \hat{\boldsymbol{p}})\psi(\boldsymbol{r}, t) = H(\boldsymbol{r}, \hat{\boldsymbol{p}})\psi(\boldsymbol{r}, t)$ が成り立つ．したがって，$\hat{H}$ の中の $V(\hat{x}, \hat{y}, \hat{z})$ を $V(x, y, z)$ と書くことができる．

波動関数の規格化条件　1-4 節で説明したように，波動関数 $\psi(\boldsymbol{r}, t)$ の物理的意味は，同一の初期条件で 1 個の電子に対する実験を多数回行なったときに，時刻 t (実験開始後の時間 t) に場所 $\boldsymbol{r} = (x, y, z)$ の近傍の微小体積 $\Delta\boldsymbol{r}$ $(= \Delta x \Delta y \Delta z)$ の中に電子を検出しようとした場合に，電子を発見する相対確率が

$$|\psi(\boldsymbol{r}, t)|^2 \Delta\boldsymbol{r} \tag{2.72}$$

だということである．

波動関数が規格化条件とよばれる条件

$$\int_{-\infty}^{\infty} dx \int_{-\infty}^{\infty} dy \int_{-\infty}^{\infty} dz |\psi(x, y, z, t)|^2 = 1 \tag{2.73}$$

を満たすとき，この波動関数 ψ は規格化されているという．このとき，すべての場所での電子の確率密度(発見確率)の和は 1 になるので，(2.72) は相対確率ではなく，確率そのものになる．規格化できるための条件は，積分 (2.73) が収束して有限な値をもつことである．

時間に依存しないシュレーディンガー方程式　シュレーディンガー方程式 (2.68) の解で，

$$\psi(x, y, z, t) = u(x, y, z) T(t) \tag{2.74}$$

という形のもの，すなわち，変数 x, y, z に依存する部分 $u(x, y, z)$ と変数 t に依存する部分 $T(t)$ が積の形になっているものを求める．(2.74) 式を (2.68) 式に代入すると，$\hat{H}$ は t の微分を含まず，$u(x, y, z)$ は変数 t を含まないので，

$$\hat{H}(uT) = i\hbar\frac{\partial}{\partial t}(uT), \quad \therefore\ T(t)\hat{H}u = i\hbar u(x, y, z)\frac{dT}{dt} \tag{2.75}$$

となる．第 2 式の両辺を $\psi = uT$ で割ると，

$$\frac{\hat{H}u(x, y, z)}{u(x, y, z)} = i\hbar\frac{1}{T(t)}\frac{dT(t)}{dt} = \text{定数} = E \tag{2.76}$$

となる．(2.76)式の第 3 辺に「＝定数」と書いたのは，(2.76)式の第 1 辺は変数 t を含まず，第 2 辺は変数 x, y, z を含まないので，変数 x, y, z, t のどれを変化させても(2.76)式の 第 1 辺＝第 2 辺 は変化せず，したがって定数だからである．この定数を E とおいた．

(2.76)式の第 2 辺と第 4 辺から

$$\frac{dT(t)}{dt} = -\frac{iE}{\hbar}T(t) \tag{2.77}$$

という微分方程式が得られる．この方程式の一般解は

$$T(t) = Ae^{-iEt/\hbar} \qquad (A \text{ は任意の複素数}) \tag{2.78}$$

である．(2.78)式を(2.74)式に代入すると，波動関数は

$$\psi(x, y, z, t) = u(x, y, z)e^{-iEt/\hbar} \tag{2.79}$$

となる．波動関数(2.79)を波動関数(2.44)と比較すると，波動関数(2.79)が表わしている状態の電子のエネルギーは E であることが類推される(E が実数であることは 6-3 節で証明する)．

(2.76)式の第 1 辺と第 4 辺からは偏微分方程式

$$\hat{H}u = -\frac{\hbar^2}{2m}\nabla^2 u + V(\boldsymbol{r})u = Eu \tag{2.80}$$

が得られる．この方程式は，波動関数 $u(x, y, z)$ はハミルトン演算子 $\hat{H}$ の固有関数であり，電子のエネルギー E はハミルトン演算子 $\hat{H}$ の固有値であることを示す．

(2.80)式を**時間に依存しない**(time-independent)**シュレーディンガー方程式**といい，(2.68)式を**時間に依存する**(time-dependent)**シュレーディンガー方程式**という．

規格化条件(2.73)は，波動関数(2.79)に対しては

$$\int_{-\infty}^{\infty}dx\int_{-\infty}^{\infty}dy\int_{-\infty}^{\infty}dz\,|u(x,y,z)|^2=1 \tag{2.81}$$

となる．

2つの波動関数 $\psi_1(\boldsymbol{r},t)$ と $\psi_2(\boldsymbol{r},t)$ がいずれもシュレーディンガー方程式(2.68)の解であれば，c_1, c_2 を任意の複素定数とすると，$c_1\psi_1(\boldsymbol{r},t)+c_2\psi_2(\boldsymbol{r},t)$ も方程式(2.68)の解である．また，$u_1(\boldsymbol{r})$ と $u_2(\boldsymbol{r})$ が方程式(2.80)の解であれば，$c_1u_1(\boldsymbol{r})+c_2u_2(\boldsymbol{r})$ も方程式(2.80)の解である．解であることは方程式に代入すれば確かめられる．

ハミルトン演算子 $\hat{H}$ の固有値方程式

$$\hat{H}u_n(\boldsymbol{r})=E_nu_n(\boldsymbol{r}) \qquad (n=1,2,3,\cdots) \tag{2.82}$$

を解いて，固有値 $E_1, E_2, \cdots$ と固有関数 $u_1(\boldsymbol{r}), u_2(\boldsymbol{r}), \cdots$ を求めると，シュレーディンガー方程式(2.68)の一般解は

$$\psi(\boldsymbol{r},t)=\sum_{n=1}^{\infty}A_nu_n(\boldsymbol{r})e^{-iE_nt/\hbar} \tag{2.83}$$

と表わされる(ハミルトン演算子の固有関数が正規直交完全系をつくることは6-3節でくわしく説明する)．A_n は任意の複素定数である．$\hat{H}$ の固有値と固有関数が求められると，問題は完全に解けたことになる．

波動関数が $\hat{H}$ の固有関数 $u_n(\boldsymbol{r})e^{-iE_nt/\hbar}$ の場合には，波動関数は位相が周期的に変化するだけで，$|\psi(\boldsymbol{r},t)|^2=|u_n(\boldsymbol{r})|^2$ なので，確率密度は時間的に変化しない．そこで，$\hat{H}$ の固有関数の表わす状態を定常状態という*．(2.83)式のように $\hat{H}$ のいくつかの固有値に属する固有関数を重ね合わせた波動関数の場合の確率密度 $|\psi(\boldsymbol{r},t)|^2$ は時間とともに変動する．

非相対論的な陽子や中性子の波動関数の従う波動方程式もシュレーディンガー方程式(2.68)あるいは(2.80)である．この場合の質量 m は陽子や中性子の質量である．

[参考]　**$\hat{H}$ の固有値の物理的意味**　量子力学に慣れたあとで量子力学の

---

*　時間とともに変化する外力をうけている電子に対する $\hat{H}$ は時間 t を含む(9-4節参照)．この場合には変数分離形の解(2.74)は存在しない．

理論体系を学ぶ方が効果的なので，本書では量子力学の理論の体系的説明を第6章でまとめて行なう．ここでは $\hat{H}$ の固有値の物理的意味を紹介する．

ハミルトン演算子 $\hat{H}$ の固有値 E_n の固有関数 $u_n(\boldsymbol{r})$ で表わされる状態にある電子のエネルギーを測定すると，測定値は確実に E_n である．シュレーディンガー方程式の解(2.83)で表わされる状態の電子のエネルギーを測定すると，測定値は $\hat{H}$ の固有値 $E_1, E_2, \cdots$ のどれかで，測定値 E_n が得られる相対確率は $|A_n|^2$ である．運動量の測定についても同じことが成り立つ．これらは量子力学における基本的要請である．

第2章　演習問題

1.　$e^{i\pi/4}, e^{i\pi/2}, e^{i\pi}, e^{2\pi i}, e^{-i\pi/2}$ はそれぞれいくらか．

2.　$\cos ax = \dfrac{e^{iax}+e^{-iax}}{2}$,　$\sin ax = \dfrac{e^{iax}-e^{-iax}}{2i}$

を証明せよ．

3.　微分方程式(2.77)の解が(2.78)となることを示せ．

4.　$\hat{H}=p^2/2m-Ze^2/4\pi\varepsilon_0 r$ の場合の時間に依存しないシュレーディンガー方程式を記せ．

5.　波動方程式(2.3)は $y(x,t)=Ae^{i(kx-\omega t)}$ (A は複素定数，ω, k は実数)という解をもつことを示し，ω と k の関係を導け．この解の位相速度 v_{p} およびこの形の解を重ね合わせて作った波束の群速度 v_{g} を求めよ．

6.　関数(2.23)のフーリエ展開係数を求めよ．

7.　(2.70)式が成り立てば，次の式が成り立つことを示せ．

$$-\frac{\hbar^2}{2m}\nabla^2\psi^* + V(\boldsymbol{r})\psi^* = -i\hbar\frac{\partial\psi^*}{\partial t}$$

Coffee Break

行列力学と波動力学

量子力学は1925年に当時23歳のハイゼンベルク(W. Heisenberg)によって建設された．彼は，位置座標 x や運動量 p が演算子 $\hat{x}$, $\hat{p}$ であり，交換関係 $\hat{x}\hat{p}-\hat{p}\hat{x}=i\hbar$ に従うことを除けば，自然は古典力学の方程式によって記述されることを発見した．交換則に従わない演算子は行列を使って表現されたので，彼の定式化した量子力学は**行列力学**とよばれた(演算子の交換関係と行列表現については第6章参照)．

一方，シュレーディンガー(E. Schrödinger)は，ド・ブロイ(L. de Broglie)の物質波の考えを発展させて，1926年の初頭から4篇の連作論文「固有値問題としての量子化」を発表し，シュレーディンガー方程式を導いた．彼の定式化は波動関数 ψ と波動方程式に基づいているので，**波動力学**とよばれた．

どちらの定式化も水素原子のエネルギー準位を説明した．このように量子力学の2つの異なる数学的形式が独立に発見されたが，まもなく2つの理論が同等なものであることがシュレーディンガーによって示された．

また，量子力学の基本的要請の1つである「波動関数 ψ の絶対値の2乗 $|\psi|^2$ は粒子をそこに発見する確率に比例する」という統計的解釈は1926年にボルン(M. Born)によって与えられた．

量子力学の誕生直後に，日本の若い大学生や大学院生たちが，つぎつぎに発表される原論文から量子力学をどのように学び，かれらがどのように悩んだかは，朝永振一郎著作集第11巻『量子力学と私』(みすず書房)に詳しい．

3 1次元問題1 ——束縛状態

位置エネルギー(ポテンシャル・エネルギー)が y, z 座標に依存せず $V(x)$ という形のときには，波動関数も y, z 座標に依存せず $\psi(x, t)$ という形の場合がある．このような場合を1次元問題という*．波動関数(2.44)の表わす $+x$ 方向に一様に進む波は1次元問題の例である．本章では，位置エネルギーに窪みがあり，電子がその付近に局在している場合(束縛状態)を学ぶ．この場合に電子のエネルギーのとりうる値はとびとびの特定の値だけである．

3-1 1次元問題のシュレーディンガー方程式

波動関数 $\psi(x, t)$ は y, z 座標を含まないので，$\partial^2\psi/\partial y^2=\partial^2\psi/\partial z^2=0$ である．したがって，時間に依存するシュレーディンガー方程式(2.68)は

$$-\frac{\hbar^2}{2m}\frac{\partial^2\psi(x, t)}{\partial x^2}+V(x)\psi(x, t) = i\hbar\frac{\partial\psi(x, t)}{\partial t} \tag{3.1}$$

となる．定常状態の波動関数 $\psi(x, t)=u(x)e^{-iEt/\hbar}$ に対する方程式(3.1)は，$u(x)$ に対する時間に依存しないシュレーディンガー方程式

* 2種類の半導体の薄膜を積み重ねて作った積層構造の中では，半導体の中の原子による周期的変化を無視すると，位置エネルギーは近似的に $V(x)$ となる(x は薄膜の面に垂直な方向である)．

$$-\frac{\hbar^2}{2m}\frac{d^2u(x)}{dx^2}+V(x)u(x) = Eu(x) \tag{3.2}$$

である($\partial^2 u/\partial x^2$ ではなく d^2u/dx^2 である)．2階の微分方程式(3.2)は2個の独立な解をもつ．

規格化条件(2.73)，(2.81)は，1次元問題では

$$\int_{-\infty}^{\infty}|\psi(x,t)|^2dx = 1, \qquad \int_{-\infty}^{\infty}|u(x)|^2dx = 1 \tag{3.3}$$

となる．

2階の微分方程式の解である波動関数 $u(x)$ とその1階の導関数 du/dx は x の連続関数である．ただし，点 $x=L$ で位置エネルギー $V(x)$ が不連続で，しかもそのとびが ∞ ならば，点 $x=L$ で $u(x)$ は連続であるが du/dx は不連続である(証明は本章の演習問題7,8の解答を参照)．

シュレーディンガー方程式(3.2)が厳密に解けるのは，位置エネルギー $V(x)$ がいくつかの特定の形の場合だけである．この章ではそのいくつかの例を示す．厳密に解けない場合にはコンピューターを使って数値的に解くことができる．

3-2 無限に深い井戸型ポテンシャル

図3-1に示す無限に深い井戸型ポテンシャル

$$V(x) = \begin{cases} \infty & (x<0) \\ 0 & (0\leqq x\leqq L) \\ \infty & (L<x) \end{cases} \tag{3.4}$$

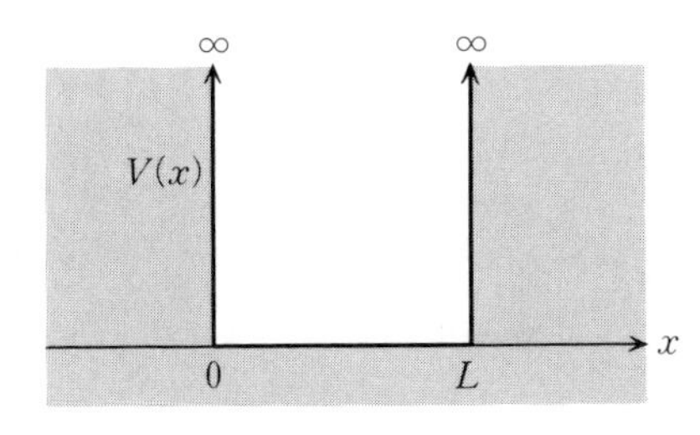

図3-1 無限に深い井戸型ポテンシャル

を考える．これは半導体の薄膜が絶縁体に挟まれている場合に粗い近似として使われる(位置エネルギーをポテンシャルと略してよぶことにする)．

古典力学では，電子は $V(x)>E$ の領域には入り込めず，$0\leqq x\leqq L$ の領域では電子に力が作用しないので，電子はこの長さ L の領域で等速の往復運動を行なう．量子力学ではどうなるのだろうか．

量子力学では，シュレーディンガー方程式(3.2)は

$$-\frac{\hbar^2}{2m}\frac{d^2u}{dx^2} = Eu \qquad (0\leqq x\leqq L) \tag{3.5}$$

$$-\frac{\hbar^2}{2m}\frac{d^2u}{dx^2}+V_0u = Eu \quad (V_0=\infty) \qquad (x<0,\ L<x) \tag{3.6}$$

となる．$V(x)=\infty$ の領域 $x<0$ と $L<x$ には電子はまったく侵入不可能なので(厳密には本章の演習問題8の解答で示す)，

$$u(x) = 0 \qquad (x<0,\ L<x) \tag{3.7}$$

である．波動関数 $u(x)$ は境界の $x=0$ と $x=L$ で連続なので，領域 $0\leqq x\leqq L$ での波動関数に対する境界条件

$$u(0) = u(L) = 0 \tag{3.8}$$

が導かれる．

さて，

$$E = \frac{\hbar^2k^2}{2m} \tag{3.9}$$

とおくと，シュレーディンガー方程式(3.5)は

$$\frac{d^2u}{dx^2} = -k^2u \tag{3.10}$$

となる．(3.10)式の一般解は，

$$u(x) = A\sin kx+B\cos kx \qquad (k=\sqrt{2mE}/\hbar) \tag{3.11}$$

と表わせる．ここで A, B は任意の複素数である．

解(3.11)に $x=0$ での境界条件 $u(0)=0$ を課すと

$$0 = u(0) = A\sin 0+B\cos 0 = B \tag{3.12}$$

$$\therefore \quad u(x) = A\sin kx \tag{3.13}$$

が得られる．(3.13)式に $x=L$ での境界条件 $u(L)=A\sin kL=0$ を課すと，$A\neq 0$ なので，$kL=\pi, 2\pi, 3\pi, \cdots$ であり，

$$k=\frac{n\pi}{L} \qquad (n=1, 2, \cdots) \tag{3.14}$$

という条件が導かれる．したがって，無限に深い井戸型ポテンシャルの中の電子の1次元問題の波動関数は

$$u_n(x)=\sqrt{\frac{2}{L}}\sin\frac{n\pi x}{L} \qquad (n=1, 2, \cdots ; 0\leqq x\leqq L) \tag{3.15}$$

である．規格化条件(3.3)を使って，係数 A を $\sqrt{2/L}$ とした．ただし，規格化条件から導かれる条件は $|A|^2=2/L$ なので，一般的には，ϕ を任意の実数として，$A=e^{i\phi}\sqrt{2/L}$ と書くべきである．また，波動関数(3.15)は両端が $x=0$ と $x=L$ に固定されている長さ L の弦に生じる定常波(2.13)の x の関数の部分と同じ形をしていることを注意しておこう．

さて，(3.14)式の k を(3.9)式に代入すると，電子のエネルギー E は

$$E_n=\frac{n^2\pi^2\hbar^2}{2mL^2} \qquad (n=1, 2, 3, \cdots) \tag{3.16}$$

となり，E はとびとびの値だけをとることがわかる．1-6節で説明したように，これらのとびとびの値のエネルギーをもつ状態は(有限な長さの弦に生じるとびとびの値の振動数の定常波に対応する)定常状態である．(3.16)式は定常状態のエネルギーであり，(3.15)式は定常状態の波動関数である．

図3-2に $n=1, 2, 3, 4$ の場合の定常状態のエネルギー E_1, E_2, E_3, E_4 と波動関数 $u_1(x), u_2(x), u_3(x), u_4(x)$ を示した．エネルギーのいちばん低い定常状態を**基底状態**(ground state)とよぶ．基底状態の波動関数 $u_1(x)$ は領域 $0<x<L$ に $u(x)=0$ となる**節**(node)がない．基底状態以外の状態を**励起状態**(excited state)という．励起状態の波動関数 $u_n(x)$ $(n=2, 3, \cdots)$ の節の数 $n-1$ は状態のエネルギーの値が増加すると1つずつ増加する．電子の状態を指定する整数 n を状態の**量子数**(quantum number)という．

2-5節で説明したように，(3.16)式のエネルギーの値はハミルトン演算子 $\hat{H}$ の固有値であり，波動関数(3.15)は $\hat{H}$ の固有関数である．とびとびの値

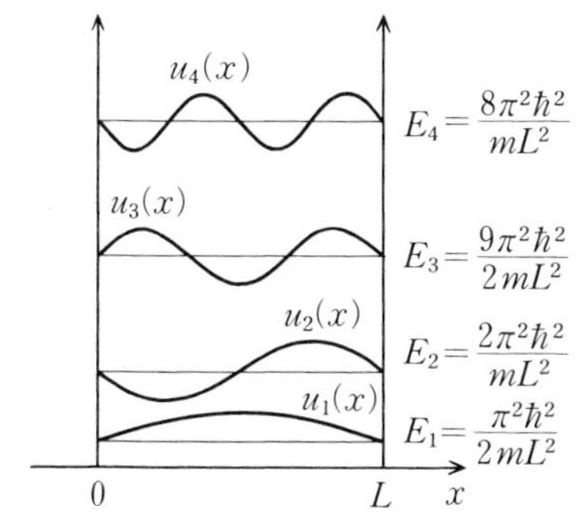

図 3-2 無限に深い井戸型ポテンシャルの中の定常状態のエネルギー準位と波動関数

の固有値を**離散的固有値**(discrete eigenvalue)という.

電子が空間の有限な長さの領域 $0 \leqq x \leqq L$ に閉じ込められると, 量子力学では電子のもつことのできるエネルギー E の値はとびとびの値に限られることがわかった. 負でない任意の値の運動エネルギーをもつことが許される古典力学の場合とは大きな違いである.

古典力学では, 位置エネルギー(3.4)をもつ保存力の作用をうけて運動する粒子のエネルギー E の最小値は, 速さ $v=0$ の粒子のエネルギー $E=0$ である. これに対して量子力学では, エネルギーが最小の状態である基底状態のエネルギーは, $E_1=\pi^2\hbar^2/2mL^2$ である. この違いの原因は不確定性関係である. 電子は長さ L の領域に存在するので位置の不確定さは $\Delta x \approx L/2$ であり, (1.14)式によって, $\Delta p \geqq \hbar/2\Delta x \approx \hbar/L$ 程度の運動量のゆらぎがある. したがって, 電子は $E \sim (\Delta p)^2/2m \gtrsim \hbar^2/2mL^2$ 程度の大きさの運動エネルギーをもつ. 絶対 0 度でも, 無限に深い井戸型ポテンシャルの中の電子のエネルギーが 0 にはならないことを示す E_1 の値を**零点エネルギー**とよぶ.

3-3 井戸型ポテンシャル($E<V_0$ の場合)

前節では無限に深い井戸型ポテンシャルを考えた. この節では深さが有限な井戸型ポテンシャル(square well potential)(図 3-3)

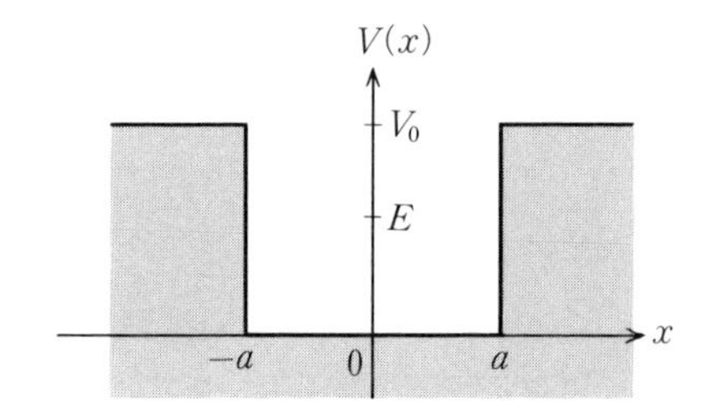

図 3-3 井戸型ポテンシャル

$$V(x) = \begin{cases} V_0 \quad (V_0 > 0) & (x < -a) \\ 0 & (-a \leqq x \leqq a) \\ V_0 & (a < x) \end{cases} \tag{3.17}$$

を考える．この節では電子のエネルギー E が $0 \leqq E < V_0$ で，古典力学では電子は $-a \leqq x \leqq a$ の領域でのみ運動でき，領域 $x < -a$, $a < x$ には，$V(x) > E$ なので，侵入できない場合を考える．

シュレーディンガー方程式(3.2)は

$$-\frac{\hbar^2}{2m}\frac{d^2u}{dx^2} + V_0 u = Eu \qquad (x < -a,\ a < x) \tag{3.18}$$

$$-\frac{\hbar^2}{2m}\frac{d^2u}{dx^2} = Eu \qquad (-a \leqq x \leqq a) \tag{3.19}$$

となる．

$$E = \frac{\hbar^2 k^2}{2m} \tag{3.20}$$

とおくと，(3.19)式は

$$\frac{d^2u}{dx^2} = -k^2 u \tag{3.21}$$

となり，領域 $-a \leqq x \leqq a$ での波動関数 $u(x)$ は

$$u(x) = A\cos kx + B\sin kx \qquad (-a \leqq x \leqq a) \tag{3.22}$$

と表わされることがわかる．A, B は複素数の定数である．

次に，両側の領域 $x < -a$, $a < x$ を考える．$E < V_0$ なので，

$$V_0 - E = \frac{\hbar^2 \kappa^2}{2m} \qquad (\kappa > 0) \tag{3.23}$$

とおくと，(3.18)式は

$$\frac{d^2u}{dx^2} = \kappa^2 u \qquad (x<-a,\ a<x) \tag{3.24}$$

となる．(3.24)式の一般解は，C, D を任意の複素数として，$Ce^{-\kappa x}+De^{\kappa x}$ と表わされる．

$$x\to\infty \text{ で} \qquad e^{\kappa x}\to\infty,\ e^{-\kappa x}\to 0$$
$$x\to-\infty \text{ で} \quad e^{\kappa x}\to 0,\quad e^{-\kappa x}\to\infty$$

なので，全空間に電子が1個だけ存在するという解の存在を保証する規格化条件(3.3)を満足する，物理的に意味のある解は，

$$u(x) = Ce^{-\kappa x} \qquad (a<x) \tag{3.25a}$$
$$u(x) = De^{\kappa x} \qquad (x<-a) \tag{3.25b}$$

である．古典力学では粒子が存在できない領域，$x<-a$ および $a<x$，でも波動関数は0ではないことに注意しよう．

次に，3つの領域での波動関数 $u(x)$ とその導関数 du/dx が境界 $x=-a$ と $x=a$ で連続になるという境界条件を課さねばならない．

位置エネルギー(3.17)は $V(x)=V(-x)$ という性質をもつので，x の偶関数である．本節の最後で示すように，このような場合の波動関数 $u(x)$ は x の偶関数か奇関数である．

(a)　$u(x)$ が**偶関数の場合** $[u(-x)=u(x)]$　この場合には $B=0, C=D$ なので，波動関数は

$$u(x) = \begin{cases} Ce^{\kappa x} & (x<-a) \\ A\cos kx & (-a\leqq x\leqq a) \\ Ce^{-\kappa x} & (a<x) \end{cases} \tag{3.26}$$

である．$x=a$ での境界条件から次の2つの関係が出る($x=-a$ での境界条件からも同じ関係が導かれる)．

$$Ce^{-\kappa a} = A\cos ka \qquad (u \text{ が連続}) \tag{3.27}$$
$$C\kappa e^{-\kappa a} = Ak\sin ka \qquad (du/dx \text{ が連続}) \tag{3.28}$$

(3.28)式の両辺を(3.27)式の両辺で割り，a 倍すると，

$$\kappa a = ka\tan ka \tag{3.29}$$

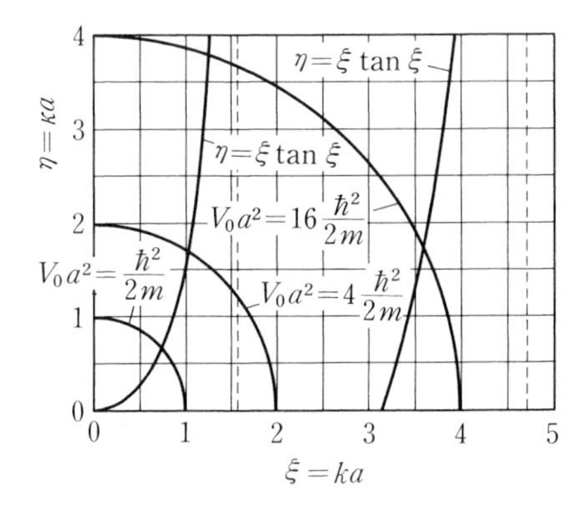

図 3-4 偶関数の解

という関係が導かれる．一方，(3.20), (3.23)式から

$$(ka)^2+(\kappa a)^2 = \frac{2mV_0a^2}{\hbar^2} \tag{3.30}$$

が得られる．(3.29)式と(3.30)式を，横軸に $\xi=ka$，縦軸に $\eta=\kappa a$ を選んで，図3-4に示した．曲線群の交点はシュレーディンガー方程式の偶関数の解を示す．これらの解は，交点の $\xi=ka$ および $\eta=\kappa a$ に対応するエネルギー E をもつ定常状態を表わしている．

波動関数(3.26)の係数 A, C は，境界条件(3.27)と規格化条件(3.3)から決まる(ただし位相因子の不定性は残る)．

図3-4で $V_0a^2=$一定 の曲線(円)と $\kappa a=ka\tan ka$ という曲線の交点の数を数えると，偶関数の解は $a\sqrt{2mV_0}<\pi\hbar$ のときは1個，$\pi\hbar\leqq a\sqrt{2mV_0}<2\pi\hbar$ のときは2個，…，$(n-1)\pi\hbar\leqq a\sqrt{2mV_0}<n\pi\hbar$ のときは n 個であることがわかる．位置エネルギーの窪み V_0 が浅くても，エネルギー E が $0<E<V_0$ の定常状態が必ず1個は存在する．なお，等号の場合には，$\kappa=0$ ($E=V_0$) で結合エネルギーが0の定常状態が1個含まれている．

(b) $u(x)$ が**奇関数の場合** $[u(-x)=-u(x)]$ この場合には $A=0, C=-D$ なので，波動関数は

$$u(x) = \begin{cases} -Ce^{\kappa x} & (x<-a) \\ B\sin kx & (-a\leqq x\leqq a) \\ Ce^{-\kappa x} & (a<x) \end{cases} \tag{3.31}$$

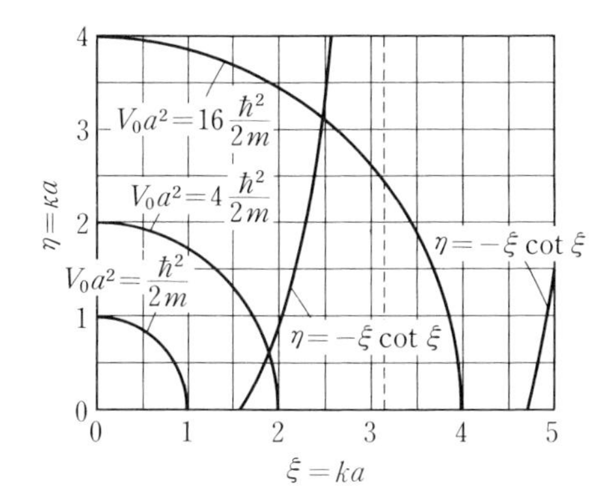

図 3-5　奇関数の解

である．$x=a$ での境界条件から次の 2 つの関係が出る．

$$Ce^{-\kappa a} = B\sin ka \qquad (u \text{ が連続}) \tag{3.32}$$

$$-C\kappa e^{-\kappa a} = Bk\cos ka \qquad (du/dx \text{ が連続}) \tag{3.33}$$

(3.33)式の両辺を(3.32)式の両辺で割り，a 倍すると，

$$\kappa a = -ka\cot ka \tag{3.34}$$

が導かれる．(3.30)式と(3.34)式を，横軸に $\xi=ka$，縦軸に $\eta=\kappa a$ を選んで，図 3-5 に示した．曲線群の交点は奇関数の波動関数に対応する定常状態を表わす．

このようにして，井戸型ポテンシャル(3.17)の場合のエネルギー固有値 E が $0<E\leqq V_0$ の定常状態は図 3-4 および 3-5 の曲線群の交点に対応することがわかった．定常状態のエネルギー E は，交点の ka あるいは κa の値をグラフから読みとって，(3.20)式あるいは(3.23)式を使えば求められる．

エネルギー E が $0<E\leqq V_0$ の定常状態の数は，井戸の深さ V_0 の値によって異なり

$$(n-1)\pi\hbar \leqq 2a\sqrt{2mV_0} < n\pi\hbar \quad \text{のとき} \quad n \text{ 個} \tag{3.35}$$

である．定常状態の波動関数の節の数は，基底状態の場合には 0，励起状態の場合には低い方から 1 個, 2 個, … となっている(図 3-6 参照)．

離散的エネルギー固有値と束縛状態　$0\leqq E<V_0$ の場合，古典力学では電子が領域 $|x|\leqq a$ に閉じ込められていることになる．これに対して，量子力学では次の 2 つの特徴がある．

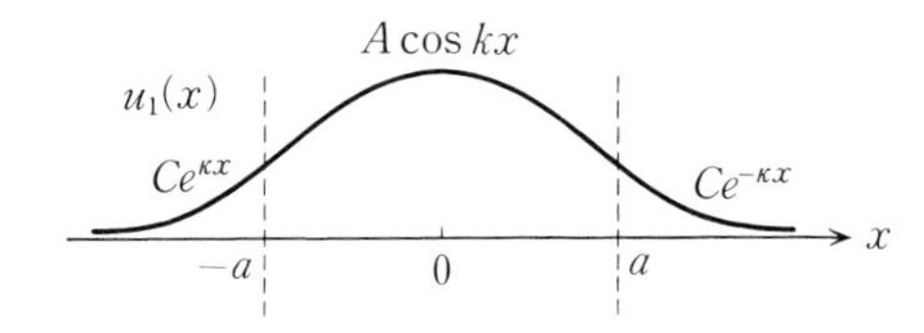

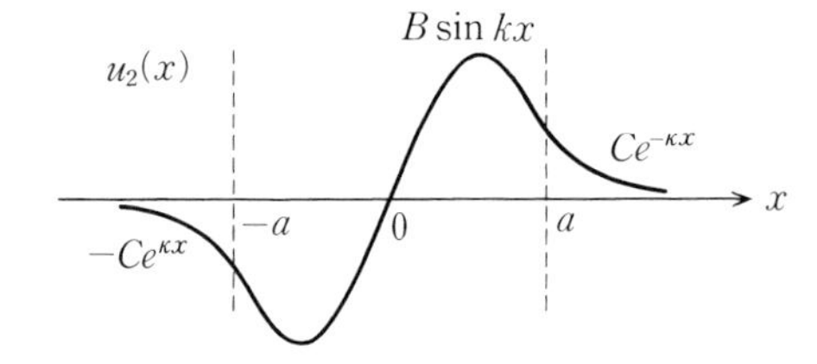

図 3-6 井戸型ポテンシャルの基底状態と第1励起状態の波動関数 $u_1(x)$, $u_2(x)$

(1) 電子のエネルギー固有値 E はとびとびの値しかとれない．すなわち，ハミルトン演算子 $\hat{H}$ の固有値は離散的固有値である．

(2) 古典力学では電子が侵入できない $E<V(x)$ の領域にも電子は侵入できる．すなわち，$E<V(x)$ の領域でも $|u(x)|^2 \neq 0$．ただし，$E>V(x)$ の領域から離れるにつれて電子の確率密度 $|u(x)|^2$ は急激に小さくなる．

上の2つの特徴(1)，(2)は，井戸型ポテンシャルばかりでなく，図3-7のように位置エネルギー $V(x)$ に窪みがある場合には(1)を

(1)′ 電子のエネルギー E は $V(\infty)$ と $V(-\infty)$ の最小値より小さな任意の値をとることはできない．

と修正すれば，つねに成り立つ．

特徴(1)の実験的証拠が，1-6節で紹介した，原子が放射・吸収する光の線スペクトルである．

特徴(2)の実験的証拠として，古典力学では通過できない $V(x)>E$ の領

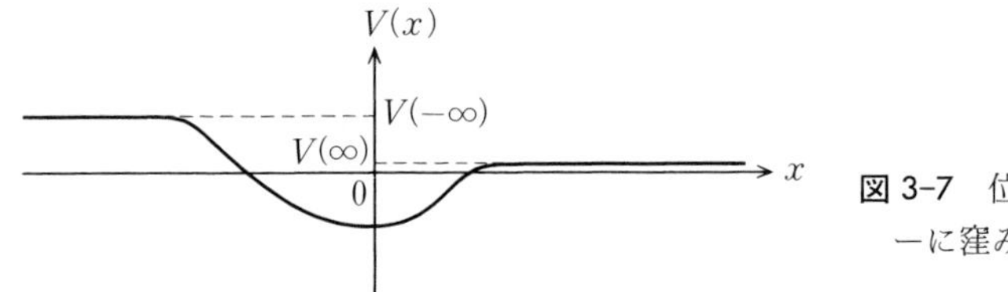

図 3-7 位置エネルギーに窪みがある場合

域を電子が透過する「トンネル効果」がある(4-3 節参照).

電子の確率密度が位置エネルギーの窪みの中とその近傍にのみ局在する，離散的エネルギー固有値の状態を電子の**束縛状態**(bound state)とよぶ.

一般のポテンシャルの場合には，上に示した2つの特徴は次のようにして導かれる.

(i) $V(x)>E$ の場合には $(1/u)\ d^2u/dx^2>0$ なので，x が増加すると波動関数 $u(x)$ は一般に x 軸から遠ざかる(図 3-8(a)). $V(x)<E$ の場合には $(1/u)\ d^2u/dx^2<0$ なので，x が増加すると $u(x)$ は x 軸に近づいてくる(図 3-8(b)).

(ii) 図 3-8(c)に示す位置エネルギー $V(x)$ の場合に，$E=V(x)$ の2つの根を $x=x_1, x_2$ とする. 規格化条件を満足するので，$x\to-\infty$ で $u(x)\to 0$ であるようなシュレーディンガー方程式の解を，$E>V(x)$ の領域 $x_1<x$ に接続すると，一般に図 3-8(c)の下図のようになる. これをさらに $E<V(x)$ の領域 $x_2<x$ に接続すると，一般の E の値に対しては図 3-8(d), (f)のように，$x\to\infty$ で $|u(x)|\to\infty$ になる. 図 3-8(e)のように $x\to\infty$ で物理的に意味がある $u(x)\to 0$ になる場合は特定のとびとびの E の値の場合に限られることがわかる(この場合 $E_d>E_e>E_f$ である).

(iii) $V(x)$ の最小値よりも小さなエネルギー E の束縛状態が存在しないことは，すべての x で $d^2u/dx^2>0$ なので，$x\to-\infty$ と $x\to\infty$ の両方で $u(x)\to 0$ とはならないことからわかる.

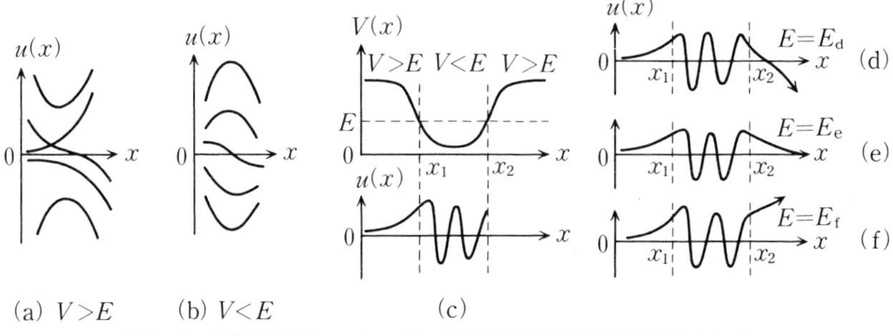

図 3-8 束縛状態のエネルギー固有値は離散的固有値である.

また，2つの特徴を微分方程式(3.2)が2つの独立な解をもつ事実からも説明できる．(3.2)式の一般解は2個の独立な解 $u_1(x)$, $u_2(x)$ の重ね合わせ $c_1u_1(x)+c_2u_2(x)$ として表わされる．束縛状態の波動関数の場合，2つの係数 c_1 と c_2 の比は $x\to-\infty$ で $u(x)\to 0$ という条件から決まるが，一般の値の E の場合には，このような $c_1u_1(x)+c_2u_2(x)$ は $x\to\infty$ では0にならない．束縛状態では c_1 と c_2 の大きさは規格化条件で決まる．

問3-1 図3-8のポテンシャルの場合，$E<E_e$ の束縛状態は何個存在するか．

パリティ 位置エネルギー $V(x)$ が x の偶関数のとき，$u(x)$ がシュレーディンガー方程式

$$-\frac{\hbar^2}{2m}\frac{d^2u(x)}{dx^2}+V(x)u(x) = Eu(x) \tag{3.36}$$

の解だとする．(3.36)式に現われる変数 x を $-x$ で置き換えて，$V(-x)=V(x)$ を使うと，

$$-\frac{\hbar^2}{2m}\frac{d^2u(-x)}{dx^2}+V(x)u(-x) = Eu(-x) \tag{3.37}$$

となる．したがって，$u(-x)$ はシュレーディンガー方程式(3.36)の固有値 E をもつ解である．すなわち，1つの E の値に対して $u(x)$ が解なら $u(-x)$ も解である．

シュレーディンガー方程式の解は重ね合わせの原理に従うので，$u(x)$ が(3.36)式の解ならば，

$$u_E(x) = u(x)+u(-x) \qquad (u_E(x)\text{ は } x \text{ の偶関数}) \tag{3.38}$$

$$u_O(x) = u(x)-u(-x) \qquad (u_O(x)\text{ は } x \text{ の奇関数}) \tag{3.39}$$

も(3.36)式の解である．

シュレーディンガー方程式(3.36)の固有値 E をもつ固有関数が1つしか存在しない場合を考えよう．このような場合，固有値 E は**縮退**していないという(量子力学では波動関数 $\psi(x,t)$ が表わす状態とその定数倍の $c\psi(x,t)$ が表わす状態は，$|\psi(x,t)|^2$ と $|c\psi(x,t)|^2$ が同一の相対確率を与えるので，同一の状態を表わし，$\psi(x,t)$ と $c\psi(x,t)$ は同じ固有関数とみなされる

ことを注意しておく).固有関数が1つしか存在しないので,$u_O(x)=0$ か $u_E(x)=0$ である.すなわち,固有関数は x の偶関数か奇関数

$$u(-x) = u(x) \quad \text{または} \quad u(-x) = -u(x) \tag{3.40}$$

である.(3.40)式を

$$u(-x) = cu(x), \quad c = 1 \quad \text{または} \quad c = -1 \tag{3.41}$$

と表わすこともできる.

定数 c を波動関数 $u(x)$ の**パリティ**(parity)あるいは波動関数 $u(x)$ に対応する状態のパリティという.$c=1$ の場合には $u(x)$ は偶関数なので,パリティは偶(even)だという.$c=-1$ の場合には $u(x)$ は奇関数なので,パリティは奇(odd)だという.

ある演算子のいくつかの異なる固有関数が1つの固有値をもつ場合,この固有値は縮退しているという.n 個($n \geqq 2$)の固有関数が1つの固有値をもつ場合,この固有値は n 重に縮退しているという.

あるエネルギー固有値 E が縮退している場合にも,(3.38),(3.39)式を使って,固有関数が決まったパリティをもつようにできる.しかし,図3-8からもわかるように,1次元問題では束縛状態は節の数で指定され,節の数の異なる束縛状態のエネルギー固有値は等しくない.したがって,1次元問題の束縛状態はすべて縮退していない.

位置エネルギー $V(x)$ が x の偶関数でなければ,波動関数は決まったパリティをもたない.

3-4 調和振動子

調和振動子 水は高い所から低い所に流れる.古典力学では,安定なつり合い点は位置エネルギー $V(x)$ の極小値に対応する.したがって,$x=a$ が質点(質量 m)の安定なつり合い点だとすると,この点の近傍での位置エネルギーは

$$V(x) \doteqdot V(a)+\frac{1}{2}m\omega^2(x-a)^2 \tag{3.42}$$

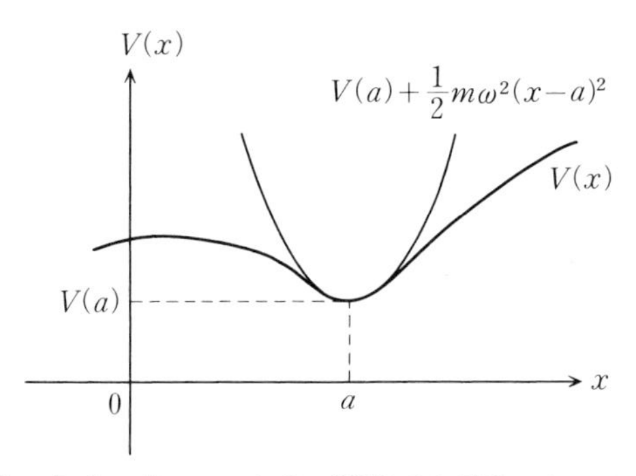

図 3-9 安定なつり合い点 $x=a$ とその近傍でのポテンシャル．力が働かない条件は $F=-\left.\dfrac{dV}{dx}\right|_{x=a}=0$ で，復元力が働く条件は $\left.\dfrac{d^2V}{dx^2}\right|_{x=a}>0$

と近似できる(図 3-9)．したがって，古典力学での質点の運動方程式は

$$m\frac{d^2x}{dt^2} = F = -\frac{dV}{dx} = -m\omega^2(x-a) \tag{3.43}$$

となり，これを解くと，質点は点 $x=a$ の近傍で角振動数 ω の単振動

$$x = a+A\cos(\omega t+\alpha) \tag{3.44}$$

を行なうことがわかる．単振動を調和振動ともいうので，単振動を行なう系を**調和振動子**(harmonic oscillator)とよび，位置エネルギー(3.42)を調和振動子ポテンシャルという．

振動は日常生活のいたるところで見られるが，分子や原子核も振動している．この節では $a=0$, $V(a)=0$ の場合の調和振動子ポテンシャル，

$$V(x) = \frac{1}{2}m\omega^2x^2 \tag{3.45}$$

をもつシュレーディンガー方程式

$$-\frac{\hbar^2}{2m}\frac{d^2u}{dx^2}+\frac{1}{2}m\omega^2x^2u = Eu \tag{3.46}$$

の解，すなわちエネルギー固有値と固有関数を求める．$|x|\to\infty$ で $V(x)\to\infty$ なので，前節の議論からこの場合の固有状態はすべて束縛状態でエネルギー固有値は離散的固有値である．

(3.46)式を簡単にするために，変数を x から ξ に

$$\xi = \alpha x, \quad \alpha = \sqrt{\frac{m\omega}{\hbar}}$$
$$\left[\frac{d}{dx}=\frac{d\xi}{dx}\frac{d}{d\xi}=\alpha\frac{d}{d\xi}, \quad \frac{d^2}{dx^2}=\alpha\frac{d}{d\xi}\left(\alpha\frac{d}{d\xi}\right)=\alpha^2\frac{d^2}{d\xi^2}\right] \tag{3.47}$$

と変数変換し，

$$E = \frac{1}{2}\hbar\omega\lambda, \quad u(x) = u\left(\frac{\xi}{\alpha}\right) = \Phi(\xi) \tag{3.48}$$

とおくと，シュレーディンガー方程式(3.46)は

$$\frac{d^2\Phi}{d\xi^2}+(\lambda-\xi^2)\Phi = 0 \tag{3.49}$$

と簡単になる．ξ と λ は無次元の量である．

さて，$|\xi|\to\infty$ で $|\Phi(\xi)|\to 0$ になる解を求める．方程式(3.49)は $\xi\to\infty$ では $d^2\Phi/d\xi^2-\xi^2\Phi\approx 0$ となるので，$|\xi|\to\infty$ での一般解は

$$\Phi \sim (\xi \text{ の多項式})e^{\pm\xi^2/2}$$

という形だと予想される．2種類の解のうち $e^{\xi^2/2}$ に比例する解は $|\xi|\to\infty$ で $|\Phi|\to\infty$ になるので許されない．したがって，求める解は，$H(\xi)$ を ξ の多項式として，

$$\Phi(\xi) = H(\xi)e^{-\xi^2/2} \tag{3.50}$$

という形をしていると予想される．(3.50)式を(3.49)式に代入すると，多項式 $H(\xi)$ に対する微分方程式

$$\frac{d^2H}{d\xi^2}-2\xi\frac{dH}{d\xi}+(\lambda-1)H = 0 \tag{3.51}$$

が得られる．この方程式は $\lambda=2E/\hbar\omega$ を固有値とする固有値方程式である．したがって，とびとびの E の値，すなわち，とびとびの λ の値のみが固有値として許されるはずである．すぐあとで示すように，一般の値の λ に対する(3.51)式の解 $H(\xi)$ は ξ の多項式ではなく無限級数になり，この場合には $|\xi|\to\infty$ で $H(\xi)$ は e^{ξ^2} に比例して増加し［$H(\xi)\to O(e^{\xi^2})$ と記す］，$\Phi(\xi)\to O(e^{\xi^2/2})$ となる．

そこで，どのような値の λ に対して(3.51)式の $H(\xi)$ が多項式になるのかを調べよう．(3.51)式は ξ を $-\xi$ に置き換えても不変なので，$H(\xi)$ は ξ の偶関数か奇関数である(3-3節参照)．そこで，多項式 $H(\xi)$ を

$$H(\xi) = \xi^s \sum_{n=0} C_n \xi^{2n} \qquad (C_0 \neq 0) \tag{3.52}$$

とおく(s は定数，s が偶数なら $H(\xi)$ は ξ の偶関数で，s が奇数なら奇関数である．便宜上，右辺の n についての和の上限は記さない)．(3.52)式を(3.51)式に代入すると，

$$\begin{aligned} & s(s-1)C_0\xi^{s-2} + [(s+2)(s+1)C_1 + (\lambda-1-2s)C_0]\xi^s \\ & \quad + \cdots + [(s+2n+2)(s+2n+1)C_{n+1} + (\lambda-1-2s-4n)C_n]\xi^{s+2n} \\ & \quad + \cdots = 0 \end{aligned} \tag{3.53}$$

となる．この式が ξ の任意の値に対して成り立つ条件は(3.53)式の $\xi^{s-2}, \xi^s, \cdots, \xi^{s+2n}, \cdots$ の係数がそれぞれ0になるという条件，

$$\begin{aligned} & s(s-1)C_0 = 0 \\ & (s+2)(s+1)C_1 = (1+2s-\lambda)C_0 \\ & \quad \cdots\cdots\cdots\cdots\cdots\cdots \\ & (s+2n+2)(s+2n+1)C_{n+1} = (1+2s+4n-\lambda)C_n \\ & \quad \cdots\cdots\cdots\cdots\cdots\cdots \end{aligned} \tag{3.54}$$

である．$C_0 \neq 0$ なので，第1式から定数 s は

$$s = 0 \quad \text{または} \quad 1 \tag{3.55}$$

となる．(3.54)の第2式以降を使って係数 $C_1, C_2, \cdots$ を順番に求め，$H(\xi)$ を決めることができる．

さて，一般の値の λ の場合，(3.54)式を使って求められる C_n はすべての自然数 n に対して0ではない．したがって，一般の値の λ に対して $H(\xi)$ は多項式ではなく無限級数になる．(3.54)式から

$$\frac{C_{n+1}}{C_n} = \frac{4n+2s+1-\lambda}{(2n+s+2)(2n+s+1)} \xrightarrow[n\to\infty]{} \frac{1}{n} \tag{3.56}$$

となるが，この $n\to\infty$ の極限での比は e^{ξ^2} のテイラー展開の係数 b_ν の比の $n\to\infty$ の極限での値

$$
\begin{aligned}
e^{\xi^2} &= 1+\xi^2+\cdots+\frac{1}{n!}\xi^{2n}+\cdots = \sum_{n=0}^{\infty} b_n \xi^{2n} \\
\frac{b_{n+1}}{b_n} &= \frac{1}{n+1} \xrightarrow[n\to\infty]{} \frac{1}{n}
\end{aligned}
\tag{3.57}
$$

と同じになる．したがって，一般の値のλの場合には$|\xi|\to\infty$で$H(\xi)$はe^{ξ^2}に比例して増加し，

$$
\Phi(\xi) = H(\xi)e^{-\xi^2/2} \xrightarrow[|\xi|\to\infty]{} O(e^{\xi^2/2}) \tag{3.58}
$$

となることがわかるが，このような解は受け入れられない．

したがって，$H(\xi)$は無限級数ではなく，有限項からなる多項式でなければならない．jを負でない整数とすると，

$$
\lambda = 4j+2s+1 \qquad (j=0, 1, 2, \cdots)
$$

のときには，(3.54)式から

$$
C_{j+1} = C_{j+2} = \cdots = 0 \tag{3.59}
$$

となるので，$H(\xi)$は$j+1$個の項からなる多項式となる．$s=0$または1なので，$s+2j=n$とおくと，$H(\xi)$がξの有限項の多項式になるのは

$$
\lambda = 2n+1 \qquad (n=0, 1, 2, \cdots) \tag{3.60}
$$

のときだけである．この場合には$|\xi|\to\infty$で$H(\xi)e^{-\xi^2/2}\to 0$となるので，これらの波動関数は束縛状態に対応していることがわかる．したがって，(3.60)式を(3.48)の第1式に代入すると，調和振動子ポテンシャルの束縛状態のエネルギーとして許される値は

$$
E_n = \left(n+\frac{1}{2}\right)\hbar\omega \qquad (n=0, 1, 2, \cdots) \tag{3.61}
$$

だけであることがわかる．

エネルギー準位(3.61)は，$E=\frac{1}{2}\hbar\omega, \frac{3}{2}\hbar\omega, \frac{5}{2}\hbar\omega, \cdots$と，間隔が$\hbar\omega$の等間隔であるという特徴がある．基底状態のエネルギーは$\frac{1}{2}\hbar\omega$であって0ではない．これは不確定性原理による零点エネルギーである．

エルミート多項式　$\lambda=2n+1$（nは負でない整数）の場合，(3.54)式を使って求められるξのn次の多項式で，ξ^nの係数を2^nとして他の係数がすべて整数になるようにした$H_n(\xi)$を**エルミート多項式**という．$H_n(\xi)$は

(3.51)式で $\lambda=2n+1$ とおいた微分方程式

$$H_n''-2\xi H_n'+2nH_n=0 \tag{3.62}$$

の解である．H_0, H_1, H_2, H_3, H_4 を下に示す．

$$\begin{aligned}&H_0(\xi)=1,\quad H_1(\xi)=2\xi,\quad H_2(\xi)=4\xi^2-2,\\&H_3(\xi)=8\xi^3-12\xi,\quad H_4(\xi)=16\xi^4-48\xi^2+12\end{aligned} \tag{3.63}$$

エルミート多項式は(3.54)式を使って求められるが，

$$H_n(\xi)=(-1)^n e^{\xi^2}\frac{d^n e^{-\xi^2}}{d\xi^n} \tag{3.64}$$

を使っても求められる(証明は6-6節参照)．$H_n(\xi)$ は

$$\int_{-\infty}^{\infty}H_m(\xi)H_n(\xi)e^{-\xi^2}d\xi=\sqrt{\pi}2^n n!\,\delta_{mn} \tag{3.65}$$

という形の規格直交条件を満たす(6-6節参照)．

シュレーディンガー方程式(3.46)の固有関数　(3.47),(3.48),(3.50),(3.65)式を使うと，(3.46)式の固有値 $E_n=\left(n+\dfrac{1}{2}\right)\hbar\omega$ に対応する規格化された固有関数 $u_n(x)$ は

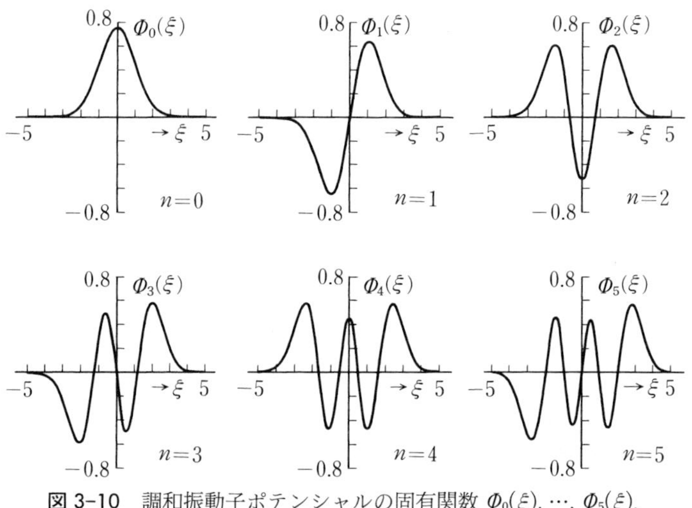

図3-10　調和振動子ポテンシャルの固有関数 $\Phi_0(\xi),\cdots,\Phi_5(\xi)$．$u_n(x)=\sqrt{\alpha}\,\Phi_n(\alpha x)$, $\alpha=\sqrt{m\omega/\hbar}$

$$u_n(x) = N_n H_n(\alpha x) e^{-\alpha^2 x^2/2} \qquad (n=0, 1, 2, \cdots) \tag{3.66}$$

$$N_n = \left(\frac{\alpha}{\sqrt{\pi}2^n n!}\right)^{\frac{1}{2}} \qquad \left(\alpha = \sqrt{\frac{m\omega}{\hbar}}\right) \tag{3.67}$$

であることがわかる($u_0(x)$ は基底状態である).

図 3-10 に $n=0, 1, \cdots, 5$ の場合の $u_n(x)$ を示した．$u_n(x)$ は n が偶数の場合には x の偶関数，n が奇数の場合には x の奇関数である.

$u_n(x)$ の重要な性質として次の性質がある(証明は 6-6 節で行なう).

$$\int_{-\infty}^{\infty} u_m^*(x) x u_n(x) dx = \begin{cases} \dfrac{1}{\alpha}\sqrt{\dfrac{n+1}{2}} & (m=n+1) \\ \dfrac{1}{\alpha}\sqrt{\dfrac{n}{2}} & (m=n-1) \\ 0 & (\text{その他の場合}) \end{cases} \tag{3.68}$$

第3章　演習問題

1. (i)　幅 $L=10^{-10}$ m, 10^{-9} m, 10^{-8} m の無限に深い井戸型ポテンシャルの中の電子の $n=1, 2, 3$ の定常状態のエネルギーは，それぞれ何 eV か．電子の質量は $m_e=9.11\times10^{-31}$ kg である.

(ii)　(i)の場合，電子が $n=2$ の状態から $n=1$ の状態へ遷移するとき放射される光子の波長を求めよ．放射される光は可視光か.

2. 陽子が幅 $L=2.0\times10^{-15}$ m の無限に深い井戸型ポテンシャルの中に束縛されているとき，前問と同じことを計算せよ．陽子の質量は $m_n=1.67\times10^{-27}$ kg である.

3. 無限に深い井戸型ポテンシャルの壁が $x=-L/2$ と $x=L/2$ にあるときの，波動関数を求めよ.

4. 次のポテンシャル

$$V(x) = \begin{cases} \infty & (x<0) \\ 0 & (0 \leqq x \leqq a) \\ V_0 & (a<x) \end{cases}$$

の束縛状態のエネルギー固有値を求めよ．基底状態の波動関数の概形を図示せよ．

5. 図3-3のポテンシャルはつねに1つ以上の束縛状態をもつ．基底状態について次の問に答えよ．

（i）a を一定に保って，V_0 の値を無限大から減少させていくとき，基底状態のエネルギーと波動関数はどのように変化していくか．

（ii）V_0 を一定に保って a を減少させるとエネルギー E は増加するか減少するか．理由も述べよ．

6. 無限に深い井戸型ポテンシャルの中の定常状態の波動関数(3.15)は，$+x$ 方向と $-x$ 方向に進む波が重なり合った定常波であることを，$\cos kx=(e^{ikx}+e^{-ikx})/2$，$\sin kx=(e^{ikx}-e^{-ikx})/2i$ を使って示せ．

7. 位置エネルギー $V(x)$ が $x=x_0$ で不連続であっても，そのとびが有限，すなわち $\varepsilon\to 0$ の極限で $V(x_0+\varepsilon)-V(x_0-\varepsilon)$ が有限ならば，$x=x_0$ で du/dx は連続であることを示せ．

8. 無限に深い井戸型ポテンシャル(3.4)の場合，$x<0$ と $L<x$ で $u(x)=0$ であることを，井戸型ポテンシャルの $V_0\to\infty$ の極限での $u(x)$ の振る舞いから示せ．

9. ポテンシャルが $V=V(x)$ の場合，(2.80)式には

$$u(x,y,z)=v(x)w(y,z)$$

という形の解があることを示せ．ただし $v(x)$，$w(y,z)$ は

$$-\frac{\hbar^2}{2m}\frac{d^2v}{dx^2}+V(x)v=E_1v,\quad -\frac{\hbar^2}{2m}\left(\frac{\partial^2w}{\partial y^2}+\frac{\partial^2w}{\partial z^2}\right)=(E-E_1)w$$

の解である(E_1 は定数)．$V=V(x,y)$ の場合はどうか．

Coffee Break

古典力学的世界観と量子力学的世界観

ニュートン力学(古典力学)では，物体に働く力がわかっている場合には，ある時刻における位置と速度がわかると，物体のその後の運動は完全に予言できる．たとえば，石を同じ方向に同じ初速で放ると，何回放っても，石は同じ軌道を描いて同じ場所に落ちる．石に働く重力，空気の抵抗などの力がわかれば，石の軌道と落下地点が計算できる．

宇宙が粒子的な物体から構成されていると考えると，宇宙の将来は完全に決定されていることになる．もちろん原理的に決定されているということである．このように古典力学での世界観は決定論的なものである．

巨視的な世界は莫大な数の分子から構成されているので，古典物理学にも確率に基づく統計的法則がある．たとえば，19 世紀に発展した気体分子論は確率的な理論であるが，この理論は莫大な数の分子が存在し，個々の分子の運動を実際には追跡できないために，平均的振る舞いを確率的に考察したものである．しかし，この理論でも個々の分子はニュートン力学に従って決定論的に運動すると考えている．

この古典力学的世界観は量子力学によって大きな変更を受けた．同じ初期条件で電子をつぎつぎに放出しても，電子は検出器の異なった場所で検出される(図 1-7 参照)．量子力学によれば，位置と速度を同時に正確に測定することさえもできない．不確定性関係として定式化されているこの事実は，電子が古典力学に従う粒子ではなく，粒子的性質と波動的性質の 2 重性を持つことに基づいている．量子力学では物理量の測定に対して，確率的な予言ができるだけである．ただし，量子力学における確率と気体分子論における確率はまったく異なる．この差異はわれわれの計算能力によるものではなく，電子，原子，分子などの本性に基づくものである．

1次元問題2 ——反射と透過

電子のエネルギーが，無限遠での位置エネルギー $V(\infty)$ と $V(-\infty)$ の少なくともどちらか一方よりも大きいので，電子が無限遠まで運動できる場合を考える．ポテンシャルに段差や凹凸があるとそこで電子の反射がおこるし，古典力学では通過できないポテンシャルの高い土手を電子が透過したりする．本章ではこのようなことを学ぶ．

4-1 1次元の自由運動

まず，古典力学では力の作用を受けずに x 軸に沿って等速直線運動する場合を考える．この場合の位置エネルギー $V(x)$ は一定，

$$V(x) = V_0(\text{定数}) \tag{4.1}$$

である($V_0=0$ である必要はない)．

量子力学では，エネルギーが E ($\hat{H}$ の固有状態で固有値が E)の電子の波動関数は，時間に依存する因子までを含めて，$\phi(x, t)=u(x)e^{-iEt/\hbar}$ と表わされるが，波動関数の空間部分 $u(x)$ は時間に依存しないシュレーディンガー方程式

$$-\frac{\hbar^2}{2m}\frac{d^2u}{dx^2}+V_0u = Eu \tag{4.2}$$

に従う．電子の運動エネルギーを

$$E - V_0 = \frac{\hbar^2 k^2}{2m} \geqq 0 \qquad (k \geqq 0) \tag{4.3}$$

とおくと，微分方程式(4.2)は

$$\frac{d^2 u}{dx^2} = -k^2 u \tag{4.4}$$

となる．この微分方程式の一般解は

$$u(x) = Ae^{ikx} + Be^{-ikx} \tag{4.5}$$

である(A, B は複素数の定数)．(4.5)式を $\psi(x, t) = u(x)e^{-iEt/\hbar}$ に代入して，$E = \hbar\omega$ とおくと，

$$\psi(x, t) = Ae^{i(kx-\omega t)} + Be^{i(-kx-\omega t)} \tag{4.6}$$

となるので，(4.5)式の右辺の第1項は $+x$ 方向へ進む電子波を表わし，第2項は $-x$ 方向へ進む電子波を表わす．

この場合，電子の波数 k には制限がないので，電子のエネルギー $E = V_0 + (\hbar^2 k^2/2m)$ は $E \geqq V_0$ の任意の値をとることができる．このような場合には電子は**連続エネルギー固有値**(continuous energy eigenvalue)をもつという．

波動関数(4.5)，(4.6)は規格化条件(2.81)，(2.73)を満たさないが，この問題は4-5節で考える．

1-4節で学んだように，$P(x, t) = |\psi(x, t)|^2$ を確率密度という．$\psi(x, t) = Ae^{ikx-i\omega t}$ の場合 $P(x, t) = |A|^2$ である．電子の速さ(電子波の群速度)は $v = p/m = \hbar k/m$ なので，この場合には電子の確率密度 $|A|^2$ は単位時間に $vP = v|A|^2 = (\hbar k/m)|A|^2$ の割合で点 x を右側に向って通過する．これを確率の流れの密度といい，記号 $S_x(x, t)$ で表わすと

$$S_x(x, t) = \frac{\hbar k}{m}|A|^2 \tag{4.7}$$

となる．

［参考］ 確率の流れの密度 $S_x(x, t)$ は一般に

$$S_x(x, t) = -\frac{i\hbar}{2m}\left(\psi^* \frac{\partial \psi}{\partial x} - \frac{\partial \psi^*}{\partial x}\psi\right) \tag{4.8}$$

と表わされる．$S_x(x, t)$ と $P(x, t)$ は連続方程式

$$\frac{\partial}{\partial t}P(x, t)+\frac{\partial}{\partial x}S_x(x, t) = 0 \tag{4.9}$$

を満たすことがシュレーディンガー方程式(3.1)を使って証明できる(3次元問題における確率の流れの密度と連続方程式については第6章の演習問題1を参照)．$\psi(x, t)=Ae^{ikx-i\omega t}$ を(4.8)式に代入すると，(4.7)式が得られる．

問 4-1　(4.4)式の一般解(4.5)を

$$u(x) = C\cos kx+D\sin kx \qquad (C, D\text{ は任意複素定数}) \tag{4.10}$$

と表わしてもよい．(2.32)式を使って，C, D と解(4.5)の定数 A, B の関係を求めよ．

4-2 階段型ポテンシャルによる反射と透過

古典力学では図4-1のような滑らかな面の上を x 軸に沿って右向きにころがる球(質量 m)は，低地での運動エネルギー E が高地(高さ h)での位置エネルギー mgh より大きければ，斜面を登り切って高地に到達し，さらに右へ進みつづける．もし $E<mgh$ ならば，球は高さ E/mg まで登ると停止して逆戻りを始める．

球が電子ならばどうなるだろうか．簡単のために位置エネルギー $V(x)$ が，図4-2に示す，

$$V(x)=\begin{cases} 0 & (x<0) \\ V_0 \quad (V_0>0) & (0\leqq x) \end{cases} \tag{4.11}$$

の場合を考える．

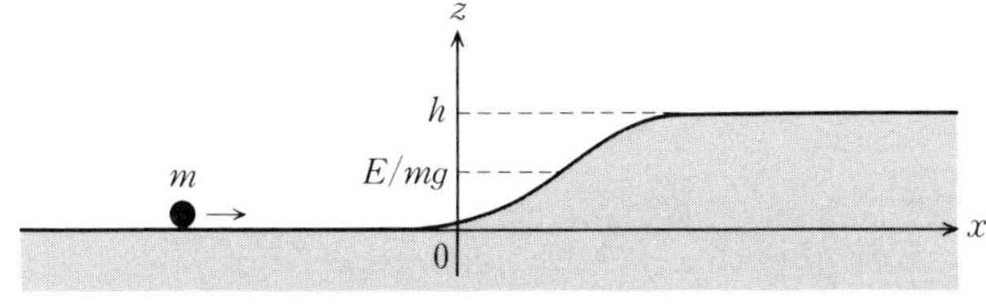

図 4-1　滑らかな斜面

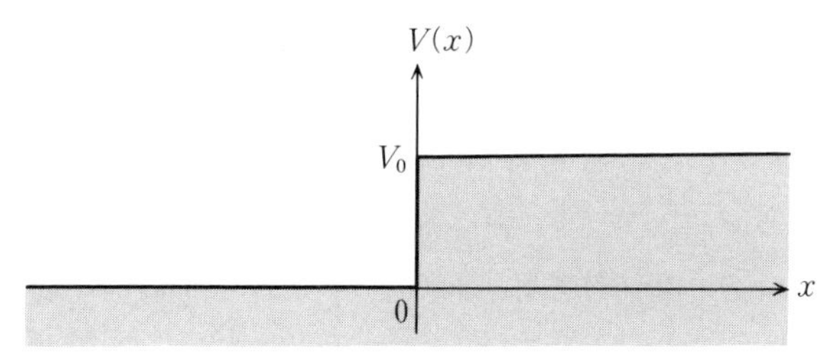

図 4-2 階段型ポテンシャル

電子に対する階段型ポテンシャルの例としては，金属の表面付近がある．電子は金属の内部と外部ではほぼ自由に運動するが，表面付近では電子を金属の中に引き込もうとする引力が作用するので，表面付近では位置エネルギーが変化する．金属の内部($x<0$ の領域)の電子のエネルギー E は $E<V_0$ なので，表面($x=0$)に到達すると反射されてしまい，金属の外部($0<x$ の領域)には脱出できない(しかし，金属を光で照射して，金属内部の電子に光子を吸収させて，電子のエネルギー E を $E>V_0$ にすると，電子は金属の外部に飛び出す．これが光電効果である)．

位置エネルギーが(4.11)の場合，シュレーディンガー方程式(4.2)は

$$-\frac{\hbar^2}{2m}\frac{d^2u}{dx^2} = Eu \qquad (x<0) \tag{4.12a}$$

$$-\frac{\hbar^2}{2m}\frac{d^2u}{dx^2} + V_0u = Eu \qquad (0\leqq x) \tag{4.12b}$$

となる．電子が x 軸の負の部分から原点に向って入射する場合の波動関数を求めよう．そのために，微分方程式(4.12a, b)を解き，2つの領域での解に，境界 $x=0$ で $u(x)$ と du/dx の両方が連続であるという境界条件を課そう．

$x<0$ の領域では微分方程式(4.12a)の一般解は

$$u(x) = Ae^{ikx} + Be^{-ikx}, \quad k = \sqrt{2mE}/\hbar \qquad (x<0) \tag{4.13}$$

である．右辺の第1項は $+x$ 方向へ進む入射波で，第2項は $-x$ 方向へ進む反射波である．

つぎに $x\geqq 0$ の領域を考えよう．

(a) $E>V_0$ の場合．微分方程式(4.12b)の一般解は

$$u(x) = Ce^{ik'x} + De^{-ik'x}, \quad k' = \sqrt{2m(E-V_0)}/\hbar$$

である．右辺の第1項は $+x$ 方向に進む透過波を表わす．第2項は原点に向って左向きに進む波なので，右側からの入射波を表わし，この場合には存在しない波である．したがって，

$$u(x) = Ce^{ik'x}, \quad k' = \sqrt{2m(E-V_0)}/\hbar \qquad (0 \leqq x) \tag{4.14}$$

境界の $x=0$ で境界条件を(4.13)と(4.14)に課すと

$$u \text{ が連続}：A+B = C \tag{4.15a}$$

$$du/dx \text{ が連続}：k(A-B) = k'C \tag{4.15b}$$

という条件が得られる．B と C を未知数として解くと，

$$\frac{B}{A} = \frac{k-k'}{k+k'}, \quad \frac{C}{A} = \frac{2k}{k+k'} \tag{4.16}$$

が得られる．

反射波の確率の流れの密度 $(\hbar k/m)|B|^2$ と入射波の確率の流れの密度 $(\hbar k/m)|A|^2$ の比

$$R = \left|\frac{B}{A}\right|^2 = \left(\frac{k-k'}{k+k'}\right)^2 \tag{4.17}$$

が，階段型ポテンシャルの $x=0$ にある階段による電子の反射率である($R=0$ の古典力学とは異なることに注意)．

$x=0$ にある階段の透過率 T は，$x>0$ での透過波の確率の流れの密度 $(\hbar k'/m)|C|^2$ と $x<0$ での入射波の確率の流れの密度 $(\hbar k/m)|A|^2$ の比から，

$$T = \frac{k'}{k}\left|\frac{C}{A}\right|^2 = \frac{4kk'}{(k+k')^2} \tag{4.18}$$

であることがわかる．反射率 R と透過率 T は $R+T=1$ という確率の保存を表わす式を満たす．古典力学では $T=1$, $R=0$ であるが，量子力学では(4.18)式が示すように透過率 T は1より小さく，$E\to\infty$ の極限($k'/k\to 1$)で $T=1$, $R=0$ になる．

この電子の反射・透過現象は媒質の境界での音波の反射・透過現象と同じであるように見えるが，実際に電子を検出しようとすると，個々の電子は境界 $x=0$ で反射か透過のどちらかを確率 R と T で行ない，1個の電子の一

部が反射され，残りの部分が透過するという現象は決して検出されない．

$+x$ 軸に沿って原点に向って左向きに入射波 $Ae^{-ik'x}$ が進むとき，図4-2のポテンシャルの $x=0$ の階段での反射率 R，透過率 T を計算すると

$$R = \left(\frac{k-k'}{k+k'}\right)^2, \quad T = \frac{4kk'}{(k+k')^2} \tag{4.19}$$

となり，原点に向って右向きに入射する場合と同じ結果が得られる．

［注意］ 電子の確率密度は $|u(x)|^2$ なので，上で $|Ae^{ikx}+Be^{-ikx}|^2$ の干渉項 $A^*Be^{-2ikx}+AB^*e^{2ikx}$ を考えずに，$|A|^2$ と $|B|^2$ のみを考えることに疑問を感じる読者がいると思う．実際の実験での入射波と反射波は(波長に比べればはるかに長いが)長さが有限な波束なので，境界点で反射が起こっている時以外には入射波と反射波の干渉は起こらず，干渉項は無視できる．

(b) $E<V_0$ の場合．古典力学では，電子は $E<V(x)$ の領域には侵入できないが，量子力学では少しは侵入できる．$V_0-E=\hbar^2\kappa^2/2m\ (\kappa>0)$ とおくと，方程式(4.12b)は

$$\frac{d^2u}{dx^2} = \kappa^2 u \qquad (0 \leqq x) \tag{4.20}$$

となる．この方程式の，$x\to\infty$ で $|u(x)|\to 0$ という条件を満たす解は

$$u(x) = Ce^{-\kappa x} \qquad (0 \leqq x) \tag{4.21}$$

である．境界の $x=0$ で(4.13)，(4.21)に境界条件を課すと，

$$u \text{ が連続：} A+B = \mathrm{C} \tag{4.22a}$$

$$du/dx \text{ が連続：} ik(A-B) = -\kappa C \tag{4.22b}$$

となる．(4.22)式を解くと

$$\frac{B}{A} = \frac{k-i\kappa}{k+i\kappa}, \quad \frac{C}{A} = \frac{2k}{k+i\kappa} \tag{4.23}$$

となる．古典力学では侵入不可能な $0<x$ の領域にも電子は少しは侵入できるが，$x\to\infty$ で $|u(x)|^2=|C|^2e^{-2\kappa x}\to 0$ なので急激に減少する．当然のことながら反射率 $R=|B/A|^2=1$ となる．ただし，反射の際に反射波と入射波の位相にずれが生じる．$V_0>E$ の $x>0$ の領域で実際に $|u(x)|^2\neq 0$ であることは，次節で学ぶトンネル効果の検証で確かめられる．

4-3 トンネル効果

位置エネルギー $V(x)$ が，図 4-3 に示す土手型

$$V(x)=\begin{cases}0 & (x<0)\\ V_0 & (0\leqq x\leqq a)\\ 0 & (a<x)\end{cases} \tag{4.24}$$

の場合を考えよう．古典力学では，運動エネルギー E が V_0 より小さな物体が左から右へ向って進んでいき，$x=0$ に到達すると，$0\leqq x\leqq a$ の領域には侵入不可能なので，物体は位置エネルギーの山によって左の方へ完全にはね返される．位置エネルギーの山を越えて，山の右側の領域$(a<x)$に物体が進んでいくことは絶対にない．

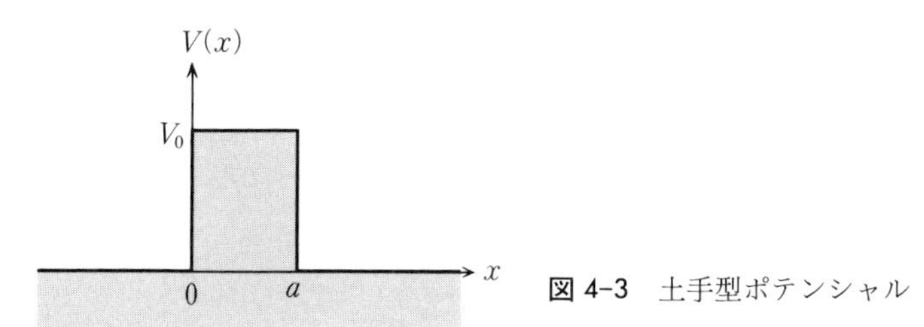

図 4-3　土手型ポテンシャル

しかし，前節で示したように，古典力学では侵入不可能な $E<V(x)$ の領域にも，量子力学に従う電子はある程度は侵入できる．こうして電子が $x=a$ まで侵入すると，電子は運動エネルギー E をもって右の方へどこまでも進んでいく．

このように，古典力学では不可能なことが量子力学では可能になる．この現象は，電子が位置エネルギーの山にトンネルを掘って山の向こう側へ現われるように見えるので**トンネル効果**(tunnelling effect)という．トンネル効果は電子の波動性によって生じる．実は，類似の現象は光でも見られる．図 4-4(a)の場合，ガラスの中を伝わる光は空気との境界面で全反射される．この場合，光の空気中への透過率は 0 であるが，光は空気中に数波長程度の距離までしみ出しており，別のガラスをそばに近づけると光の一部はこのガ

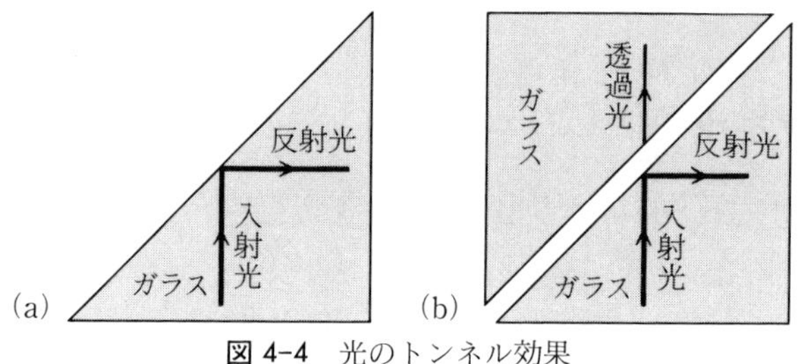

図 4-4 光のトンネル効果

ラスの中へ透過していくのである(図 4-4(b)).

それでは，土手型ポテンシャルの場合の電子の運動をエネルギー E の値によって2つの場合に分けて考えてみよう.

(a) $0<E<V_0$ の場合. トンネル効果による透過率 T を計算する.

$$E = \frac{\hbar^2 k^2}{2m}, \quad V_0 - E = \frac{\hbar^2 \kappa^2}{2m} \tag{4.25}$$

とおくと，シュレーディンガー方程式は

$$\frac{d^2 u}{dx^2} = -\frac{2m}{\hbar^2} E u = -k^2 u \qquad (x<0,\ a<x) \tag{4.26a}$$

$$\frac{d^2 u}{dx^2} = \frac{2m}{\hbar^2}(V_0 - E) u = \kappa^2 u \qquad (0 \leqq x \leqq a) \tag{4.26b}$$

となる. $x<0$ では右向きの入射波と左向きの反射波，$a<x$ では右向きの透過波のみが存在するので，(4.26)式の解は次のようになる.

$$u(x) = Ae^{ikx} + Be^{-ikx} \qquad (x<0) \tag{4.27a}$$

$$u(x) = De^{\kappa x} + Fe^{-\kappa x} \qquad (0 \leqq x \leqq a) \tag{4.27b}$$

$$u(x) = Ce^{ikx} \qquad (a<x) \tag{4.27c}$$

境界の $x=0$ と $x=a$ で $u(x)$ と du/dx が連続だという境界条件から導かれる次の4つの式

$$\begin{gathered} A+B = D+F, \quad ik(A-B) = \kappa(D-F) \\ De^{\kappa a} + Fe^{-\kappa a} = Ce^{ika}, \quad \kappa(De^{\kappa a} - Fe^{-\kappa a}) = ikCe^{ika} \end{gathered} \tag{4.28}$$

を解くと，入射波，反射波，透過波の振幅 A, B, C の関係,

$$\frac{B}{A} = \frac{(k^2+\kappa^2)(e^{\kappa a}-e^{-\kappa a})}{(k+i\kappa)^2 e^{\kappa a}-(k-i\kappa)^2 e^{-\kappa a}} \tag{4.29a}$$

$$\frac{C}{A} = \frac{4ik\kappa e^{-ika}}{(k+i\kappa)^2 e^{\kappa a}-(k-i\kappa)^2 e^{-\kappa a}} \tag{4.29b}$$

が得られる．(4.29)式から反射率 R と透過率 T は

$$\begin{aligned} R &= \left|\frac{B}{A}\right|^2 = \left[1+\frac{4k^2\kappa^2}{(k^2+\kappa^2)^2\sinh^2\kappa a}\right]^{-1} = \left[1+\frac{4(V_0-E)E}{V_0{}^2\sinh^2\kappa a}\right]^{-1} \\ T &= \left|\frac{C}{A}\right|^2 = \left[1+\frac{(k^2+\kappa^2)^2\sinh^2\kappa a}{4k^2\kappa^2}\right]^{-1} = \left[1+\frac{V_0{}^2\sinh^2\kappa a}{4E(V_0-E)}\right]^{-1} \end{aligned} \tag{4.30}$$

と求められる．ここで

$$\sinh\kappa a = \frac{e^{\kappa a}-e^{-\kappa a}}{2} \tag{4.31}$$

である．

(b)　$E > V_0$ の場合．この場合，領域 $0 \leqq x \leqq a$ での波動関数は

$$u(x) = D' e^{ik'x}+F' e^{-ik'x}, \quad k' = \sqrt{2m(E-V_0)}/\hbar \tag{4.32}$$

なので，反射率，透過率は(4.30)式の κ を ik' で置き換え，

$$\sinh\kappa a = \frac{e^{\kappa a}-e^{-\kappa a}}{2} \quad \text{が} \quad \frac{e^{ik'a}-e^{-ik'a}}{2} = i\sin k'a$$

に置き換わることに注意すれば，次のように求められる．

$$\begin{aligned} R &= \left|\frac{B}{A}\right|^2 = \left[1+\frac{4(E-V_0)E}{V_0{}^2\sin^2 k'a}\right]^{-1} \\ T &= \left|\frac{C}{A}\right|^2 = \left[1+\frac{V_0{}^2\sin^2 k'a}{4E(E-V_0)}\right]^{-1} \end{aligned} \tag{4.33}$$

電子の透過率 T をエネルギーの関数として図 4-5 に示す($mV_0a^2/\hbar^2=0.1$, 1, 10 の場合を示す)．

$E > V_0$ の場合には，古典力学では，物体はポテンシャルの土手を乗り越えて必ず $a<x$ の領域に進み，反射は起こらない．量子力学では，(4.33)式からわかるように，$\sin k'a=0$ のとき以外は反射率 $R\neq 0$ である．

$E < V_0$ の場合がトンネル効果を表わす．電子のエネルギー E が小さくて

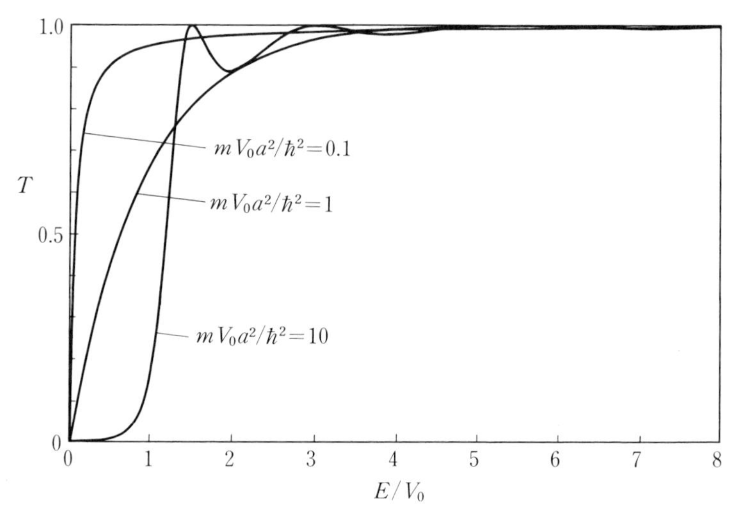

図 4-5 ポテンシャル障壁の透過率 T ($V_0a^2m/\hbar^2=0.1, 1, 10$ の場合).トンネル効果は $V_0a^2m/\hbar^2$ が小さいほど大きい.$V_0a^2m/\hbar^2$ が一定ならば,T は E/V_0 のみの関数である.$E\approx V_0$ の場合には $T\approx[1+(V_0a^2m/2\hbar^2)]^{-1}$.

$\kappa a=[2m(V_0-E)]^{1/2}a/\hbar\gg 1$ の場合には,透過率 T は,

$$T\approx\frac{16E(V_0-E)}{V_0^2}\exp\left[-\frac{2a}{\hbar}\sqrt{2m(V_0-E)}\right]\qquad(\kappa a\gg 1)\qquad(4.34)$$

である($\exp A=e^A$).

[参考] **一般のポテンシャル障壁の透過率** 位置エネルギーの形が図4-6のような場合のトンネル効果による透過率を正確に求めることは難しい.さて,$\kappa a\gg 1$ の場合の角型の土手の透過率(4.34)の精度の粗い近似式として $T\approx e^{-2\kappa a}$ が有用である.一般のポテンシャルの場合,$a\sqrt{V_0-E}$ に対応するものは $\int_{x_1}^{x_2}dx\sqrt{V(x)-E}$ なので,透過率 T の精度の粗い近似式として,

$$T\approx\exp\left[-\frac{2}{\hbar}\int_{x_1}^{x_2}\sqrt{2m[V(x)-E]}\,dx\right]\qquad(4.35)$$

が得られる.$T\ll 1$ の場合の近似式である.

例題 4-1 トンネル効果の透過率は土手の高さ V_0 を減らしたり,厚さ a を薄くすると急激に増加する.エネルギー $E=10\,\text{eV}$ の電子が,高さ $V_0=$

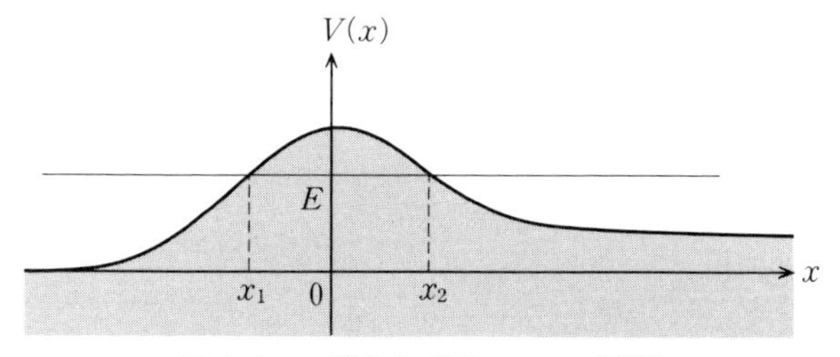

図 4-6　一般的なポテンシャル障壁

30 eV で，厚さ a が(1) 1.0 nm，(2) 0.10 nm のポテンシャルの土手を透過するときの透過率 T を，正確な式(4. 30)および近似式 $T \approx e^{-2\kappa a}$ の両方を使って計算せよ．

［解］　$V_0 - E = 20\,\mathrm{eV} \times (1.6 \times 10^{-19}\,\mathrm{J/eV}) = 3.2 \times 10^{-18}\,\mathrm{J}$

(1)　$a = 1.0\,\mathrm{nm} = 1.0 \times 10^{-9}\,\mathrm{m}$ のとき

$$\kappa a = \frac{1}{\hbar}\sqrt{2m(V_0 - E)}\,a$$

$$= \sqrt{\frac{2(9.11 \times 10^{-31}\,\mathrm{kg})(3.2 \times 10^{-18}\,\mathrm{J})}{(1.05 \times 10^{-34}\,\mathrm{J \cdot s})^2}} \times 1.0 \times 10^{-9}\,\mathrm{m} = 23$$

$$T = 3.7 \times 10^{-20}, \quad T \approx e^{-2\kappa a} = e^{-46} = 1.1 \times 10^{-20}$$

(2)　$a = 0.10\,\mathrm{nm}$ のとき　$\kappa a = 2.3$,

$$T = 3.5 \times 10^{-2}, \quad T \approx e^{-2\kappa a} = e^{-4.6} = 1.0 \times 10^{-2}$$

▨

なお，位置エネルギーが図 4-7 の場合の反射率と透過率は，(4. 33)式で $k' = [2m(E + V_0)]^{1/2}/\hbar$ とし，V_0 を $-V_0$ で置き換えたものであることが 2 つの場合のシュレーディンガー方程式を比較することによってわかる．

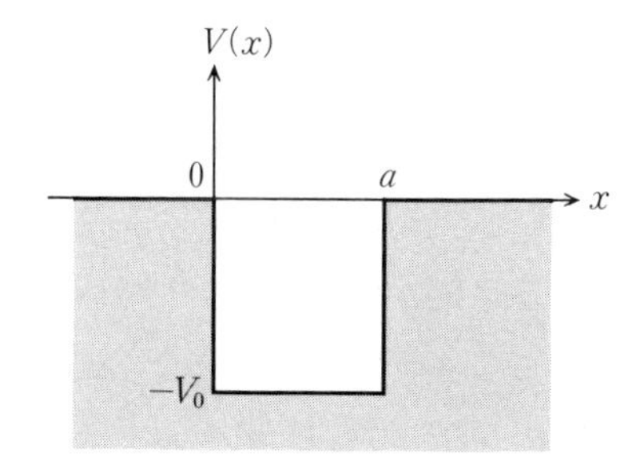

図 4-7　井戸型ポテンシャル

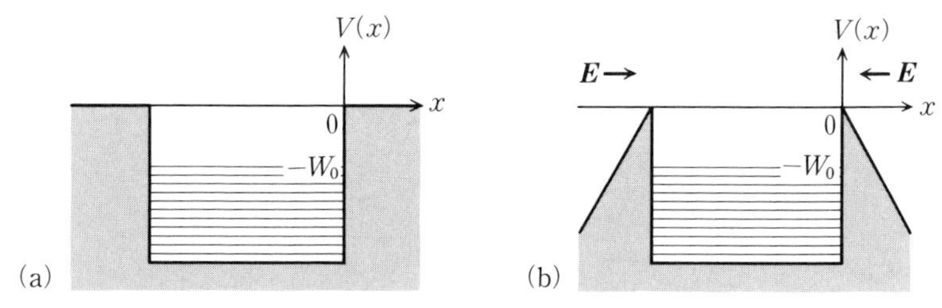

図 4-8 (a)電場 $\boldsymbol{E}=0$ の場合．(b)電場 $\boldsymbol{E}\neq 0$ の場合

トンネル効果を実験的に示すには，冷たい金属の表面に垂直に強い電場をかければよい．電場のおよぼす電気力のために，電子の位置エネルギーは図4-8(b)のようになる．電場を強くすると，金属表面での位置エネルギーの壁は薄くなり，トンネル効果が起こる．強い電場をかけると，冷たい金属の表面から電子が放射される現象は1922年に観測されていたが，量子力学の誕生によって1928年にトンネル効果として説明された(この場合の電子の透過率については本章の演習問題4参照)．この現象は電子顕微鏡などの電子ビーム源などに利用されている(例えば，図1-7の実験の電子ビーム源)．

2つの導体あるいは半導体の間に薄い絶縁体を障壁として挟んでサンドイッチを作れば，電子のトンネル効果が現われる．1958年にごく薄い絶縁体(実際には半導体)をp型半導体とn型半導体の間に挟んだ素子にトンネル効果が現われることを江崎玲於奈が発見した．この素子を**トンネルダイオード**あるいは**エサキダイオード**という．障壁の透過率はダイオードに加える電圧で変化する．

走査型トンネル電子顕微鏡 STM　1980年代に開発された走査型トンネル電子顕微鏡(scanning tunneling electron microscope; STM)はトンネル効果を利用した電子顕微鏡である(図4-9)．先端の幅が1原子(あるいは数原子)程度しかない微小な探り針(プローブ)を試料の表面に沿って(電子ビームがテレビのブラウン管の画面上を走査するように)動かす．走査中は探り針の位置が試料の上の約1nmという超至近距離にあるように保つ．試料と探り針の間(ギャップ)に小電圧を加えて，このギャップ(真空)を電子がトンネル効果によって透過するようにさせ，トンネル電流を流す．ギャップの幅を

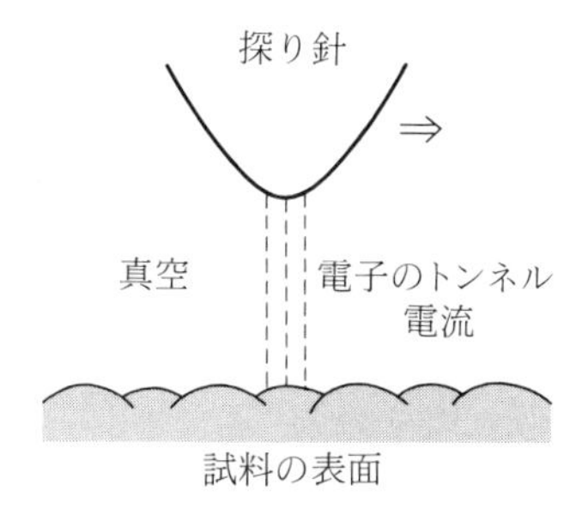

図 4-9 走査型トンネル電子顕微鏡の概念図

変化させると，このトンネル電流は非常に大きく変化する(例題 4-1)．そこで，トンネル電流が一定になるように，フィードバック機構を使って，探り針を上下させる．資料の表面をなぞって上下する探り針の垂直運動を位置の関数としてプロットすると，図 4-10 のように，表面の 3 次元的な像が得られる．分解能は，水平方向に 0.1 nm 以下，垂直方向に 10^{-2}～10^{-3} nm 以下である．水素分子の直径は約 0.1 nm なので，STM によって物質の表面の原子レベルの研究が可能になった．この表面の像は電子の電荷分布，すなわち，電子の確率密度を表わしている．

図 4-10 Si(111) 表面の 7×7 再構成面の STM 像
12 nm×6 nm の範囲を白金探針に 1 V の電圧を加え，トンネル電流 0.1 nA で測定したもので，電子の占有状態を表わす像である(電子技術総合研究所提供)．

4-4 デルタ関数

量子力学にはディラック(P. A. M. Dirac)が発明したデルタ関数が現われる．デルタ関数 $\delta(x-a)$ は,

$$\delta(x-a) = 0 \qquad (x \neq a \text{ の場合}) \tag{4.36}$$

であるが，点 $x=a$ では無限に大きく,

$$\int_{-\infty}^{\infty} \delta(x-a)dx = 1 \tag{4.37}$$

であるような関数である．

$\delta(x-a)$ を直観的に理解するには，図 4-11 に示す関数,

$$g(\varepsilon, x) = \begin{cases} 0 & (x < a-\varepsilon) \\ 1/2\varepsilon & (a-\varepsilon \leqq x \leqq a+\varepsilon) \\ 0 & (a+\varepsilon < x) \end{cases} \tag{4.38}$$

の $\varepsilon \to 0$ の極限を考えればよい．すなわち,

$$\delta(x-a) = \lim_{\varepsilon \to 0} g(\varepsilon, x) \tag{4.39}$$

と考えればよい．あるいは,

$$\int_{-\infty}^{\infty} \frac{\varepsilon dx}{\varepsilon^2 + x^2} = \pi \quad (\varepsilon > 0), \quad \int_{-\infty}^{\infty} \frac{\sin \alpha x}{x} dx = \pi \quad (\alpha > 0) \tag{4.40}$$

なので，$\delta(x-a)$ を

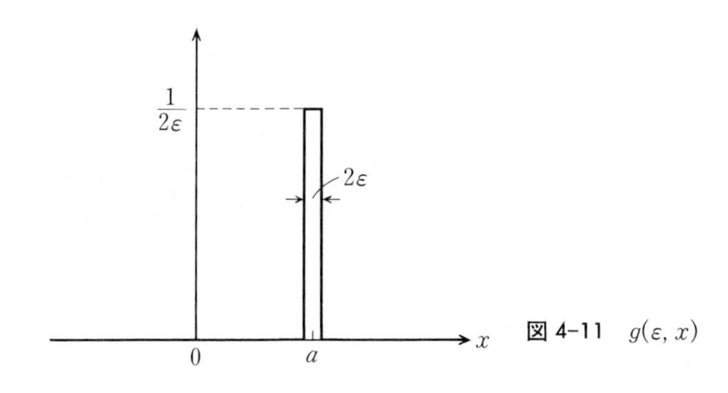

図 4-11 $g(\varepsilon, x)$

$$\delta(x-a)=\lim_{\varepsilon\to 0}\frac{1}{\pi}\frac{\varepsilon}{\varepsilon^2+(x-a)^2} \qquad (\varepsilon>0) \tag{4.41}$$

$$\delta(x-a)=\lim_{\alpha\to\infty}\frac{\sin[\alpha(x-a)]}{\pi(x-a)} \qquad (\alpha>0) \tag{4.42}$$

などと，いろいろな関数の極限としても定義できる．

デルタ関数 $\delta(x-a)$ の上に示した定義などよりも厳密な定義は，「点 a で連続な任意の関数 $f(x)$ に対して，

$$\int_{-\infty}^{\infty}f(x)\delta(x-a)dx = f(a) \tag{4.43}$$

を満たす関数」と定義することである．デルタ関数はふつうの関数とは違うので，**超関数**とよばれる．

デルタ関数の重要な性質を記す．

$$\delta(-x) = \delta(x) \tag{4.44}$$

$$x\delta(x-a) = a\delta(x-a) \tag{4.45}$$

$$\delta(bx) = \frac{1}{|b|}\delta(x), \quad \delta[b(x-a)] = \frac{1}{|b|}\delta(x-a) \quad (|b|\neq 0) \tag{4.46}$$

$$\int_{-\infty}^{\infty}\delta(x-b)\delta(b-a)db = \delta(x-a) \tag{4.47}$$

これらの関係は，右辺と左辺に任意の連続な関数をかけて積分したものが同じ結果を与えることを意味する．

例題 4-2　(4.46)の第2式を証明せよ．

［解］　$b(x-a)=y$ とおくと $bdx=dy$ である．点 $x=a$ で連続な任意の関数 $f(x)$ に対して，

$$\int_{-\infty}^{\infty}f(x)\delta[b(x-a)]dx = \int_{-\infty b}^{\infty b}f\left(\frac{y}{b}+a\right)\delta(y)\frac{dy}{b} = \frac{1}{|b|}f(a)$$

$$= \int_{-\infty}^{\infty}f(x)\left[\frac{1}{|b|}\delta(x-a)\right]dx$$

が成り立つので，(4.46)の第2式が証明された$\left(b<0 \text{ のときは } \int_{-\infty b}^{\infty b} = \int_{\infty}^{-\infty}\right.$ である$\Big)$． ▩

4-5 連続固有値の固有関数のデルタ関数規格化

電子が無限の遠方($x=\infty$, $-\infty$)まで運動できる場合の，波数 k(運動量 $p=\hbar k$)の電子の波動関数 $u_k(x)=A_k e^{ikx}$ の規格化を考える．この場合には波数 k は任意の実数値をとれる(k が複素数であると，$x\to\infty$, $x\to-\infty$ のどちらかで $|u(x)|\to\infty$ になるので，k は実数に限られる)．e^{ikx} は運動量演算子 $\hat{p}_x=-i\hbar\partial/\partial x$ の固有関数で固有値は $\hbar k$ なので，運動量演算子 $\hat{p}_x$ の固有値 $\hbar k$ もハミルトン演算子 $\hat{H}=\hat{p}_x^2/2m$ の固有値 $\hbar^2k^2/2m$ も連続固有値である．

連続固有値の固有関数 $u_k(x)=A_k e^{ikx}$ の規格化には2つの問題がある．1つは，$|u_k(x)|^2=|A_k|^2=$一定 なので，

$$\int_{-\infty}^{\infty}|u_k(x)|^2dx=\int_{-\infty}^{\infty}|A_k|^2dx=\infty \tag{4.48}$$

だという問題である．もう1つは $k\neq k'$ の場合に

$$\begin{aligned}\int_{-\infty}^{\infty}u_{k'}^*(x)u_k(x)dx&=A_{k'}^*A_k\lim_{L\to\infty}\int_{-L}^{L}e^{i(k-k')x}dx\\&=A_{k'}^*A_k\lim_{L\to\infty}\frac{e^{i(k-k')L}-e^{-i(k-k')L}}{i(k-k')}=2A_{k'}^*A_k\lim_{L\to\infty}\frac{\sin[(k-k')L]}{(k-k')}\end{aligned} \tag{4.49}$$

となり，確定した値にならないという問題である．

しかし，(4.42)式を参照すれば，(4.49)式の最後の項は $2\pi A_{k'}^*A_k\delta(k-k')$ になることがわかる．そこで，$A_k=1/\sqrt{2\pi}$ として，$\hat{p}_x$ の固有値 $\hbar k$ の固有関数を

$$u_k(x)=\frac{1}{\sqrt{2\pi}}e^{ikx}\qquad(-\infty<k<\infty) \tag{4.50}$$

と定義すると，連続固有値をもつ運動量演算子 $\hat{p}_x$ の固有関数の規格直交条件として

$$\int_{-\infty}^{\infty} u_{k'}^*(x) u_k(x) dx = \delta(k'-k) \tag{4.51}$$

が得られる．これを**デルタ関数規格化**という．

［参考］ $v_p(x)=(1/\sqrt{2\pi\hbar})e^{ipx/\hbar}$ の規格化条件は次のようになる．

$$\int_{-\infty}^{\infty} v_{p'}^*(x) v_p(x) dx = \delta(p'-p) \tag{4.52}$$

$[\delta((p'-p)/\hbar)=\hbar\delta(p'-p)$ に注意$]$.

［注意］ 運動量演算子の固有値は連続的に分布し，1つの固有状態を実現するには無限の精度がいる．これが固有関数を1に規格化できない理由である．

波束 x 方向に無限に長く続く平面波を

$$u(x) = \frac{1}{\sqrt{2\pi}} \int_{-\infty}^{\infty} A(k) e^{ikx} dk \tag{4.53}$$

と重ね合わせると，長さが有限な波束を作ることができる．逆に $u(x)$ が与えられたとき，係数 $A(k)$ は次の式で与えられる．

$$A(k) = \frac{1}{\sqrt{2\pi}} \int_{-\infty}^{\infty} e^{-ikx} u(x) dx \tag{4.54}$$

この $u(x)$ と $A(k)$ の変換を**フーリエ変換**(Fourier transformation)という．(4.53)式と(4.54)式が両立することは，(4.54)式の右辺の $u(x)$ に(4.53)式を代入すると，

$$\begin{aligned} \frac{1}{2\pi} \int_{-\infty}^{\infty} dx e^{-ikx} \int_{-\infty}^{\infty} A(k') e^{ik'x} dk' &= \int_{-\infty}^{\infty} dk' \left[\frac{1}{2\pi} \int_{-\infty}^{\infty} dx e^{i(k'-k)x} \right] A(k') \\ &= \int_{-\infty}^{\infty} dk' \delta(k-k') A(k') = A(k) \end{aligned} \tag{4.55}$$

となることで確かめられる．ただし，次の形で表わした(4.51)式

$$\frac{1}{2\pi} \int_{-\infty}^{\infty} e^{i(k-k')x} dx = \delta(k-k') \tag{4.56}$$

を使った．

$A(k)$が1に規格化されていると，$u(x)$も1に規格化されている．すなわち，

$$\int_{-\infty}^{\infty}|A(k)|^2dk=1 \quad \text{ならば} \quad \int_{-\infty}^{\infty}|u(x)|^2dx=1 \tag{4.57}$$

［証明］ $$\int_{-\infty}^{\infty}u^*(x)u(x)dx=\frac{1}{2\pi}\int_{-\infty}^{\infty}dx\int_{-\infty}^{\infty}A(k)^*e^{-ikx}dk\int_{-\infty}^{\infty}A(k')e^{ik'x}dk'$$

$$=\int_{-\infty}^{\infty}A(k)^*dk\int_{-\infty}^{\infty}A(k')\delta(k-k')dk'=\int_{-\infty}^{\infty}|A(k)|^2dk=1 \tag{4.58}$$ ■

ただし，第2辺から第3辺へ移るときに(4.56)式を使った．

自由電子の波動関数$u_k(x)$には時間因子$e^{-i\omega t}$ $(\omega=\hbar k^2/2m)$がかかるので，自由電子の波動関数$\psi(x,t)$が$t=0$に(4.53)式であれば($\psi(x,0)=u(x)$であれば)，

$$\psi(x,t)=\frac{1}{\sqrt{2\pi}}\int_{-\infty}^{\infty}A(k)e^{i(kx-\omega t)}dk \qquad \left(\omega=\frac{\hbar k^2}{2m}\right) \tag{4.59}$$

である．これがこの波束の時刻tでの波動関数である．

最小波束　$|A(k)|$が，$k\cong k_0$の近傍に山をもつ，

$$A(k)=[2(\Delta x)_0^2/\pi]^{1/4}e^{-(\Delta x)_0^2(k-k_0)^2} \qquad [(\Delta x)_0,\ k_0 \text{は定数}] \tag{4.60}$$

の場合の波束の確率密度は，あとで示すように，$x\simeq\hbar k_0t/m$の近傍に山をもつ

$$|\psi(x,t)|^2=[2\pi(\Delta x)_0^2]^{-1/2}\left[1+\frac{\hbar^2t^2}{4m^2(\Delta x)_0^4}\right]^{-1/2}$$

$$\times\exp\left\{-\frac{(x-\hbar k_0t/m)^2}{2(\Delta x)_0^2[1+\hbar^2t^2/4m^2(\Delta x)_0^4]}\right\} \tag{4.61}$$

である．この波束のx座標の平均値$\langle x\rangle$と平均値からのゆらぎ(x座標の不確定さ)Δx，運動量の不確定さΔpを($\psi(x,t)$も$A(k)$も1に規格化されている場合)

$$\langle x(t)\rangle = \int_{-\infty}^{\infty} x\,|\psi(x,t)|^2 dx \tag{4.62}$$

$$(\Delta x)^2 = \int_{-\infty}^{\infty} [x-\langle x(t)\rangle]^2 |\psi(x,t)|^2 dx \tag{4.63}$$

$$(\Delta p)^2 = \int_{-\infty}^{\infty} \hbar^2 [k-\langle k\rangle]^2 |A(k)|^2 dk \qquad (\langle k\rangle = k_0) \tag{4.64}$$

と定義すると，

$$\langle x(t)\rangle = \frac{\hbar k_0 t}{m} \tag{4.65}$$

$$\Delta x(t) = (\Delta x)_0 \left[1+\frac{\hbar^2 t^2}{4m^2(\Delta x)_0^4}\right]^{1/2} \tag{4.66}$$

$$\Delta p = \frac{\hbar}{2(\Delta x)_0} \tag{4.67}$$

となる．したがって，群速度

$$v_g = \left.\frac{d\omega}{dk}\right|_{k_0} = \frac{\hbar k_0}{m} \tag{4.68}$$

で移動するこの波束は，$t=0$ では $\Delta x\cdot\Delta p=\hbar/2$ という条件を満たす．この値は不確定性関係(1.14)で許される最小値なので，この波束を**最小波束**という．

上記の結果(4.65〜67)は積分公式，

$$\begin{aligned} &\int_{-\infty}^{\infty} dx e^{-(x-\alpha)^2/\beta} = \sqrt{\pi\beta}, \quad \int_{-\infty}^{\infty} dx (x-\alpha) e^{-(x-\alpha)^2/\beta} = 0 \\ &\int_{-\infty}^{\infty} dx (x-\alpha)^2 e^{-(x-\alpha)^2/\beta} = \frac{\sqrt{\pi\beta^3}}{2} \qquad (\alpha, \beta \text{ は定数}) \end{aligned} \tag{4.69}$$

を使うことによって証明できる．

さて，(4.69)の第1式を使うと，$A(k)$ は1に規格化されていること，したがって(4.57)式によって $\psi(x,t)$ も1に規格化されていることがわかる．つぎに，

$$-(k-k_0)^2 + ia(kx-k^2bt) = -(1+iabt)k^2 + (2k_0+iax)k - k_0^2$$

$$= -(1+iabt)\left[k - \frac{2k_0 + iax}{2(1+iabt)}\right]^2 - \frac{a^2x^2 - 4iak_0x + 4iabk_0^2t}{4(1+iabt)}$$

$$(a = (\Delta x)_0^{-2},\quad b = \hbar/2m)$$

と(4.69)の第1式を使うと

$$\psi(x, t) = \left[\frac{(\Delta x)_0^2}{2\pi^3}\right]^{1/4} \int_{-\infty}^{\infty} e^{-(\Delta x)_0^2(k-k_0)^2} e^{i(kx-\hbar k^2 t/2m)} dk$$

$$= [2\pi(\Delta x)_0^2]^{-1/4}\left[1 + \frac{i\hbar t}{2m(\Delta x)_0^2}\right]^{-1/2}$$

$$\times \exp\left[-\frac{x^2 - 4i(\Delta x)_0^2 k_0 x + 2i(\Delta x)_0^2 \hbar k_0^2 t/m}{4(\Delta x)_0^2(1 + i\hbar t/2m(\Delta x)_0^2)}\right] \tag{4.70}$$

となるので，これから(4.61)式が導かれる．

4-6 周期的境界条件と状態密度

長さ L の金属塊の中の電子に対するポテンシャルは3-3節の井戸型ポテンシャルで近似できる．この場合の定常状態の波動関数は $+x$ 方向へ進む波 e^{ikx} と $-x$ 方向へ進む波 e^{-ikx} が重なり合った定常波 $\sin kx$, $\cos kx$ という形をしている．導体中や真空中を一方向に運動する電子を記述する際には，長さ L の領域での規格化された進行波が便利である．このための境界条件として周期的境界条件

$$u(x+L) = u(x) \tag{4.71}$$

がある．(4.71)式は「波動関数が長さ L ごとに同じ値になる周期関数である」ことを要請している．この境界条件は円周 L の円い導線を流れている電子に対してぴったりの条件であるが，大きな導体の長さが L の部分への境界条件だと考えてもよい．

波動関数 $u(x) = Ae^{ikx}$ に条件(4.71)を課すと

$$u(x+L) = Ae^{ik(x+L)} = Ae^{ikx}e^{ikL} = u(x) = Ae^{ikx} \tag{4.72}$$

となるので，波数 k としては $e^{ikL}=1$ を満たす k,

$$kL = 2\pi n, \quad \text{すなわち} \quad k = \frac{2\pi n}{L} \qquad (n=0, \pm 1, \pm 2, \cdots) \tag{4.73}$$

のみが許されることになる．長さ L の領域として $0 \leqq x \leqq L$ を考えると，規格化条件

$$\int_0^L |u(x)|^2 dx = 1 \tag{4.74}$$

から $|A|^2 = 1/L$ が導かれるので，周期的境界条件(4.71)と規格化条件(4.74)を満たす進行波として

$$u_n(x) = \frac{1}{\sqrt{L}} e^{ik_n x}, \quad k_n = \frac{2\pi n}{L} \qquad (n=0, \pm 1, \pm 2, \cdots) \tag{4.75}$$

が導かれる．許される波数 k_n はとびとびの値だけである．

波数の差は $k_{n+1} - k_n = 2\pi/L$ の整数倍なので，波数が k と $k+\Delta k$ の間の幅 Δk には

$$\frac{L}{2\pi} \Delta k \tag{4.76}$$

個の定常状態が存在する．運動量(の x 成分)は $p = \hbar k$ なので，長さが L の空間的領域には運動量の値が p と $p+\Delta p$ の間の電子の状態として，

$$\frac{L}{2\pi} \frac{\Delta p}{\hbar} = \frac{L\Delta p}{h} \tag{4.77}$$

個の1次元の自由運動をしている電子の状態が存在する．

4-7 3次元の自由粒子

力の作用をうけず，一定の運動量 $\boldsymbol{p} = (p_x, p_y, p_z) = (\hbar k_x, \hbar k_y, \hbar k_z)$ をもって運動している電子の状態を表わす波動関数は

$$u_{k_x, k_y, k_z}(x, y, z) = \frac{1}{\sqrt{L^3}} e^{i(k_x x + k_y y + k_z z)} \tag{4.78}$$

である[(2.54)式参照]．ここでは1辺の長さが L の立方体の領域 $0 \leqq x, y, z \leqq L$ の中での電子の運動を考えて，規格化定数を $L^{-3/2}$ とした．

前節で導入した周期的境界条件は，この場合には

$$u(x, y, z) = u(x+L, y, z) = u(x, y+L, z) = u(x, y, z+L) \tag{4.79}$$

となる．この境界条件を波動関数(4.78)に課すと，許される波数 $\boldsymbol{k}=(k_x, k_y, k_z)$ は

$$k_x = \frac{2\pi n_x}{L}, \quad k_y = \frac{2\pi n_y}{L}, \quad k_z = \frac{2\pi n_z}{L} \qquad (n_x, n_y, n_z \text{ は整数}) \tag{4.80}$$

という離散的な値をとり，規格化された波動関数は

$$u_{n_x n_y n_z}(x, y, z) = \frac{1}{\sqrt{L^3}} e^{2\pi i(n_x x + n_y y + n_z z)/L} \tag{4.81}$$

となる．波動関数(4.81)は波数ベクトル $\boldsymbol{k}$ の方向に進む平面波を表わし，規格化条件

$$\int_0^L dx \int_0^L dy \int_0^L dz u^*_{n_x' n_y' n_z'}(x, y, z) u_{n_x n_y n_z}(x, y, z) = \delta_{n_x n_x'} \delta_{n_y n_y'} \delta_{n_z n_z'} \tag{4.82}$$

を満たす．

第4章 演習問題

1. 中性子も波動と粒子の2重性を示す．速さ $v=2800\,\mathrm{m/s}$ の中性子のビームは波動性を示し，ド・ブロイ波長 $\lambda=1.4\times10^{-10}\,\mathrm{m}$ である．

シリコンの単結晶に切り出した3枚の平行な板 a, b, c に単色の中性子ビームを入射させ，結晶板での回折と透過で2つの道筋 A→B→D→E，A→C→D→E を通ったビームの干渉効果を点Eで観測する(図)．AB を水平に保ち，そのまわりにこの中性子干渉計を回転させたときの干渉効果の変化の測定によって，中性子の波長の高さによる変化が観測されている．

(i) この中性子ビームが1cmだけ上昇するときの重力の位置エネルギーの変化に伴う中性子の速さの変化 Δv と波長の変化 $\Delta\lambda$ を求めよ．

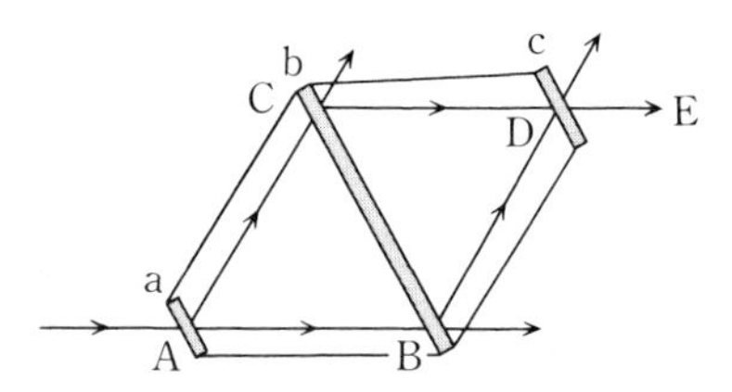

（ii）　このビームが距離 $d=4\,\mathrm{cm}$ 進むとき，$\Delta\lambda$ による位相の変化はいくらか．

2.　高さが 10 eV で幅が 0.50 nm の土手型ポテンシャルに電子が入射する．透過率 $T=1.0\%$ の場合の電子のエネルギーはいくらか．$T\approx e^{-2\kappa a}$ を使え．

3.　（i）　図 4-3 と図 4-7 のポテンシャルの場合，反射率 $R=0$ になるのは，$\sin k'a=0$ すなわち $k'a=n\pi$（n は整数）なので，ポテンシャルの山または谷の幅が半波長の整数倍のときである．$R=0$ になる電子のエネルギー E の値を求めよ．このような E の値のときに電子が反射しない現象を**ラムザウワー効果**という．

（ii）　図 4-3 と図 4-7 のポテンシャルで $R=0$ の場合の波動関数の実部と虚部を各 1 例ずつ図示せよ（入射波の振幅 $A=1$ とせよ）．図 4-3 と図 4-7 の場合の波動関数の定性的な差を述べよ．

4.　図 4-8(b)の場合，エネルギー $E=-W_0$ の電子の透過率 T を(4.35)式を使って推定せよ．$W_0=4.5\,\mathrm{eV}$，電場の強さ $E_0=5\times10^9\,\mathrm{V/m}$ のときの透過率はいくらか．伝導電子の平均密度を $10^{29}\,\mathrm{m^{-3}}$，平均の速さを $10^6\,\mathrm{m/s}$ とすると，金属表面の $10^{-8}\,\mathrm{m^2}$ から 1 秒間に約何個の電子が飛び出すか．

5.　図(a)に示す距離 $l=a+b$ の平行移動での不変性をもつポテンシャル（クローニッヒ-ペニー・ポテンシャル）

$$V(x)=\begin{cases} V_0 & n(a+b)-a\leqq x\leqq n(a+b) \\ 0 & n(a+b)<x<n(a+b)+b \end{cases}\qquad (n\ \text{は整数})$$

の中の電子の波動関数は，位相因子 e^{iKl} を除いて周期的であるという条件

$$u(x+l)=e^{iKl}u(x)\qquad (K\ \text{は実数})$$

を満たす解の 1 次結合で表わせる．$E>V_0$ のとき，K は条件

$$\cos Kl=\cos k'a\cos kb-\frac{(k^2+k'^2)}{2kk'}\sin k'a\sin kb\equiv\Phi(E)$$

（$k=\sqrt{2mE}/\hbar$，$k'=\sqrt{2m(E-V_0)}/\hbar$）を満たさねばならないことを示せ．$0<E$

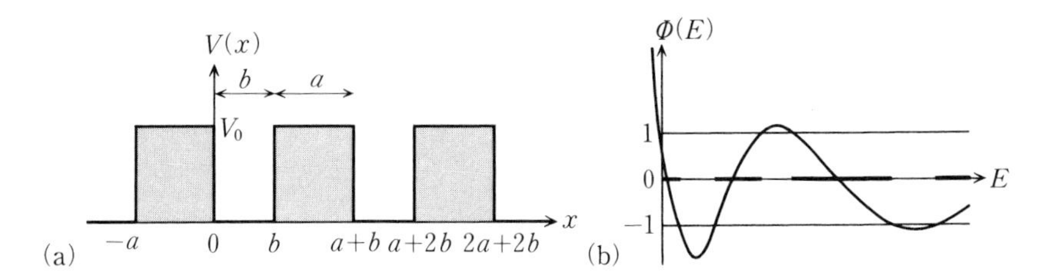

$\leqq V_0$ のときの条件も $\cos Kl = \Phi(E)$ である．領域を $0 \leqq x \leqq Nl$ (N は自然数)に制限し，周期的境界条件 $u(Nl) = u(0)$ を課すと，$K = 2\pi j/Nl$ (j は整数)である．図(b)に $\Phi(E)$ と $\cos Kl = \Phi(E)$ で許される E の領域(太線)を示す．このポテンシャルのエネルギー固有値は帯(バンド)を作ることがわかる．

6. $\delta(x-a)$ は位置演算子の固有値 a の固有関数，

$$\hat{x}\delta(x-a) = a\delta(x-a) \tag{1}$$

であり，デルタ関数規格化

$$\int_{-\infty}^{\infty} \delta(x-a)\delta(x-b)dx = \delta(a-b) \tag{2}$$

に従うことを示せ．

7. 体積 $V = L^3$ の領域での3次元の自由運動で，運動量の各成分が p_x と $p_x + \varDelta p_x$，p_y と $p_y + \varDelta p_y$，p_z と $p_z + \varDelta p_z$ の間にある固有状態の数は

$$\left(\frac{L}{2\pi\hbar}\right)^3 \varDelta p_x \varDelta p_y \varDelta p_z = \frac{V}{h^3} \varDelta p_x \varDelta p_y \varDelta p_z \tag{3}$$

であることを示せ．

この場合，エネルギー固有値が E と $E+\varDelta E$ の間にある状態の数 $\rho(E)\varDelta E$ が

$$\rho(E)\varDelta E = \frac{m^{3/2}E^{1/2}V}{\sqrt{2}\,\pi^2\hbar^3}\varDelta E = \frac{4\sqrt{2}\,\pi m^{3/2}E^{1/2}V}{h^3}\varDelta E \tag{4}$$

と表わされることを示せ．$\rho(E)$ を状態密度という．

Coffee Break

ナノの世界

ミクロの世界という言葉がよく使われる．直接には肉眼で見えず，顕微鏡でみる細胞の世界から始まって，もっと小さい分子，原子，さらに小さい原子核，素粒子の世界の総称である．小さいという意味のギリシャ語のミクロが語源である．ミクロ(マイクロ)μは国際単位系での10^{-6}を意味する接頭語である．$10^{-6}\,\mathrm{m}=1\,\mu\mathrm{m}$で，光の波長が約(0.4～0.7)$\mu$mだから，たしかにミクロという接頭語は適切だ．

ところで，最近は技術が進歩して，$10^{-9}\,\mathrm{m}$，$10^{-9}\,\mathrm{s}$の計測ができるようになった．4-3節に紹介した走査型トンネル顕微鏡はその1例である．10^{-9}を意味する接頭語はナノなので，このようなレベルの技術をナノテクノロジーという．

量子箱というものがある．1辺の長さが約$10^{-8}\,\mathrm{m}$の半導体の立方体を，別の種類の半導体で囲んだものである．外側の半導体の中での位置エネルギーが大きいのでそれを∞と近似できる場合には，量子箱の中に1個だけ存在する伝導電子の問題は，3次元の無限に深い井戸型ポテンシャルの中の電子の問題である．微小な量子箱の中の基底状態の電子を励起するには大きなエネルギーを外部から与える必要があり，この電子が熱運動で励起される確率は小さい．

量子箱を細長く引き伸ばした，半導体の細い線を量子細線という．量子細線の中では伝導電子は，細線に垂直な方向には励起されないので，細線の中を進んで行く．

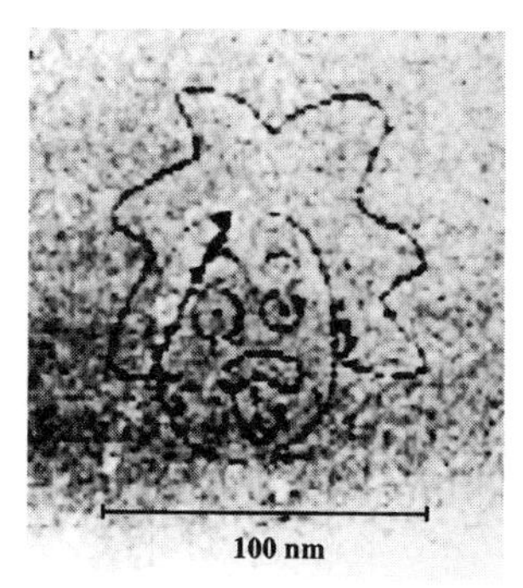

分子(原子)線の真空蒸着で単結晶状の薄膜を作成する分子線エピタキシー技術を利用して，異なる2種類の半導体の薄い結晶膜を規則的に層状に積み上げた人工超格子と呼ばれる人工結晶の設計，作成が行なわれている．人工超格子は

1970年に江崎玲於奈らによって提案された.

ナノテクノロジーの例として，走査型トンネル顕微鏡を使用してコンピューター・プログラムでコントロールされたナノ領域に化学エッチング過程をおこして，NTT厚木研究開発センターの宇津木靖博士が描いた，世界一小さなアインシュタインの画を紹介しよう．アインシュタインが舌を出しているポーズである.

5 中心ポテンシャルの中の電子——球座標での3次元問題

この章では，水素原子の中の電子のように，球対称なポテンシャル(中心ポテンシャル)の中を運動する粒子の束縛状態を，球座標でのシュレーディンガー方程式を解いて求める．束縛状態は主量子数，軌道量子数，磁気量子数によって分類されることも学ぶ．

5-1 球座標でのシュレーディンガー方程式

古典力学では，中心力の作用をうけて運動する粒子の力の中心に関する角運動量は保存する．中心力の位置エネルギーは力の中心(原点)と粒子の距離 r だけの関数 $V(r)$ で，**中心ポテンシャル**(central potential)という．

量子力学では，中心ポテンシャルの場合には直交座標 x, y, z よりも球座標 r, θ, φ を使う方が数式的に簡単であり，物理的な意味が明瞭になる．図5-1から読みとれるように，直交座標と球座標の関係は

$$\begin{cases} x = r\sin\theta\cos\varphi \\ y = r\sin\theta\sin\varphi \\ z = r\cos\theta \end{cases} \qquad \begin{cases} r = \sqrt{x^2+y^2+z^2} \\ \theta = \tan^{-1}\dfrac{\sqrt{x^2+y^2}}{z} \\ \varphi = \tan^{-1}\dfrac{y}{x} \end{cases} \tag{5.1}$$

である．(5.1)式から導かれる

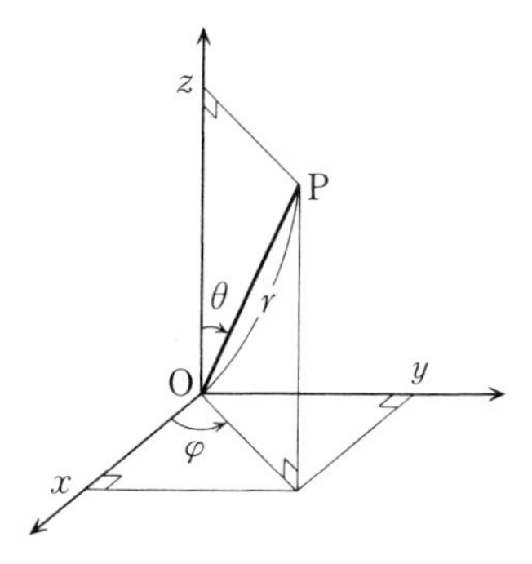

図 5-1　球座標 r, θ, φ

$$\frac{\partial r}{\partial x} = \frac{x}{r} = \sin\theta\cos\varphi, \quad \frac{\partial \varphi}{\partial x} = -\frac{y}{x^2+y^2} = -\frac{\sin\varphi}{r\sin\theta}$$
$$\frac{\partial \theta}{\partial x} = \frac{xz/\sqrt{x^2+y^2}}{x^2+y^2+z^2} = \frac{\cos\theta\cos\varphi}{r} \tag{5.2}$$

などの関係を使うと，x についての偏微分 $\partial/\partial x$ は

$$\frac{\partial}{\partial x} = \frac{\partial r}{\partial x}\frac{\partial}{\partial r} + \frac{\partial \theta}{\partial x}\frac{\partial}{\partial \theta} + \frac{\partial \varphi}{\partial x}\frac{\partial}{\partial \varphi}$$
$$= \sin\theta\cos\varphi\frac{\partial}{\partial r} + \frac{\cos\theta\cos\varphi}{r}\frac{\partial}{\partial\theta} - \frac{\sin\varphi}{r\sin\theta}\frac{\partial}{\partial\varphi} \tag{5.3a}$$

と表わされることがわかる．同様に

$$\frac{\partial}{\partial y} = \sin\theta\sin\varphi\frac{\partial}{\partial r} + \frac{\cos\theta\sin\varphi}{r}\frac{\partial}{\partial\theta} + \frac{\cos\varphi}{r\sin\theta}\frac{\partial}{\partial\varphi} \tag{5.3b}$$

$$\frac{\partial}{\partial z} = \cos\theta\frac{\partial}{\partial r} - \frac{\sin\theta}{r}\frac{\partial}{\partial\theta} \tag{5.3c}$$

が導かれるので，球座標でのラプラシアン ∇^2 の表現

$$\nabla^2 = \frac{\partial^2}{\partial x^2} + \frac{\partial^2}{\partial y^2} + \frac{\partial^2}{\partial z^2}$$
$$= \frac{1}{r^2}\frac{\partial}{\partial r}\left(r^2\frac{\partial}{\partial r}\right) + \frac{1}{r^2\sin\theta}\frac{\partial}{\partial\theta}\left(\sin\theta\frac{\partial}{\partial\theta}\right) + \frac{1}{r^2\sin^2\theta}\frac{\partial^2}{\partial\varphi^2} \tag{5.4}$$

が得られる．直交座標でのシュレーディンガー方程式(2.80)に(5.4)式を代

入すると，中心ポテンシャル $V(r)$ の場合の球座標でのシュレーディンガー方程式

$$-\frac{\hbar^2}{2m}\left[\frac{1}{r^2}\frac{\partial}{\partial r}\left(r^2\frac{\partial}{\partial r}\right)+\frac{1}{r^2\sin\theta}\frac{\partial}{\partial\theta}\left(\sin\theta\frac{\partial}{\partial\theta}\right)+\frac{1}{r^2\sin^2\theta}\frac{\partial^2}{\partial\varphi^2}\right]u$$
$$+V(r)u=Eu \tag{5.5}$$

が導かれる．

偏微分方程式(5.5)の変数分離　方程式(5.5)には

$$u(r,\theta,\varphi)=R(r)Y(\theta,\varphi) \tag{5.6}$$

という変数分離形の解がある．(5.6)式を(5.5)式に代入して，それを $(1/2mr^2)R(r)Y(\theta,\varphi)$ で割ると，

$$\begin{aligned}&\frac{2mr^2}{R}\left\{-\frac{\hbar^2}{2mr^2}\frac{d}{dr}\left(r^2\frac{dR}{dr}\right)+[V(r)-E]R\right\}\\&=\frac{\hbar^2}{Y}\left\{\frac{1}{\sin\theta}\frac{\partial}{\partial\theta}\left(\sin\theta\frac{\partial Y}{\partial\theta}\right)+\frac{1}{\sin^2\theta}\frac{\partial^2 Y}{\partial\varphi^2}\right\}\end{aligned} \tag{5.7}$$

となる．この式の左辺は変数 θ,φ に依存せず，右辺は r に依存しないので，この式の両辺は変数 r,θ,φ のどれにも依存せず，定数である．あとで便利なように，この定数を $-l(l+1)\hbar^2$ とおくと，

$$-\frac{\hbar^2}{2mr^2}\frac{d}{dr}\left(r^2\frac{dR}{dr}\right)+\left[V(r)+\frac{l(l+1)\hbar^2}{2mr^2}\right]R=ER \tag{5.8}$$

という動径方程式と

$$-\hbar^2\left[\frac{1}{\sin\theta}\frac{\partial}{\partial\theta}\left(\sin\theta\frac{\partial Y}{\partial\theta}\right)+\frac{1}{\sin^2\theta}\frac{\partial^2 Y}{\partial\varphi^2}\right]=l(l+1)\hbar^2 Y \tag{5.9}$$

という角度方程式が得られる．角度方程式には $V(r)$ は含まれていないので，どのような中心ポテンシャルの場合でも同じである．(5.9)式を解いて得られる固有値 $l(l+1)\hbar^2$ は動径方程式に有効ポテンシャル

$$V(r)+\frac{l(l+1)\hbar^2}{2mr^2} \tag{5.10}$$

という形で現われる．5-3 節で定数 $l(l+1)\hbar^2$ は軌道角運動量 $\boldsymbol{L}$ の 2 乗の演算子 $\hat{\boldsymbol{L}}^2$ の固有値であることがわかるので，(5.10)式の第 2 項は古典力学で

の遠心力 L^2/mr^3 の位置エネルギー(遠心ポテンシャル) $L^2/2mr^2$ に対応する.

(5.9)式には変数分離形の解

$$Y(\theta, \varphi) = \Theta(\theta)\Phi(\varphi) \tag{5.11}$$

があり, $\Theta(\theta)$ と $\Phi(\varphi)$ は微分方程式

$$\frac{1}{\sin\theta}\frac{d}{d\theta}\left(\sin\theta\frac{d\Theta}{d\theta}\right)+\left[l(l+1)-\frac{m_l^2}{\sin^2\theta}\right]\Theta = 0 \tag{5.12}$$

$$\frac{d^2\Phi}{d\varphi^2}+m_l^2\Phi = 0 \tag{5.13}$$

に従うことが同じように示せる. 方程式(5.8), (5.9), (5.12), (5.13)は固有値方程式で, E, $l(l+1)\hbar^2$, m_l^2 などは固有値で, $R(r)$, $Y(\theta, \varphi)$, $\Theta(\theta)$, $\Phi(\varphi)$ などは固有関数であることがわかる.

球座標の変域は $0\leqq r<\infty$, $0\leqq\theta\leqq\pi$, $0\leqq\varphi<2\pi$ と選べるので, 波動関数 $R(r)\Theta(\theta)\Phi(\varphi)$ は規格化条件

$$\int_0^\infty |R(r)|^2 r^2 dr \int_0^\pi |\Theta(\theta)|^2 \sin\theta d\theta \int_0^{2\pi} |\Phi(\varphi)|^2 d\varphi = 1 \tag{5.14}$$

に従う. $r^2\sin\theta$ という因子は領域 $r_0\leqq r\leqq r_0+\varDelta r$, $\theta_0\leqq\theta\leqq\theta_0+\varDelta\theta$, $\varphi_0\leqq\varphi\leqq\varphi_0+\varDelta\varphi$ の微小直方体の体積 $\varDelta V$ が

$$\varDelta V = r_0^2 \sin\theta_0 \varDelta r\varDelta\theta\varDelta\varphi \tag{5.15}$$

であることに基づく(図5-2参照).

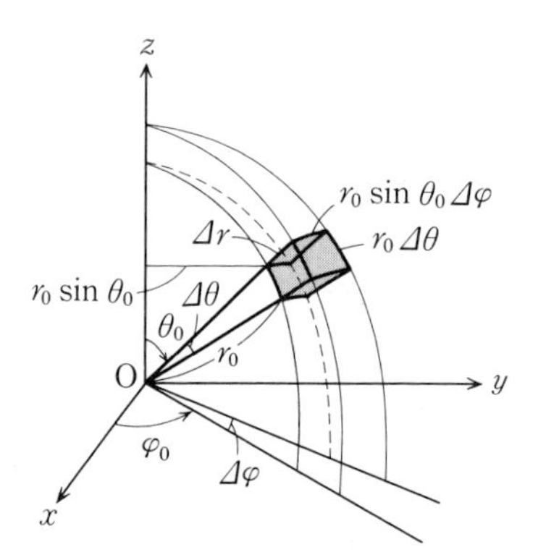

図 5-2 $\varDelta V = r_0^2\sin\theta_0\varDelta r\varDelta\theta\varDelta\varphi$

点(r, θ, φ)と点$(r, \theta, \varphi+2\pi)$は同一の点なので，波動関数は1つの点ではただ1つの値をもつという1価性の条件から次の条件が導かれる．

$$u(r, \theta, \varphi+2\pi) = u(r, \theta, \varphi), \quad \Phi(\varphi+2\pi) = \Phi(\varphi) \tag{5.16}$$

中心ポテンシャルの場合，z軸方向は物理的に特別に意味のある方向ではない．したがって，$\theta=0$とπで$u(r, \theta, \varphi)$, $\Theta(\theta)$は有限である必要がある．球座標の原点$r=0$は，θ, φが不定で，特異点である．このために$R(r)$は$r=0$で

$$rR(r)|_{r=0} = 0 \tag{5.17}$$

という境界条件を満たす必要がある(本章の演習問題2参照)．

(5.14)式の積分が$r\to\infty$で収束するためには，$r^2|R(r)|^2\to o(1/r)$，したがって，$R(r)$は条件

$$r\to\infty \quad で \quad R(r)\to o(1/r^{3/2}) \tag{5.18}$$

を満たす必要がある．$o(r^a)$はr^aよりも速く0に近づくことを意味する．

5-2 球面調和関数

固有値方程式(5.9)の解$Y(\theta, \varphi)$を**球面調和関数**という．ここでは変数分離形の球面調和関数

$$Y_{lm}(\theta, \varphi) = \Theta_{lm}(\theta)\Phi_m(\varphi) \tag{5.19}$$

を求めよう(この節では簡単のためにm_lをmと記す)．

(5.13)式の解　$\Phi(\varphi)$に対する微分方程式(5.13)

$$\frac{d^2\Phi}{d\varphi^2} = -m^2\Phi \tag{5.20}$$

の境界条件(5.16)を満たす1価で規格化された解は

$$\Phi_m(\varphi) = \frac{1}{\sqrt{2\pi}}e^{im\varphi} \qquad (m=0, \pm1, \pm2, \cdots) \tag{5.21}$$

であることが容易にわかる．規格化定数$1/\sqrt{2\pi}$は規格化条件

$$\int_0^{2\pi}\Phi_m^*(\varphi)\Phi_{m'}(\varphi)d\varphi = \delta_{mm'} \tag{5.22}$$

から導かれる．

ルジャンドルの陪多項式と多項式［(5.12)式の解］ 変数を θ から $z=\cos\theta$ に変え，$\Theta_{lm}(\theta)=P_l^m(z)$ と記す(以下本節では z を z 座標ではなく $\cos\theta$ として用いているので注意すること)．$dz=-\sin\theta d\theta$ なので，(5.12)式は

$$\frac{d}{dz}\left[(1-z^2)\frac{dP_l^m}{dz}\right]+\left[l(l+1)-\frac{m^2}{1-z^2}\right]P_l^m=0 \tag{5.23}$$

となる．ただし(5.23)式で m は整数である［(5.21)式参照］．

微分方程式(5.23)の物理的に意味のある解，すなわち領域 $-1\leqq z\leqq 1$ で有界な解は

$$m=0,\ \pm1,\ \pm2,\ \cdots \tag{5.24a}$$

$$l=|m|,\ |m|+1,\ |m|+2,\ \cdots \tag{5.24b}$$

のときにのみ存在し，$P_l^m(z)=P_l^{-m}(z)=P_l^{|m|}(z)$ で，

$$P_l^{|m|}(z)=\frac{1}{2^l l!}(1-z^2)^{|m|/2}\frac{d^{l+|m|}(z^2-1)^l}{dz^{l+|m|}} \qquad (l\geqq|m|\geqq 0) \tag{5.25}$$

であることは量子力学の誕生以前から知られていた．$P_l^{|m|}(z)\,(m\neq 0)$ を**ルジャンドルの陪多項式**といい，$m=0$ の場合の

$$P_l(z)\equiv P_l^0(z)=\frac{1}{2^l l!}\frac{d^l(z^2-1)^l}{dz^l} \tag{5.26}$$

を**ルジャンドル多項式**という．l, m の値が(5.24)式を満たす場合の $P_l^{|m|}(z)$ が(5.23)式の解であることは，(5.25)式を(5.23)式に代入してみればわかる(本章の演習問題 8 参照)．

$l=0, 1, 2$ の場合の $P_l^{|m|}(z)$ を下に記す．

$$\begin{aligned} &P_0^0(z)=1,\quad P_1^0(z)=z,\quad P_1^1(z)=(1-z^2)^{1/2} \\ &P_2^0(z)=\frac{1}{2}(3z^2-1),\quad P_2^1(z)=3(1-z^2)^{1/2}z,\quad P_2^2(z)=3(1-z^2) \end{aligned} \tag{5.27}$$

$P_l^{|m|}(z)\,(l\geqq|m|\geqq 0)$ は次の性質をもつ(第 7 章の演習問題 10 参照)．

$$\int_{-1}^{1}P_l^{|m|}(z)P_{l'}^{|m|}(z)dz=\begin{cases} 0 & (l\neq l' \text{ のとき}) \\ \dfrac{2}{2l+1}\dfrac{(l+|m|)!}{(l-|m|)!} & (l=l' \text{ のとき}) \end{cases} \tag{5.28}$$

したがって，規格化条件を満たす(5.12)式の解は

$$\Theta_{lm}(\theta) = \sqrt{\frac{(2l+1)(l-|m|)!}{2(l+|m|)!}} P_l^{|m|}(\cos\theta) \tag{5.29}$$

である．

このようにして，球面調和関数

$$Y_{lm}(\theta, \varphi) = (-1)^{(m+|m|)/2} \sqrt{\frac{(2l+1)(l-|m|)!}{4\pi(l+|m|)!}} P_l^{|m|}(\cos\theta) e^{im\varphi}$$

$$(m=0, \pm 1, \pm 2, \cdots; l=|m|, |m|+1, |m|+2, \cdots) \tag{5.30}$$

が得られた．$(-1)^{(m+|m|)/2}$ という因子の意味は第7章で明らかになる(第7章の演習問題10参照)．

球面調和関数 $Y_{lm}(\theta, \varphi)$ は正規直交条件

$$\int_0^\pi \sin\theta d\theta \int_0^{2\pi} d\varphi Y_{l'm'}^*(\theta, \varphi) Y_{lm}(\theta, \varphi) = \delta_{ll'}\delta_{mm'} \tag{5.31}$$

に従う．また球面調和関数 $Y_{lm}(\theta, \varphi)$ は正規直交完全系を作るので，波動関数 $u(r, \theta, \varphi)$ は

$$u(r, \theta, \varphi) = \sum_{l=0}^{\infty} \sum_{m=-l}^{l} R_{lm}(r) Y_{lm}(\theta, \varphi) \tag{5.32}$$

と展開可能で，展開係数 $R_{lm}(r)$ は

$$R_{lm}(r) = \int_0^\pi \sin\theta d\theta \int_0^{2\pi} d\varphi Y_{lm}^*(\theta, \varphi) u(r, \theta, \varphi) \tag{5.33}$$

である．

$l=0, 1, 2$ の球面調和関数 $Y_{lm}(\theta, \varphi)$ を示す．

$$\begin{aligned} l = 0 &: Y_{0,0} = \frac{1}{\sqrt{4\pi}} \\ l = 1 &: Y_{1,\pm 1} = \mp\sqrt{\frac{3}{8\pi}} \sin\theta e^{\pm i\varphi}, \quad Y_{1,0} = \sqrt{\frac{3}{4\pi}} \cos\theta \\ l = 2 &: Y_{2,\pm 2} = \sqrt{\frac{15}{32\pi}} \sin^2\theta e^{\pm 2i\varphi}, \quad Y_{2,\pm 1} = \mp\sqrt{\frac{15}{8\pi}} \sin\theta\cos\theta e^{\pm i\varphi} \\ &\quad Y_{2,0} = \sqrt{\frac{5}{16\pi}} (3\cos^2\theta - 1) \end{aligned} \tag{5.34}$$

球面調和関数の複素共役は次のようになっている．

$$Y_{lm}^*(\theta, \varphi) = (-1)^m Y_{l,-m}(\theta, \varphi) \tag{5.35}$$

パリティ　中心ポテンシャルの場合にはシュレーディンガー方程式は，原点に関する座標の反転(空間反転) $\boldsymbol{r} \to -\boldsymbol{r}$，すなわち球座標では

$$r \to r, \quad \theta \to \pi - \theta, \quad \varphi \to \varphi + \pi \tag{5.36}$$

で不変な形をしている($\nabla^2 \to (-\nabla)^2 = \nabla^2$, $V(r) \to V(r)$)．したがって，固有値 E の解 $u(\boldsymbol{r})$ があれば，$u(-\boldsymbol{r})$ も固有値 E の解である．

空間反転(5.36)では，$P_l^m(\cos\theta) \to P_l^m(\cos(\pi-\theta)) = P_l^m(-\cos\theta) = (-1)^{l+m} P_l^m(\cos\theta)$，$e^{im\varphi} \to e^{im(\varphi+\pi)} = e^{i\pi m} e^{im\varphi} = (-1)^m e^{im\varphi}$，$R(r) \to R(r)$ なので，

$$Y_{lm}(\theta, \varphi) \to (-1)^{l+m}(-1)^m Y_{lm}(\theta, \varphi) = (-1)^l Y_{lm}(\theta, \varphi) \tag{5.37}$$

となる．すなわち，状態 $R(r) Y_{lm}(\theta, \varphi)$ のパリティは $(-1)^l$ である．

5-3 軌道角運動量演算子

古典力学での質点の角運動量 $\boldsymbol{L}$ の定義は $\boldsymbol{L} = \boldsymbol{r} \times \boldsymbol{p}$ なので，量子力学での軌道角運動量演算子 $\hat{\boldsymbol{L}}$ は $\hat{\boldsymbol{L}} = \hat{\boldsymbol{r}} \times \hat{\boldsymbol{p}}$ である．波動関数 $u(\boldsymbol{r})$ に対して $\hat{\boldsymbol{p}} = \left(-i\hbar\frac{\partial}{\partial x}, -i\hbar\frac{\partial}{\partial y}, -i\hbar\frac{\partial}{\partial z}\right) \equiv -i\hbar\nabla$ なので，$\hat{\boldsymbol{L}}$ は

$$\begin{aligned} \hat{L}_x &= \hat{y}\hat{p}_z - \hat{z}\hat{p}_y = -i\hbar\left(y\frac{\partial}{\partial z} - z\frac{\partial}{\partial y}\right) \\ &= i\hbar\left(\sin\varphi\frac{\partial}{\partial\theta} + \cot\theta\cos\varphi\frac{\partial}{\partial\varphi}\right) \end{aligned} \tag{5.38a}$$

$$\begin{aligned} \hat{L}_y &= \hat{z}\hat{p}_x - \hat{x}\hat{p}_z = -i\hbar\left(z\frac{\partial}{\partial x} - x\frac{\partial}{\partial z}\right) \\ &= i\hbar\left(-\cos\varphi\frac{\partial}{\partial\theta} + \cot\theta\sin\varphi\frac{\partial}{\partial\varphi}\right) \end{aligned} \tag{5.38b}$$

$$\hat{L}_z = \hat{x}\hat{p}_y - \hat{y}\hat{p}_x = -i\hbar\left(x\frac{\partial}{\partial y} - y\frac{\partial}{\partial x}\right) = -i\hbar\frac{\partial}{\partial\varphi} \tag{5.38c}$$

と表わされる．ここで(5.3)式を使った．(5.38)式から

$$\hat{\boldsymbol{L}}^2 = \hat{L}_x^2+\hat{L}_y^2+\hat{L}_z^2$$
$$= -\hbar^2\left[\frac{1}{\sin\theta}\frac{\partial}{\partial\theta}\left(\sin\theta\frac{\partial}{\partial\theta}\right)+\frac{1}{\sin^2\theta}\frac{\partial^2}{\partial\varphi^2}\right] \tag{5.39}$$

が導かれる.

(5.9)式と(5.39)式を比べると,(5.9)式は軌道角運動量の大きさの2乗 $\hat{\boldsymbol{L}}^2$ に対する固有値方程式

$$\hat{\boldsymbol{L}}^2 Y_{lm_l} = l(l+1)\hbar^2 Y_{lm_l} \tag{5.40}$$

であり,Y_{lm_l} は固有値 $l(l+1)\hbar^2$ $(l=0, 1, 2, \cdots)$ に属する固有関数であることがわかる.また

$$\hat{L}_z\Phi_{m_l}(\varphi) = -i\hbar\frac{d}{d\varphi}\left(\frac{1}{\sqrt{2\pi}}e^{im_l\varphi}\right) = \hbar m_l\Phi_{m_l}(\varphi) \tag{5.41}$$

なので,Y_{lm} は角運動量の z 成分の固有値 $\hbar m_l$ の固有関数,

$$\hat{L}_z Y_{lm_l} = \hbar m_l Y_{lm_l} \qquad (m_l=0, \pm1, \pm2, \cdots) \tag{5.42}$$

であることがわかる.

このようにして,球面調和関数 $Y_{lm_l}(\theta, \varphi)$ は $\hat{\boldsymbol{L}}^2$ と $\hat{L}_z$ の同時固有関数で,固有値は $l(l+1)\hbar^2$ と $\hbar m_l$,ただし

$$l = 0, 1, 2, \cdots \tag{5.43a}$$

$$m_l = l, l-1, \cdots, 1, 0, -1, \cdots, -l \tag{5.43b}$$

であることがわかった.l を**軌道量子数**(あるいは**方位量子数**),m_l を**磁気量子数**という.$\hat{\boldsymbol{L}}^2$ と $\hat{L}_z$ の同時固有関数は(5.43)式の l と m_l の値をもつ球面調和関数 Y_{lm_l} 以外には存在しないことを第7章に示す(第7章の演習問題10).

物理量を測定するときに得られる測定値は物理量演算子の固有値に限られるので(6-2節参照),軌道角運動量の z 成分 L_z の測定値は $\hbar$ の整数倍に限られることがわかった.

$\hat{\boldsymbol{L}}^2$ の固有値 $l(l+1)\hbar^2$ の平方根 $\sqrt{l(l+1)}\,\hbar$ が固有状態の軌道角運動量の大きさであると古典力学との類推で考えられる.しかし $l>0$ の場合,この値は $\hat{L}_z$ の固有値の最大値 $l\hbar$ よりも大きい.7-5節で示すように,この事

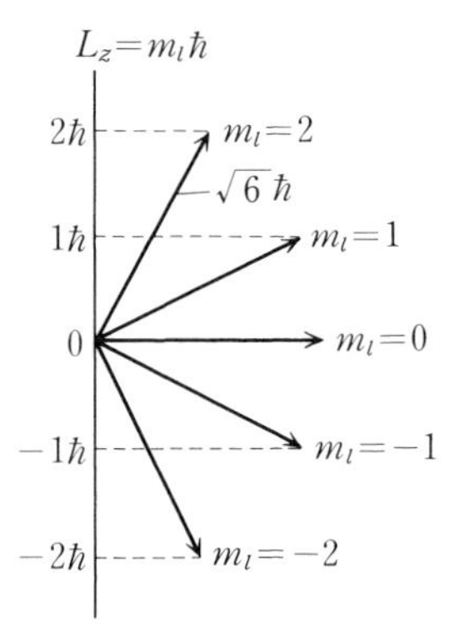

図 5-3　$\hat{L}_z$ の固有値 $m_l\hbar$ ($l=2$ の場合)

実は，不確定性原理によって (L_x, L_y, L_z) が確定値 $(0, 0, l\hbar \neq 0)$ をとることができないためである．しかし，軌道量子数 l または $l\hbar$ をその状態の軌道角運動量の大きさとよぶことが多い．

これまでは $\hat{\boldsymbol{L}}^2$ と $\hat{L}_z$ の同時固有関数を求めてきた．$\hat{\boldsymbol{L}}^2$ と $\hat{L}_z$ の代わりに $\hat{\boldsymbol{L}}^2$ と $\hat{L}_x$, $\hat{\boldsymbol{L}}^2$ と $\hat{L}_y$，あるいは $\boldsymbol{n}$ を任意の単位ベクトルとして $\hat{\boldsymbol{L}}^2$ と $\hat{\boldsymbol{L}}\cdot\boldsymbol{n}$ を選んでもよい．$\hat{\boldsymbol{L}}^2$ と $\hat{\boldsymbol{L}}\cdot\boldsymbol{n}$ を選んでも固有値の $l(l+1)\hbar^2$, $m_l\hbar$ は(5.43)式で与えられる．すなわち，軌道角運動量 $\boldsymbol{L}$ の任意の方向の成分を測定しても，測定値は確実に $\hbar$ の整数倍になる．

古典力学では軌道角運動量の大きさは任意の値 L をとることができ，その z 成分は $-L$ から L までのあらゆる値をとることができる．しかし量子力学では，軌道角運動量ベクトルが空間でとることのできる状態は制限されている．この事実を**方向量子化**という(図 5-3 参照)．

5-4　動径方向の波動方程式

動径方向の波動関数 $R(r)$ に対する微分方程式(5.8)

$$-\frac{\hbar^2}{2mr^2}\frac{d}{dr}\left(r^2\frac{dR_l}{dr}\right)+\left[V(r)+\frac{l(l+1)\hbar^2}{2mr^2}\right]R_l = ER_l \qquad (5.44)$$

の解を求めよう．新しい関数

$$\chi_l(r) = rR_l(r) \qquad (5.45)$$

を導入すると，$\chi_l(r)$ に対する方程式は

$$-\frac{\hbar^2}{2m}\frac{d^2\chi_l}{dr^2}+\left[V(r)+\frac{l(l+1)\hbar^2}{2mr^2}\right]\chi_l = E\chi_l \tag{5.46}$$

となるが，これは有効ポテンシャル(5.10)の中での1次元問題の式と同じ形をしている．ただし，変数 r の変域は $0 \leqq r < \infty$ であり，$\chi_l(r)$, $R_l(r)$ は $r=\infty$ での境界条件(5.18)のほかに $r=0$ での境界条件

$$\chi_l(0) = rR_l(r)|_{r=0} = 0 \tag{5.47}$$

を満たさねばならない*．2階の微分方程式(5.46)には2つの独立な解が存在するが，そのうちの1つは $r=0$ での境界条件(5.47)によって排除される．

動径方向の波動関数 $R(r)=\chi_l(r)/r$ に対する境界条件(5.18)から，$E<V(r=\infty)$ の束縛状態に対応する $\chi_l(r)$ は

$$r\to\infty \quad \text{で} \quad \chi_l(r)\to o(1/\sqrt{r}) \tag{5.48}$$

という漸近形をもたねばならない．$r=0$ と $r=\infty$ での2つの境界条件(5.47), (5.48)のために，束縛状態のエネルギー固有値は離散的固有値になる．

1つの l の値に対して複数の束縛状態が存在するときには，束縛状態にエネルギー固有値の小さい方から順に番号 $n_\mathrm{r}=1,2,3,\cdots$ をつける．束縛状態は n_r と l で番号づけられるが，原子物理学では $n_\mathrm{r}+l$ を n と書いて，**主量子数**とよぶ習慣になっている．原子核物理学では n_r を主量子数とよぶ．

(5.44)式に軌道量子数 l は現われるが，磁気量子数 m_l は現われないので，中心ポテンシャル $V(r)$ の中の電子のエネルギー準位は l には依存するが m_l には依存しない．したがって，エネルギー固有値は E_{nl} と表わされ，このエネルギー固有値には $m_l=-l,\cdots,l$ の $2l+1$ 個の m_l の異なる状態が属している(縮退している)．

* ポテンシャル $V(r)$ が $r\to 0$ で有限か，発散しても $o(1/r^2)$ ならば，遠心ポテンシャル $l(l+1)\hbar^2/2mr^2$ のために

$$r\to 0 \quad \text{で} \quad R_l(r)\to O(r^l), \qquad \chi_l(r)\to O(r^{l+1})$$

である(本章の演習問題2参照)．

$l=0$ の状態(縮退していない)を　s 状態
$l=1$ の状態(3 重に縮退)を　p 状態
$l=2$ の状態(5 重に縮退)を　d 状態
$l=3$ の状態(7 重に縮退)を　f 状態

という．以下 l が増加するにつれ $g, h, \cdots$ 状態という(中心ポテンシャルの場合にエネルギー固有値が磁気量子数 m_l によらない理由は，第 7 章の演習問題 7 参照)．

中心ポテンシャルの中の電子の波動関数は，(5.44)式のエネルギー固有値 E_{nl} の固有関数 $R_{nl}(r)$ と $Y_{lm_l}(\theta, \varphi)$ の積

$$R_{nl}(r)Y_{lm_l}(\theta,\varphi) \tag{5.49}$$

という形をしており，時間依存性まで入れた一般解は

$$\psi(r, \theta, \varphi, t) = \sum_{n=1}^{\infty}\sum_{l=0}^{\infty}\sum_{m_l=-l}^{l} a_{nlm_l}R_{nl}(r)Y_{lm_l}(\theta, \varphi)e^{-iE_{nl}t/\hbar} \tag{5.50}$$

である．

5-5 水素原子

水素原子は，正電荷 e を帯びた陽子 1 個と負電荷 $-e$ を帯びた電子 1 個から構成された，いちばん簡単な原子である．陽子の質量 m_p は電子の質量 m_e の 1840 倍なので，陽子の質量は電子に比べて無限に大きいと近似できる．したがって，原点に静止している陽子のまわりのクーロン・ポテンシャル

$$V(r) = -\frac{e^2}{4\pi\varepsilon_0 r} \tag{5.51}$$

の中を運動する質量 m_e の電子に対するシュレーディンガー方程式

$$-\frac{\hbar^2}{2m_\mathrm{e}}\nabla^2 u-\frac{e^2}{4\pi\varepsilon_0 r}u = Eu \tag{5.52}$$

を解けば，水素原子のエネルギー準位と電子の波動関数が求められる．

陽子の質量が有限である効果は，(5.52)式に現われる質量として，電子の

質量 m_e でなく，換算質量

$$m = \frac{m_e m_p}{m_e + m_p} \tag{5.53}$$

を使うことによって取り入れられ，このとき(5.52)式は電子と陽子の相対運動に対する正確なシュレーディンガー方程式になる(8-1節参照)．しかし，水素原子の場合は $m_e/m_p \fallingdotseq 1/1840$ なので，$m \fallingdotseq m_e$ である．

クーロン・ポテンシャル(5.51)は中心ポテンシャルなので，(5.52)式の波動関数 $u(r, \theta, \varphi)$ は

$$u(r, \theta, \varphi) = \chi_l(r) Y_{lm_l}(\theta, \varphi)/r \tag{5.54}$$

と変数分離できて，動径部分 $\chi_l(r)$ に対する方程式は

$$\frac{d^2\chi_l}{dr^2} + \left[\frac{2m}{\hbar^2}\left(E + \frac{e^2}{4\pi\varepsilon_0 r}\right) - \frac{l(l+1)}{r^2}\right]\chi_l = 0 \tag{5.55}$$

となる(m_e ではなく，換算質量 m を使った)．

ポテンシャルは $r \to \infty$ で $V(r) \to 0$ なので，束縛状態は $E<0$ である．そこで，

$$\beta^2 = \frac{-8mE}{\hbar^2}, \quad n = \frac{2me^2}{4\pi\varepsilon_0 \beta \hbar^2} = \frac{e^2}{4\pi\varepsilon_0 \hbar}\left(\frac{-m}{2E}\right)^{1/2} \tag{5.56}$$

を定義し，変数を変換して

$$\rho = \beta r \tag{5.57}$$

を使うことにすると，(5.55)式は次のように簡単になる．

$$\frac{d^2}{d\rho^2}\chi_l\left(\frac{\rho}{\beta}\right) + \left[\frac{n}{\rho} - \frac{1}{4} - \frac{l(l+1)}{\rho^2}\right]\chi_l\left(\frac{\rho}{\beta}\right) = 0 \tag{5.58}$$

この微分方程式は $\rho \to \infty$ の極限で漸近的に

$$\frac{d^2\chi_l}{d\rho^2} - \frac{1}{4}\chi_l \cong 0 \tag{5.59}$$

となる．(5.59)式の2つの独立な解 $e^{\rho/2}$, $e^{-\rho/2}$ のうち，$\rho \to \infty$ で $\chi_l \to 0$ となる解は

$$\chi_l \cong (\text{定数})\, e^{-\rho/2} \tag{5.60}$$

である．そこで，χ_l は ρ の多項式と $e^{-\rho/2}$ の積になると仮定して，

$$\chi_l\left(\frac{\rho}{\beta}\right) = e^{-\rho/2}L(\rho) \tag{5.61}$$

とおいてみる．これを(5.58)式に代入すると，微分方程式

$$\rho^2\frac{d^2L}{d\rho^2}-\rho^2\frac{dL}{d\rho}+[n\rho-l(l+1)]L = 0 \tag{5.62}$$

が導かれる．$r\to 0$ で $\chi_l(r)\to O(r^{l+1})$ であることを考慮して，

$$L(\rho) = \rho^{l+1}(c_0+c_1\rho+c_2\rho^2+\cdots) = \sum_{\nu=0} c_\nu\rho^{\nu+l+1} \qquad (c_0\neq 0) \tag{5.63}$$

とおいて，(5.62)式に代入すると，

$$\sum_{\nu=0}[(\nu+1)(2l+\nu+2)c_{\nu+1}+(n-\nu-l-1)c_\nu]\rho^{\nu+l+2} = 0 \tag{5.64}$$

となる．あらゆる ρ の値に対して(5.64)式が成り立つためには，ν のすべての値に対する ρ^ν の係数が 0，すなわち

$$(\nu+1)(2l+\nu+2)c_{\nu+1} = (\nu+l+1-n)c_\nu \tag{5.65}$$

であることが必要である．

級数(5.63)式が有限項で終り，$c_{n'+1}=c_{n'+2}=\cdots=0$ となって $L(\rho)$ が多項式になるには，ν がある整数値 n' で

$$\frac{e^2}{4\pi\varepsilon_0\hbar}\left(\frac{-m}{2E}\right)^{1/2} = n = l+1+n' \qquad (n'=0, 1, 2, \cdots) \tag{5.66}$$

とならねばならない．このとき $L(\rho)$ は $n'+1$ 項の多項式になり，整数 n' は $\chi_l(r)=0$ になる球面(節面)の数になる($r=0$ は含めない)．[(5.66)式が満たされない場合には，$L(\rho)$ は無限級数になる．このとき，係数 c_ν は $\nu\to\infty$ で $c_{\nu+1}/c_\nu\to 1/\nu$ となるので，$\rho\to\infty$ で $L(\rho)\to O(e^\rho)$ となり，$\chi(\rho)\to O(e^{\rho/2})$ という具合に発散するので許されない．]

水素原子の束縛エネルギー E は，(5.66)式から

$$E_n = -\frac{me^4}{2(4\pi\varepsilon_0)^2\hbar^2}\frac{1}{n^2} = -\frac{13.6}{n^2}\ \ \text{eV} \qquad (n=1, 2, \cdots) \tag{5.67}$$

となる．(5.66)式で自然数であることが示された

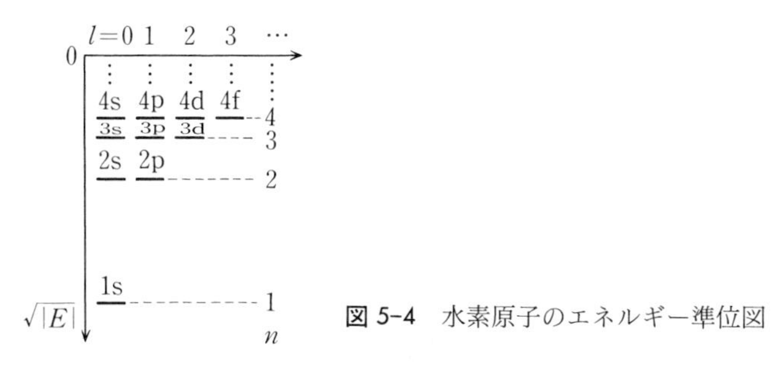

図 5-4　水素原子のエネルギー準位図

$$n = l+1,\ l+2,\ \cdots \tag{5.68}$$

を**主量子数**という．(5.68)式から，主量子数 n のエネルギー準位には軌道量子数 l が

$$l = 0, 1, 2, \cdots, n-1 \tag{5.69}$$

の状態が属しており，主量子数が n の状態の総数は

$$1+3+5+\cdots+(2n-1) = n^2 \tag{5.70}$$

なので，n^2 重に縮退している．水素原子のエネルギー準位図を図 5-4 に示す．なお，一般の中心ポテンシャルの場合には，l の異なる状態の縮退は起こらない(クーロン・ポテンシャルの場合の l の異なる状態の縮退を**偶然縮退**という)．これに対して，磁気量子数 m_l についての $2l+1$ 重の縮退は，すべての中心ポテンシャルの場合に起こる．

(5.56)式の第 2 式から

$$\beta = \frac{2me^2}{4\pi\varepsilon_0\hbar^2 n} \equiv \frac{2}{nr_0} \tag{5.71}$$

が導かれる．r_0 は長さの次元をもち，

$$r_0 = \frac{4\pi\varepsilon_0\hbar^2}{me^2} = 5.29\times10^{-11}\quad \mathrm{m} \tag{5.72}$$

である．r_0 を**ボーア半径**という*.

---

*　ボーア半径 r_0 を使うと，エネルギー準位(5.67)は

$$E_n = -\frac{1}{2r_0}\left(\frac{e^2}{4\pi\varepsilon_0}\right)\frac{1}{n^2} = -\frac{\hbar^2}{2mr_0^2n^2}$$

となる．

水素原子の基底状態は $n=1,\ l=0$ の $E=-13.6\,\mathrm{eV}$ の状態で，規格化された波動関数 $R_{10}(r)=\chi_{10}(r)/r$ は

$$R_{10}(r) = 2{r_0}^{-3/2}e^{-r/r_0} \tag{5.73}$$

である．ボーア半径は基底状態の電子の軌道確率密度 $r^2|R_{10}(r)|^2$ が最大になる距離である(例題 5-1 参照)．

ラゲールの陪多項式　微分方程式(5.62)の多項式解を $\rho^{l+1}L_{n+l}^{2l+1}(\rho)$ とおき，$L_{n+l}^{2l+1}(\rho)$ を**ラゲールの陪多項式**という．

$$L_k^s(\rho) = \frac{d^s}{d\rho^s}\left[e^\rho\frac{d^k}{d\rho^k}(\rho^k e^{-\rho})\right] \qquad \begin{pmatrix} k=0,1,2,\cdots \\ s=0,1,\cdots,k \end{pmatrix} \tag{5.74}$$

で規格化条件

$$\int_0^\infty e^{-\rho}\rho^{2l}[L_{n+l}^{2l+1}(\rho)]^2\rho^2 d\rho = \frac{2n[(n+l)!]^3}{(n-l-1)!} \tag{5.75}$$

に従う．したがって水素原子の規格化された動径波動関数 $R_{nl}(r)=\chi_{nl}(r)/r$ は

$$R_{nl}(r) = -\left\{\left(\frac{2}{nr_0}\right)^3\frac{(n-l-1)!}{2n[(n+l)!]^3}\right\}^{1/2}e^{-r/nr_0}\left(\frac{2r}{nr_0}\right)^l L_{n+l}^{2l+1}\left(\frac{2r}{nr_0}\right) \tag{5.76}$$

である．－符号は，r が小さいときに $R_{nl}(r)$ が正になるように選んだ．

$n=1,2,3$ の場合の $R_{nl}(r)$ を下に記す．

$$\begin{aligned}
R_{10}(r) &= 2\left(\frac{1}{r_0}\right)^{3/2}e^{-r/r_0} \\
R_{20}(r) &= \left(\frac{1}{2r_0}\right)^{3/2}\left(2-\frac{r}{r_0}\right)e^{-r/2r_0} \\
R_{21}(r) &= \frac{1}{\sqrt{3}}\left(\frac{1}{2r_0}\right)^{3/2}\left(\frac{r}{r_0}\right)e^{-r/2r_0} \\
R_{30}(r) &= \frac{2}{3}\left(\frac{1}{3r_0}\right)^{3/2}\left(3-\frac{2r}{r_0}+\frac{2r^2}{9r_0^2}\right)e^{-r/3r_0} \\
R_{31}(r) &= \frac{2\sqrt{2}}{9}\left(\frac{1}{3r_0}\right)^{3/2}\left(\frac{2r}{r_0}-\frac{r^2}{3r_0^2}\right)e^{-r/3r_0}
\end{aligned} \tag{5.77}$$

$$R_{32}(r) = \frac{4}{27\sqrt{10}}\left(\frac{1}{3r_0}\right)^{3/2}\left(\frac{r^2}{r_0^2}\right)e^{-r/3r_0}$$

因子 e^{-r/nr_0} は主量子数 n が大きく，エネルギーの大きな状態の波動関数は外側にひろがることを意味する．

例題 5-1　電子が半径 r と $r+dr$ の 2 つの球面の間にある確率を $P_{\mathrm{r}}(r)dr$ とすると，軌道確率密度 $P_{\mathrm{r}}(r)$ が

$$P_{\mathrm{r}}(r) = r^2\int_0^{2\pi}d\varphi\int_0^{\pi}\sin\theta d\theta|u(r,\theta,\varphi)|^2 = r^2|R_{nl}(r)|^2 \qquad (5.78)$$

と定義される．次の量を求めよ．

(1) 水素原子の基底状態で P_{r} が最大になる距離

(2) $n=2,\ l=0$ と $n=2,\ l=1$ の場合の軌道確率密度

［解］ (1) $\dfrac{dP_{\mathrm{r}}}{dr} = \dfrac{d}{dr}\left(\dfrac{4r^2}{r_0^3}e^{-2r/r_0}\right) = \dfrac{8}{r_0^3}\left(r-\dfrac{r^2}{r_0}\right)e^{-2r/r_0} = 0$

ゆえに $r = r_0$ (図 5-5(a)参照)．

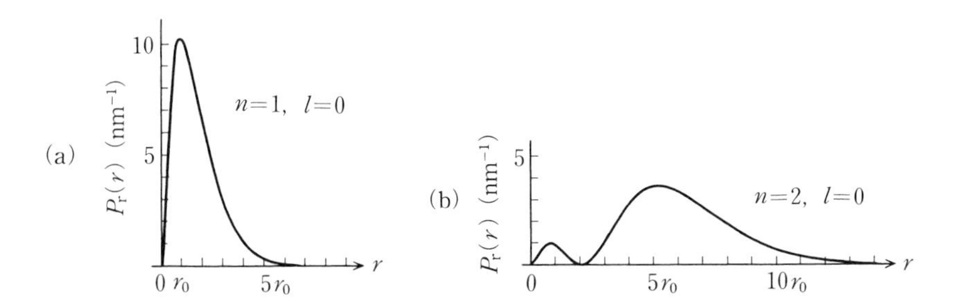

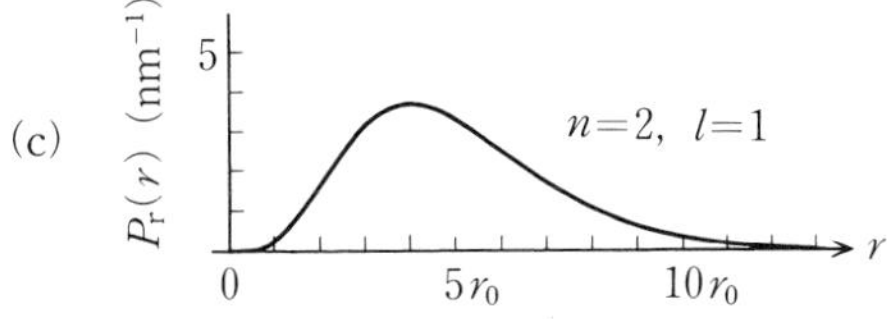

図 5-5　軌道確率密度 $P_{\mathrm{r}}(r)$．エネルギーが増加するほど波動関数は外側へ出ていく．
(a) $r^2|R_{10}(r)|^2$，(b) $r^2|R_{20}(r)|^2$，(c) $r^2|R_{21}(r)|^2$

(2) $n=2,\ l=0$; $P_{\rm r}=\dfrac{r^2}{8r_0^3}\left(2-\dfrac{r}{r_0}\right)^2 e^{-r/r_0}$ (図 5-5(b))

$n=2,\ l=1$; $P_{\rm r}=\dfrac{r^4}{24r_0^5}e^{-r/r_0}$ (図 5-5(c)) ▨

5-6 3次元の井戸型ポテンシャル

中心ポテンシャル $V(r)$ が

$$V(r)=\begin{cases}-V_0 & (0\leqq r\leqq a)\\ 0 & (a<r)\end{cases} \tag{5.79}$$

の場合を考えよう(図 5-6). このポテンシャルは，半径 a の原子核の内部での核子に対する平均ポテンシャルとして用いられる.

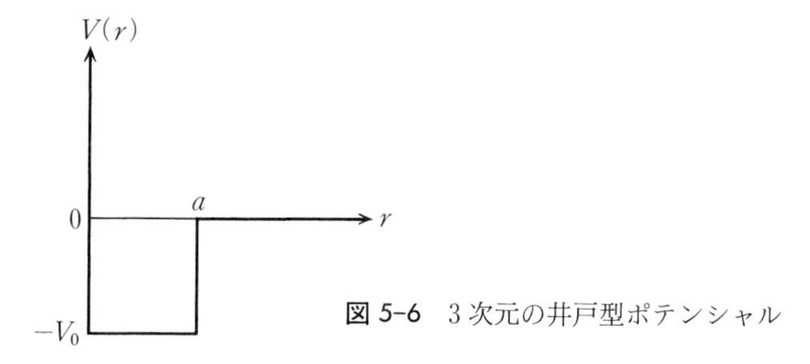

図 5-6 3次元の井戸型ポテンシャル

(a) $l=0$ の場合. この場合，方程式(5.46)は

$$\begin{aligned}-\frac{\hbar^2}{2m}\frac{d^2\chi_0}{dr^2}-V_0\chi_0 &= E\chi_0 \qquad (0\leqq r\leqq a)\\ -\frac{\hbar^2}{2m}\frac{d^2\chi_0}{dr^2} &= E\chi_0 \qquad (a<r)\end{aligned} \tag{5.80}$$

となる. (5.80)式は(3.18), (3.19)式と同等な形をしているが，$r=0$ で $\chi_0(0)=0$ という境界条件((5.47)式参照)のために，3次元の井戸型ポテンシャルの $l=0$ の束縛状態($E<0$ の状態)は 3-3 節の 1 次元の井戸型ポテンシャルの波動関数が奇関数の場合に対応する. すなわち波動関数 χ_0 は A, B を定数として，

$$\begin{aligned} \chi_0(r) &= A\sin kr, \quad k = \sqrt{2m(V_0-|E|)}/\hbar \qquad (0 \leqq r \leqq a) \\ &= Be^{-\kappa r}, \quad \kappa = \sqrt{2m|E|}/\hbar \qquad (a < r < \infty) \end{aligned} \tag{5.81}$$

という形をしている．2つの領域での $\chi_0(r)$ と $d\chi_0/dr$ が境界の $r=a$ で連続という条件から，(3.34)式，すなわち

$$\kappa a = -ka\cot ka \tag{5.82}$$

が導かれる．この条件から束縛状態のエネルギー固有値 E が求められる．3-3節と同様に考えて，この場合には

$$V_0 a^2 > \frac{\pi^2\hbar^2}{8m} \tag{5.83}$$

のときにのみ束縛状態が存在する．

(b)　$l>0$ の場合．　この場合には $\chi_l(r)$ よりも $R_l(r)$ の方が便利である．束縛状態($E<0$ の状態)に対して(5.44)式は

$$\frac{d^2R_l}{dr^2}+\frac{2}{r}\frac{dR_l}{dr}-\frac{l(l+1)}{r^2}R_l = -\frac{2m}{\hbar^2}(V_0-|E|)R_l = -k^2R_l \qquad (0 \leqq r \leqq a) \tag{5.84}$$

$$\frac{d^2R_l}{dr^2}+\frac{2}{r}\frac{dR_l}{dr}-\frac{l(l+1)}{r^2}R_l = \frac{2m}{\hbar^2}|E|R_l = \kappa^2R_l \qquad (a < r < \infty) \tag{5.85}$$

となる．$\rho=kr$ とおくと，(5.84)式は

$$\frac{d^2R_l}{d\rho^2}+\frac{2}{\rho}\frac{dR_l}{d\rho}+\left[1-\frac{l(l+1)}{\rho^2}\right]R_l = 0 \tag{5.86}$$

となる．この微分方程式の解は物理数学でよく知られていて，原点 $\rho=0$ で正則な球ベッセル関数 $j_l(\rho)$ と，原点が特異点の球ノイマン関数 $n_l(\rho)$ である．すなわち，

$$j_l(\rho) = \left(\frac{\pi}{2\rho}\right)^{1/2} J_{l+1/2}(\rho), \quad n_l(\rho) = (-1)^{l+1}\left(\frac{\pi}{2\rho}\right)^{1/2} J_{-l-1/2}(\rho) \tag{5.87}$$

である．$\rho\to 0$ での漸近的な振る舞いは $j_l(\rho)=O(\rho^l)$，$n_l(\rho)=O(\rho^{-l-1})$ であり，大きな ρ に対する漸近形は

$$j_l(\rho)\xrightarrow[\rho\to\infty]{}\frac{1}{\rho}\cos\left[\rho-\frac{(l+1)\pi}{2}\right]$$
$$n_l(\rho)\xrightarrow[\rho\to\infty]{}\frac{1}{\rho}\sin\left[\rho-\frac{(l+1)\pi}{2}\right] \tag{5.88}$$

である．

$r=0$ での境界条件(5.47)のために，$0\leqq r\leqq a$ での解は

$$R_l(r) = Aj_l(kr) \qquad (0\leqq r\leqq a) \tag{5.89}$$

であることがわかる．

領域 $a<r$ での微分方程式は(5.86)式の $\rho=kr$ を $\rho = i\kappa r$ で置き換えたものである．領域 $a<r$ での波動関数は球ハンケル関数

$$h_l^{(1)}(\rho) = j_l(\rho)+in_l(\rho) \tag{5.90}$$

を用いればよい．$\rho\to\infty$ での $h_l^{(1)}(\rho)$ の漸近形は

$$h_l^{(1)}(\rho)\xrightarrow[\rho\to\infty]{}\frac{1}{\rho}e^{i[\rho-(l+1)\pi/2]} \tag{5.91}$$

である．したがって，$r\to\infty$ で $e^{-\kappa r}$ のように減少する(5.85)式の解は，(5.86)式の解の中の $\rho=kr$ を $i\kappa r$ で置き換えた

$$R_l(r) = Bh_l^{(1)}(i\kappa r) = B[j_l(i\kappa r)+in_l(i\kappa r)] \tag{5.92}$$

であることがわかる(B は定数)．

$r=a$ で(5.89)式と(5.92)式を関係づける境界条件から束縛状態のエネルギーが求められる．

［参考］ **$+z$ 方向に進む平面波 $e^{ikz}=e^{ikr\cos\theta}$** この平面波は $V(r)=0$ の場合の解なので，$\sum_l a_l j_l(kr)P_l(\cos\theta)$ と表わされる．積分表示

$$j_l(kr) = (2i^l)^{-1}\int_{-1}^{1}e^{ikr\cos\theta}P_l(\cos\theta)d(\cos\theta) \tag{5.93}$$

と(5.28)式を使うと，

$$e^{ikz} = \sum_{l=0}^{\infty}(2l+1)i^l j_l(kr)P_l(\cos\theta) \tag{5.94}$$

と表わせる．

5-7 磁場の中の電子(1)

電場 $\boldsymbol{E}$，磁場 $\boldsymbol{B}$ の中を運動する質量 m，電荷 q の荷電粒子の従う古典力学の運動方程式は

$$m\frac{d^2\boldsymbol{r}}{dt^2} = q\left[\boldsymbol{E}(\boldsymbol{r})+\frac{d\boldsymbol{r}}{dt}\times\boldsymbol{B}(\boldsymbol{r})\right] \tag{5.95}$$

であり，この運動方程式に対するラグランジアンは

$$L = \frac{m}{2}\left|\frac{d\boldsymbol{r}}{dt}\right|^2+q\boldsymbol{A}\cdot\frac{d\boldsymbol{r}}{dt}-q\phi \tag{5.96}$$

である．$\boldsymbol{A}$ と ϕ はベクトル・ポテンシャルとスカラー・ポテンシャルで，電磁場 $\boldsymbol{E}, \boldsymbol{B}$ は次のように表わされる．

$$\boldsymbol{E} = -\nabla\phi-\frac{\partial\boldsymbol{A}}{\partial t}, \quad \boldsymbol{B} = \nabla\times\boldsymbol{A} \tag{5.97}$$

ハミルトン力学の正準運動量 $\boldsymbol{p}$ とハミルトニアン H は

$$\boldsymbol{p} = \frac{\partial L}{\partial\dot{\boldsymbol{r}}} = m\frac{d\boldsymbol{r}}{dt}+q\boldsymbol{A} \tag{5.98a}$$

$$H = \boldsymbol{p}\cdot\dot{\boldsymbol{r}}-L = \frac{1}{2m}(\boldsymbol{p}-q\boldsymbol{A})^2+q\phi \tag{5.98b}$$

となる．したがって，質量 m，電荷 $-e$ の電子に対するシュレーディンガー方程式は，ハミルトニアンの中の $\boldsymbol{p}$ を $\hat{\boldsymbol{p}}=-i\hbar\nabla$ で置き換えたハミルトン演算子 $\hat{H}$ を使った

$$-\frac{\hbar^2}{2m}\left(\nabla+\frac{ie}{\hbar}\boldsymbol{A}\right)^2u(\boldsymbol{r})-e\phi(\boldsymbol{r})u(\boldsymbol{r}) = Eu(\boldsymbol{r}) \tag{5.99}$$

となる*．

水素原子が，$+z$ 軸を向いた一様な磁場 $\boldsymbol{B}=(0, 0, B)$ の中にある場合を考

---

* ∇ を $\nabla+(ie/\hbar)\boldsymbol{A}$ で置き換えることによって導入される荷電粒子と電磁場の相互作用は「ミニマルな相互作用」とよばれ，理論がゲージ変換で不変であるべきだとする「ゲージ原理」からも導かれる．

える．この場合には，例えば

$$A_x = -\frac{1}{2}By, \quad A_y = \frac{1}{2}Bx, \quad A_z = 0 \tag{5.100}$$

とおけば $\nabla\times\boldsymbol{A}=(0, 0, B)=\boldsymbol{B}$ なので，(5.99)式は

$$\left[-\frac{\hbar^2}{2m}\nabla^2 - \frac{ie\hbar B}{2m}\left(x\frac{\partial}{\partial y} - y\frac{\partial}{\partial x}\right) + \frac{e^2}{8m}B^2(x^2+y^2) - e\phi\right]u = Eu \tag{5.101}$$

となる．水素原子の場合，$B \lesssim 10\,\mathrm{T}$ ならば $(e^2B^2/8m)(x^2+y^2)$ という項は無視できるので(第9章の演習問題4参照)，(5.101)式は次のようになる[(5.38c)式を使った]．

$$\left(-\frac{\hbar^2}{2m}\nabla^2 - e\phi\right)u + \frac{e}{2m}\boldsymbol{B}\cdot\hat{\boldsymbol{L}}u = Eu \tag{5.102}$$

磁場の存在によってハミルトン演算子 $\hat{H}$ に生じた項

$$\frac{e}{2m}\boldsymbol{B}\cdot\hat{\boldsymbol{L}} \tag{5.103}$$

を古典物理学での磁場 $\boldsymbol{B}$ の中の磁気モーメント $\boldsymbol{\mu}$ のエネルギー

$$-\boldsymbol{\mu}\cdot\boldsymbol{B} = -\mu_z B \tag{5.104}$$

と比較すると，負電荷を帯びた電子は軌道角運動量 $\boldsymbol{L}$ とは逆向きの磁気モーメント $\boldsymbol{\mu}$ をもち，この性質は演算子の関係として，

$$\hat{\boldsymbol{\mu}} = -\frac{e}{2m}\hat{\boldsymbol{L}} \tag{5.105}$$

と表わされることがわかる．量子力学では $\hat{L}_z$ の固有値はとびとびの値 $m_l\hbar$ $(m_l=-l, -l+1, \cdots, l)$ しかとれないので，$\hat{\mu}_z$ の固有値もとびとびの値 $-em_l\hbar/2m$ しかとれない．

エネルギー固有値 E_n と $\hat{L}_z$ の固有値 $\hbar m_l$ をもつ水素原子の定常状態の波動関数

$$u_{nlm_l}(r, \theta, \varphi) = R_{nl}(r)Y_{lm_l}(\theta, \varphi) \tag{5.106}$$

を(5.102)式の u として代入すると，

$$E_n u_{nlm_l} + \frac{e\hbar m_l}{2m}Bu_{nlm_l} = Eu_{nlm_l} \tag{5.107}$$

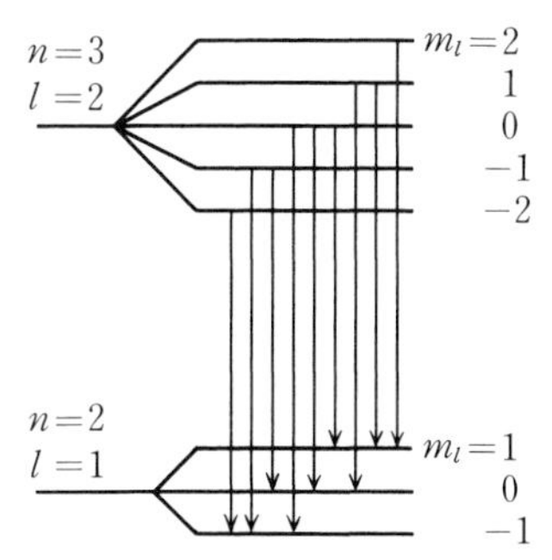

図 5-7 磁場の中では，$l=2$ の準位は磁気量子数 m_l が $2, 1, 0, -1, -2$ の 5 本に，$l=1$ の準位は $m_l=1, 0, -1$ の 3 本に分裂し，これらの準位の間で光子の放出・吸収を伴う遷移が起こる．したがって，1 本の線スペクトルは何本かに分裂する．これがゼーマン効果である．磁気量子数の名前の由来はこの現象にある．

となるので，u_{nlm_l} は(5.102)式の固有関数でエネルギー固有値 E は

$$E = E_n + \frac{e\hbar m_l}{2m}B = E_n + m_l\mu_B B \qquad \left(\mu_B = \frac{e\hbar}{2m}\right) \tag{5.108}$$

であることがわかる．このように水素原子の $2l+1$ 重に縮退している軌道量子数 l の状態のエネルギー準位は磁場 B によって間隔 $e\hbar B/2m$ の等間隔な $2l+1$ 個の準位に分裂する(図 5-7 参照)．この現象を**正常ゼーマン効果**という．

$$\mu_B = \frac{e\hbar}{2m} = 9.274\times10^{-24}\,\mathrm{J/T} = 5.79\times10^{-5}\,\mathrm{eV/T} \tag{5.109}$$

は原子物理学での磁気モーメントの単位で**ボーア磁子**(Bohr magneton)という．

問 5.1 $B=1\,\mathrm{T}$ の強磁場，$B=4.6\times10^{-5}\,\mathrm{T}$ の地球磁場の中でのエネルギー準位の分裂の間隔 $\mu_B B$ はそれぞれ何 eV か．

第5章 演習問題

1. 図は $l=1$, $m_l=0$ の状態において(一定な値の r と φ に対して)z 軸からのいろいろな角度 θ の方向に電子を発見する相対確率 $\cos^2\theta$ のグラフである．$l=1$, $m_l=\pm 1$ の場合にはどうなるか．そのグラフを3次元的にするとどのような形になるか．図に示されているような角度依存性が，$l=1$ の状態の電子が他の原子におよぼす引力の方向依存性の原因である．

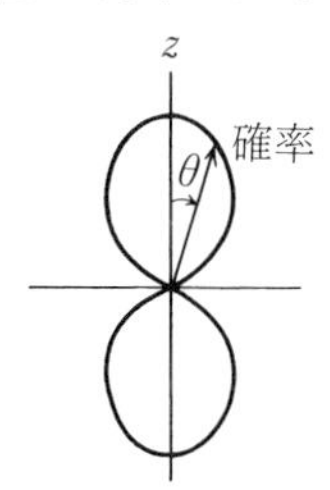

2. 微分方程式 $\nabla^2 u=0$ の解 $u(r,\theta,\varphi)=r^l Y_{lm}(\theta,\varphi)$ を球調和関数という．

(i) $\nabla^2 u=0$ の解を $u(r,\theta,\varphi)=\chi_l(r)Y_{lm}(\theta,\varphi)/r$ と置いたとき，$\chi_l(r)$ の従う微分方程式は

$$\frac{d^2\chi_l}{dr^2}-\frac{l(l+1)}{r^2}\chi_l=0 \tag{1}$$

であることを示し，この方程式には2つの独立な解 r^{l+1} と r^{-l} が存在することを示せ．ただし，$\nabla^2(1/r)=-4\pi\delta(\boldsymbol{r})$ なので，$l=0$ の場合の $u(\boldsymbol{r})=1/r$ は(1)式の解ではない．その理由を考えよ．境界条件(5.47)は $u=1/r$ を排除する条件である．

(ii) ポテンシャル $V(r)$ が $r\to 0$ で有限か発散していても $o(1/r^2)$ ならば，(5.46)式の一般解 $\chi_l(r)$ は $r\to 0$ で $\chi_l(r)\to ar^{l+1}+br^{-l}$ (a, b は定数)であることを示せ．$r=0$ での境界条件(5.47)は r^{-l} に比例する解を排除する条件になっている．

3. (水素類似原子) 原子核および電子1個から構成された正イオンを水素類似原子という．原子核の陽子数を Z とすると，水素類似原子の波動関数と固有値は水素原子の場合の式の e^2 を Ze^2 で置き換えることによって与えられることを説明せよ．

ヘリウムの1価の正イオンの基底状態の結合エネルギーと平均半径は水素原

子の何倍か.

4. ミュー粒子とよばれる素粒子がある．質量が 207 倍重いことを除くと電子と同じ性質をもつ．水素原子核とミュー粒子で原子を構成することが可能である．

（i） このような原子の基底状態の平均半径は水素原子の場合の何倍か（換算質量は 186 倍である）.

（ii） このような原子から放射される光子のエネルギーは水素原子の場合の何倍か.

5. 水素原子と重水素原子のエネルギー準位を比較せよ．$m_\mathrm{e}/m_\mathrm{p}=5.4\times10^{-4}$, $m_\mathrm{e}/m_\mathrm{d}=2.7\times10^{-4}$ とせよ．ここで m_p, m_d はそれぞれ陽子および重水素原子核の質量である.

6. 3 次元の調和振動子ポテンシャル

$$V=\frac{1}{2}m\omega^2r^2=\frac{1}{2}m\omega^2(x^2+y^2+z^2)$$

の中を運動する電子を考える.

（i） この場合のシュレーディンガー方程式には $u(x,y,z)=X(x)Y(y)Z(z)$ という変数分離形の解が存在し，そのエネルギー固有値は

$$E_n=\hbar\omega\left(n+\frac{3}{2}\right)\qquad(n=0,1,2,\cdots)$$

であり，$(n+1)(n+2)/2$ 重に縮退していることを示せ.

（ii） この問題を球座標で解くために，$\xi=\sqrt{m\omega/\hbar}\,r$, $E=\hbar\omega\lambda/2$, $u(x,y,z)=\xi^l e^{-\xi^2/2}f_l(\xi)Y_{lm}(\theta,\varphi)$ とおくと，$f_l(\xi)$ に対する微分方程式

$$\frac{d^2f_l}{d\xi^2}+\left(\frac{2l+2}{\xi}-2\xi\right)\frac{df_l}{d\xi}+(\lambda-2l-3)f_l=0$$

が得られること，$\lambda=4k+2l+3\ (k=0,1,2,\cdots)$ の場合に f_l は多項式解

$$f_l(\xi)=\sum_{j=0}^{k}c_j\xi^{2j}\qquad(c_0\neq0)$$

をもつことを示せ．この結果を使い，エネルギー固有値が E_n の状態の軌道量子数は $l=n,n-2,\cdots,1$ または 0 であることを示せ.

7. 3 次元の無限に深い井戸型ポテンシャル

$$V(r) = \begin{cases} 0 & (0 \leqq r \leqq a) \\ \infty & (a < r) \end{cases}$$

の中の $l=0$ の束縛状態のエネルギーは

$$E_n = \frac{n^2\pi^2\hbar^2}{2ma^2} \qquad (n=1, 2, 3, \cdots)$$

であることを示せ．

8. （i） (5.26)式で定義されたルジャンドル多項式 $P_l(z)$ がルジャンドルの微分方程式

$$(1-z^2)\frac{d^2P_l}{dz^2} - 2z\frac{dP_l}{dz} + l(l+1)P_l = 0 \tag{2}$$

の解であることを，$w \equiv (z^2-1)^l$ が微分方程式

$$(z^2-1)\frac{d^2w}{dz^2} - 2(l-1)z\frac{dw}{dz} - 2lw = 0 \tag{3}$$

を満たすことを示し，これを l 回微分して $v = d^lw/dz^l$ と置くと

$$(1-z^2)\frac{d^2v}{dz^2} - 2z\frac{dv}{dz} + l(l+1)v = 0 \tag{4}$$

となることを示すことによって証明せよ．なお，$P_l(z)$ は z の l 次の多項式で，$P_l(1)=1$ を満たすものである．

（ii） ルジャンドルの陪多項式(5.25)が微分方程式(5.23)の解であることを次の手順で証明せよ．まずルジャンドルの微分方程式(2)を z で m 回微分し，$v = d^mP_l/dz^m$ とおくと，

$$(1-z^2)\frac{d^2v}{dz^2} - 2(m+1)z\frac{dv}{dz} + [l(l+1) - m(m+1)]v = 0 \tag{5}$$

となることを示し，これに $v = (1-z^2)^{-m/2}w$ を代入すると，w は微分方程式(5.23)

$$(1-z^2)\frac{d^2w}{dz^2} - 2z\frac{dw}{dz} + \left[l(l+1) - \frac{m^2}{1-z^2}\right]w = 0 \tag{6}$$

を満たすことを示せ．

ニールス・ボーア

量子論はプランクによる光の量子論の提唱(1900年)で始まった．原子を量子論の対象にしたのはニールス・ボーア(Niels Bohr)であった．1912年にボーアはイギリスのラザフォードの研究室に留学し，ラザフォードが前年に提唱した有核原子模型の研究を始めた．翌年に研究の途中で母国のデンマークに帰国したが，帰国して，友人のハンセンから，水素原子の線スペクトルのバルマーの公式を知り，その途端に水素原子のボーア理論を考えついたという．高校教科書に紹介されている，古典力学に量子条件 $2\pi r = n\lambda = nh/mv$ $(n=1, 2, \cdots)$ を課したボーアの量子論は前期量子論とよばれる．

ボーアの理論では，荷電粒子の放射する光の振動数と電子の回転運動の回転数とのつながりがない．そこで，当時の多くの物理学者はボーア理論には抵抗感をもった．「こんなナンセンスが正しければ私は物理学者をやめる」といった人もいたほどであった．

しかし，アインシュタインは「非常に面白く，重要な理論である」といい，ボーア理論でヘリウム・イオン He^+ のスペクトルも説明できると聞くと，彼は非常に驚き「そうすると光の振動数は電子の回転数にまったく依存しないことになる．これはすばらしい成果です．それゆえボーアの理論は正しいに違いありません」と言ったそうである．

ニールス・ボーアは他人に自分の考えを話したり，討論を通じて，考えを発展させ，研究を進めたという．1921年にコペンハーゲンに設立された理論物理学研究所では，所長のボーアを中心とする自由な討論によって世界各国から集まった若者たちが研究を行ない，原子構造の解明，量子論の発展の中心となった．ハイゼンベルクもここに滞在して，行列力学の建設に際して大いに助けられた．

なお，水素原子の主量子数 n の大きい励起状態が主量子数が $n-1$ の励起状態に遷移するときに放射される光の振動数はボーア模型での電子の回転数 $v/2\pi r$ と一致する．こういう形で古典論と量子論は対応している.

この項の執筆に際して西尾成子著『現代物理学の父ニールス・ボーア』(中公新書)を参考にした.

6 物理量と期待値

量子力学の学習では，いろいろなポテンシャルに対するシュレーディンガー方程式を解くことも重要であるが，それと同時に電子の状態とその物理量の測定についての根本的に新しい考え方を理解することも重要である．本章では量子力学の理論体系を主として物理量の測定と関連づけて学ぶ．

6-1 物理量と演算子

第2章では，運動量演算子 $\hat{\boldsymbol{p}}$ とハミルトン演算子(エネルギー演算子) $\hat{H}$ と位置演算子 $\hat{\boldsymbol{r}}$ を導入した．一般に，量子力学では「物理量は，任意の波動関数に作用して，同時刻の，一般には別の波動関数に変換する演算子で表わされる」と要請する．本書では，物理量が演算子であることを示すために，物理量を表わす記号の上に ＾ 印をつける．

位置座標 $\boldsymbol{r}=(x, y, z)$ と運動量 $\boldsymbol{p}=(p_x, p_y, p_z)$ を独立変数に選んで定式化した力学であるハミルトン力学では，物理量は $\boldsymbol{r}$ と $\boldsymbol{p}$ で表わされる．量子力学ではこれらの物理量は $\boldsymbol{r}$ と $\boldsymbol{p}$ を $\hat{\boldsymbol{r}}$ と $\hat{\boldsymbol{p}}$ で置き換えた演算子になる．例えば，角運動量 $\boldsymbol{L}=\boldsymbol{r}\times\boldsymbol{p}$ は角運動量演算子 $\hat{\boldsymbol{L}}=\hat{\boldsymbol{r}}\times\hat{\boldsymbol{p}}$ になる．

6-2 物理量と期待値

古典力学では質点の運動を記述するのは軌道 $\boldsymbol{r}(t)$ である．ある時刻 $t=t_0$ における質点の位置 $\boldsymbol{r}(t_0)$ と速度 $\boldsymbol{v}(t_0)=\dot{\boldsymbol{r}}(t_0)$ を与えれば，質点の軌道 $\boldsymbol{r}(t)$ はニュートンの運動方程式によって完全に予言できる．任意の時刻 t における質点の物理量 $A(\boldsymbol{r},\boldsymbol{v})$ も $A(\boldsymbol{r}(t),\boldsymbol{v}(t))$ によって完全に予言される．

これに対して，量子力学に従う電子の状態は波動関数 $\psi(\boldsymbol{r},t)$ によって完全に指定される．われわれが電子の運動を研究するときには，まず実験装置で「ある状態」の電子を準備する．例えば電子顕微鏡の電子源から放射される電子であり，あるいは水素原子の第1励起状態にいる電子である．したがって電子の波動関数はこれらの初期条件を満たさねばならない．波動関数 $\psi(\boldsymbol{r},t)$ の時間的，空間的変化は，シュレーディンガー方程式をこれらの初期条件の下で解くことによって求められる．

実験では，ある時刻(例えば $t=0$)にこのように準備された電子のエネルギー，運動量，あるいは位置座標などの物理量を後の時刻に検出装置によって測定する．

規格化された波動関数 $\psi(\boldsymbol{r},t)$ で表わされる状態の電子を時刻 t に点 $\boldsymbol{r}=(x,y,z)$ の近傍の微小体積 $\Delta x\Delta y\Delta z$ の中に(検出効率100%の)検出装置で検出する確率は $|\psi(x,y,z,t)|^2\Delta x\Delta y\Delta z$ である．この波動関数の確率的解釈は量子力学の基本的な理論的要請の1つである．

ある系の物理量 Q を測定したときに測定値 q_i が得られる確率が P_i ならば，物理量 Q の測定値の平均値 $\langle Q\rangle$ は

$$\langle Q\rangle=\sum_i q_iP_i \tag{6.1}$$

である．したがって，同じように準備された電子の検出を多数回行なうと，準備してから時間 t が経過したときの，電子の位置の x 座標の測定値の平均値 $\langle x\rangle_t$ は

$$\langle x\rangle_t = \int_{-\infty}^{\infty}dx\int_{-\infty}^{\infty}dy\int_{-\infty}^{\infty}dz\, x|\psi(x, y, z, t)|^2$$
$$= \int_{-\infty}^{\infty}dx\int_{-\infty}^{\infty}dy\int_{-\infty}^{\infty}dz\psi^*(x, y, z, t)\,\hat{x}\psi(x, y, z, t) \qquad (6.2)$$

となる(この場合には(6.1)式の和は積分になる).

位置座標以外の物理量についての測定結果はどのように予言されるのだろうか. 量子力学では物理量 Q には演算子 $\hat{Q}$ が対応している. 演算子 $\hat{Q}$ に対する固有値方程式

$$\hat{Q}f_{q_i}(x) = q_i f_{q_i}(x) \qquad (6.3)$$

の固有関数 $f_{q_i}(x)$ の集合 $\{f_{q_i}(x)\}$ は, 次節で説明するように, 正規直交完全系を作るように選べる. したがって, 任意の波動関数 $\psi(x, t)$ は

$$\psi(x, t) = \sum_i c_{q_i}(t)f_{q_i}(x) \qquad (6.4)$$

$$c_{q_i}(t) = \int f_{q_i}^*(x)\psi(x, t)dx \qquad (6.5)$$

と展開できる. $\hat{Q}$ の固有値 q が連続固有値で, 固有関数 $f_q(x)$ がデルタ関数規格化に従う場合には, (6.4)式の i についての和を q についての積分に代えればよい(簡単のために, 本章では固有関数, 波動関数の変数 y と z を書くのを省略する. また, 積分領域の上限と下限も略す).

波動関数 $\psi(x, t)$ は1に規格化されているので, 展開係数 $c_{q_i}(t)$ も規格化条件

$$\sum_i |c_{q_i}(t)|^2 = 1 \qquad (6.6)$$

を満たす. (6.6)式は次のようにして証明できる.

$$1 = \int|\psi|^2dx = \int[\sum_i c_{q_i}^*(t)f_{q_i}^*(x)][\sum_j c_{q_j}(t)f_{q_j}(x)]dx$$
$$= \sum_i\sum_j c_{q_i}^*(t)c_{q_j}(t)\int f_{q_i}^*(x)f_{q_j}(x)dx = \sum_i\sum_j c_{q_i}^*(t)c_{q_j}(t)\delta_{ij}$$
$$= \sum_i |c_{q_i}(t)|^2 \qquad (6.7)$$

量子力学では, 電子の物理量 Q の測定に関する次の2つの理論的要請を行なう.

［要請 1］ 演算子 $\hat{Q}$ の固有値 q_i の固有関数 $f_{q_i}(x)$ で表わされる状態の電子に対して物理量 Q を測定すると，測定値は確実に固有値 q_i である．

［要請 2］ 波動関数 $\psi(x,t)$ が $\psi(x,t)=\sum_i c_{q_i}(t)f_{q_i}(x)$ で表わされる状態の電子に対して物理量 Q を時刻 t に測定すると，測定値は $\hat{Q}$ の固有値 q_1, q_2, … のどれかであり，測定値 q_i が得られる確率 $P_i(t)$ は

$$P_i(t)=|c_{q_i}(t)|^2 \tag{6.8}$$

である．ある 1 回の測定でどの固有値が測定値になるかは予言できない．$\hat{Q}$ が連続固有値をもち，波動関数が $\psi(x,t)=\int c_q(t)f_q(x)dq$ の場合には，q と $q+\varDelta q$ の間の測定値が得られる確率は

$$|c_q(t)|^2\varDelta q \tag{6.9}$$

である．

したがって，同じように準備された電子の物理量 Q の測定を多数回行なうと，要請 2 によって，準備してから時間 t が経過したときの測定値の平均値 $\langle Q\rangle_t$ は

$$\langle Q\rangle_t=\sum_i q_i|c_i(t)|^2 \quad \text{あるいは} \quad \int q|c_q(t)|^2dq \tag{6.10}$$

である．物理量 Q の 1 回の測定で得られる測定値を予言することはできないが，この付近の測定値が得られることが期待されるという意味で，平均値 $\langle Q\rangle_t$ を物理量 Q の**期待値**(expectation value)という．

$\hat{Q}$ の固有関数の集合 $\{f_{q_i}(x)\}$ が，次節で示すように，正規直交完全系を作るように選べる事実を使うと，

$$\begin{aligned}\int\psi^*(x,t)\hat{Q}\psi(x,t)dx &= \sum_i\sum_j c_{q_i}^*(t)c_{q_j}(t)\int f_{q_i}^*(x)\hat{Q}f_{q_j}(x)dx \\ &= \sum_i\sum_j c_{q_i}^*(t)c_{q_j}(t)q_j\delta_{ij}=\sum_i q_i|c_{q_i}(t)|^2\end{aligned} \tag{6.11}$$

という関係が導かれるので，物理量 Q の期待値は

$$\langle Q\rangle_t=\int\psi^*(x,t)\hat{Q}\psi(x,t)dx \tag{6.12}$$

と表わされる．(6.2)式は(6.12)式の一例である．

量子力学では「電子の状態(state)は波動関数 $\psi(x, t)$ で表わされる」というが，その物理的意味は「波動関数 $\psi(x, t)$ から上に述べたような物理量の測定結果が得られることが予言される」ということである．量子力学では，測定値に対する確率的な予言しかできない点において，古典力学と異なっている．

波動関数 $\psi(x, t)$ が規格化されていないとき，(6.12)式は

$$\langle Q \rangle_t = \frac{\int \psi^*(x, t)\hat{Q}\psi(x, t)dx}{\int |\psi(x, t)|^2 dx} \tag{6.12'}$$

となる．0 でない任意の複素定数を c とすると，$\psi(x, t)$ と $c\psi(x, t)$ は任意の物理量に対して同一の測定結果(相対確率)を与えるので，$\psi(x, t)$ と $c\psi(x, t)$ は同一の状態を表わす．

状態の収縮　波動関数 $\psi(x, t)$ で表わされる状態にある電子の物理量 Q を測定して測定値 q_i が得られたら，その瞬間に電子はその波動関数が固有値方程式 $\hat{Q}f_{q_i}(x) = q_i f_{q_i}(x)$ の固有値 q_i の固有関数 $f_{q_i}(x)$ で表わされる状態に変わる．したがって，この測定の直後に物理量 Q の測定をもう 1 回行なうと，測定値は確実に q_i である．

この測定による状態の瞬間的変化を**状態の収縮**といい，波動関数の瞬間的変化を**波動関数の収縮**(collapse of wave function)という．測定後の電子の波動関数は $f_{q_i}(x)$ からシュレーディンガー方程式に従って変化する．状態の収縮は古典物理学には現われない量子力学特有の現象であり，量子論の誕生に重要な貢献をしたアインシュタインをも悩ませた(第 11 章のコーヒーブレイク「EPR のパラドックス」参照)．

固有値の縮退　演算子 $\hat{Q}$ の 1 つの固有値 q にいくつかの異なる固有関数が属すとき，この固有値 q は**縮退**しているという．縮退している固有値 q に属す固有関数の任意の 1 次結合も固有値 q に属す固有関数である．したがって，物理量 Q を測定したときに縮退している固有値が測定値として得られた場合には，その直後の電子の波動関数は確定しない．この問題は 6-5 節で考える．

6-3 エルミート演算子

エルミート演算子　物理量 Q の測定値は実数であって複素数ではない．そのために任意の波動関数 ψ に対する物理量 Q の期待値は実数なので，$\langle Q\rangle=\langle Q\rangle^*$，すなわち，

$$\int \psi^* \hat{Q}\psi dx = \left[\int \psi^* \hat{Q}\psi dx\right]^* \tag{6.13}$$

が成り立たねばならない．任意の波動関数 ψ に対して(6.13)式の関係が成り立つ演算子 $\hat{Q}$ を**エルミート演算子**(Hermitian operator)という．したがって，物理量に対応する演算子はエルミート演算子である．

エルミート演算子 $\hat{Q}$ の固有値方程式 $\hat{Q}f_q(x)=qf_q(x)$ の規格化された固有関数 $f_q(x)$ を(6.13)式の $\psi(x)$ とすると，

$$q = \int f_q^* \hat{Q} f_q dx = \left[\int f_q^* \hat{Q} f_q dx\right]^* = q^* \tag{6.14}$$

となるので，エルミート演算子 $\hat{Q}$ の固有値 q は当然のことながら実数である．

エルミート共役な演算子　(6.13)式は任意の 2 つの波動関数 ψ, φ に対する関係

$$\int \varphi^* \hat{Q}\psi dx = \left[\int \psi^* \hat{Q}\varphi dx\right]^* \tag{6.15}$$

と同等であることが証明できる(本章の演習問題 2 参照)．

ある境界条件を満たす任意の 2 つの関数 φ, ψ に対して

$$\int \varphi^* \hat{A}^\dagger \psi dx = \left[\int \psi^* \hat{A}\varphi dx\right]^* = \int (\hat{A}\varphi)^* \psi dx \tag{6.16}$$

が成り立つとき，演算子 $\hat{A}^\dagger$ を演算子 $\hat{A}$ の**エルミート共役**(Hermitian conjugate)な演算子という．$\hat{A}=\hat{A}^\dagger$ のとき $\hat{A}$ をエルミート演算子という．

ある演算子がエルミート演算子かどうかは，境界条件に依存する．例えば，運動量演算子 $\hat{p}_x=-i\hbar\dfrac{\partial}{\partial x}$ がエルミート演算子であることを証明して

みよう．

(1)　波動関数 $\varphi(x), \psi(x)$ が束縛状態の波動関数なので，$\varphi(\infty)=\varphi(-\infty)=\psi(\infty)=\psi(-\infty)=0$ の場合，

$$\left[\int_{-\infty}^{\infty}\varphi^* \hat{p}_x\psi dx\right]^* = \left[\int_{-\infty}^{\infty}\varphi^*\left(-i\hbar\frac{\partial\psi}{\partial x}\right)dx\right]^* = i\hbar\int_{-\infty}^{\infty}\frac{\partial\psi^*}{\partial x}\varphi dx$$
$$= i\hbar\psi^*\varphi\Big|_{-\infty}^{\infty} - i\hbar\int_{-\infty}^{\infty}\psi^*\frac{\partial\varphi}{\partial x}dx = \int_{-\infty}^{\infty}\psi^*\hat{p}_x\varphi dx \tag{6.17}$$

(2)　領域が $0\leqq x\leqq L$ で，波動関数 $\varphi(x), \psi(x)$ が両端 $x=0$ と $x=L$ で周期的境界条件 $\varphi(0)=\varphi(L), \psi(0)=\psi(L)$ を満たす場合．この場合も部分積分を行なうことによって(1)の場合と同じように証明できる．

(5.38c)式の $\hat{L}_z=-i\hbar\partial/\partial\varphi$ がエルミート演算子である条件が波動関数 $u(r,\theta,\varphi)$ に対する境界条件 $u(r,\theta,0)=u(r,\theta,2\pi)$ であることも同じようにして証明できる．

物理量を表わす演算子 $\hat{Q}$ の固有関数の正規直交完全性　q_i と q_j をエルミート演算子 $\hat{Q}$ の異なる固有値($q_i\neq q_j$)とすると，それらの固有関数 $f_{q_i}(x)$ と $f_{q_j}(x)$ は直交することが，(6.14), (6.15)式を使って証明できる．すなわち

$$\int f_{q_i}^*\hat{Q}f_{q_j}dx = q_j\int f_{q_i}^*f_{q_j}dx = \left[\int f_{q_j}^*\hat{Q}f_{q_i}dx\right]^* = q_i\int f_{q_i}^*f_{q_j}dx$$

なので，

$$(q_i-q_j)\int f_{q_i}^*(x)f_{q_j}(x)dx = 0$$

ゆえに

$$\int f_{q_i}^*(x)f_{q_j}(x)dx = 0 \qquad (q_i\neq q_j \text{ の場合}) \tag{6.18}$$

である．

固有値 q_i をもつ固有関数が2つ以上存在するときには，それらの固有関数を正規直交化できる．例えば，規格化されているが直交しない関数 f_1 と g がある場合，f_1 と

$$f_2 \equiv [g-(f_1, g)f_1]/[1-|(f_1, g)|^2]^{1/2} \tag{6.19}$$

は直交し，f_2 は規格化されている．ただし，

$$(f, g) \equiv \int_{-\infty}^{\infty} f^*(x)g(x)dx \tag{6.20}$$

である．(6.20)式を関数 $f(x)$ と $g(x)$ の**内積**という．

このようにして，物理量を表わす演算子 $\hat{Q}$ の固有関数は正規直交系を作ることが示された．固有関数系 $\{f_{q_i}\}$ が完全系(2-2 節参照)であることの数学的証明は難しい場合が多い．しかし，完全系でないと波動関数を固有関数で展開できないことになり，前節に記した量子力学における測定に対する要請 2 が成立しなくなる．したがって量子力学では物理量を表わす演算子の固有関数は完全系を作ると考える．

ハミルトン演算子のエルミート性と確率の保存　$\hat{p}_x$ がエルミート演算子であることの証明と同じようにして，$\hat{p}_x^2$ がエルミート演算子であることが証明できる．位置エネルギー $V(x)$ は実関数 ($V(x)=V(x)^*$) なので，ハミルトン演算子 $\hat{H}=\hat{p}^2/2m+V(\hat{x})$ はエルミート演算子である．$\hat{H}$ がエルミート演算子ならば，

$$\frac{d}{dt}\left[\int_{-\infty}^{\infty}|\psi(x, t)|^2 dx\right] = 0 \tag{6.21}$$

であり，確率が保存する(本章の演習問題 1 参照)．

6-4 関数空間と物理量の行列表現

関数の 1 次独立　N 個の関数 $f_1(x), f_2(x), \cdots, f_N(x)$ の 1 次結合が 0，すなわち

$$c_1 f_1(x) + c_2 f_2(x) + \cdots + c_N f_N(x) = 0 \tag{6.22}$$

になるのが，すべての係数 $c_1, c_2, \cdots, c_N$ が 0，すなわち

$$c_1 = c_2 = \cdots = c_N = 0 \tag{6.23}$$

の場合に限るとき，N 個の関数 $f_1(x), f_2(x), \cdots, f_N(x)$ は **1 次独立**であるという．c を定数とすれば，関数 $f(x)$ とその c 倍の $cf(x)$ とは 1 次独立では

ない(量子力学では波動関数 $\psi(x,t)$ とその定数倍 $c\psi(x,t)$ は同じ状態を表わす).

物理量の行列表現 波動関数 $\psi(x,t)$ は正規直交完全系 $\{g_n(x)\}$ によって

$$\psi(x,t) = \sum_n c_n(t) g_n(x) \tag{6.24}$$

と展開され，展開係数 $c_n(t)$ は次の式で与えられる.

$$c_n(t) = \int_{-\infty}^{\infty} g_n^*(x)\psi(x,t)dx \tag{6.25}$$

物理量 Q の演算子 $\hat{Q}$ を(6.24)式に作用すると，一般に

$$\hat{Q}\psi(x,t) = \sum_n c_n(t)\hat{Q}g_n(x) \tag{6.26}$$

が成り立つ($\hat{x}$, $\hat{p}_x$ を作用してみよ). このような演算子を**1次演算子**という*. $\hat{Q}g_n(x)$ も完全系 $\{g_n(x)\}$ によって

$$\hat{Q}g_n(x) = \sum_k g_k(x) Q_{kn} \tag{6.27}$$

と展開される. この式の両辺に $g_m^*(x)$ をかけて積分すると，展開係数 Q_{mn} は次のように表わされることがわかる.

$$Q_{mn} = \int_{-\infty}^{\infty} g_m^*(x)\hat{Q}g_n(x)dx \tag{6.28}$$

(6.27)式を(6.26)式に代入すると，$\hat{Q}\psi(x,t)$ は

$$\hat{Q}\psi(x,t) = \sum_n \sum_k g_k(x) Q_{kn} c_n(t) \tag{6.29}$$

と表わされる. したがって，正規直交完全系 $\{g_n(x)\}$ による関数 $\psi(x,t)$ の展開(6.24)式を

$$\psi = \begin{pmatrix} c_1(t) \\ c_2(t) \\ \vdots \end{pmatrix} \tag{6.30}$$

と表わすと，関数 $\psi(x,t)$ に演算子 $\hat{Q}$ を作用した $\hat{Q}\psi(x,t)$ は

---

* c_1, c_2 を任意の複素定数，ψ_1, ψ_2 を任意の波動関数として，$\hat{Q}(c_1\psi_1+c_2\psi_2)=c_1\hat{Q}\psi_1+c_2\hat{Q}\psi_2$ が成り立つとき，演算子 $\hat{Q}$ を**1次演算子**という. 1次演算子ではない演算子の例として，2乗する演算子，+3する演算子などがある.

$$\hat{Q}\psi(x,t)=\begin{pmatrix} Q_{11} & Q_{12} & \cdots \\ Q_{21} & Q_{22} & \cdots \\ & \cdots\cdots\cdots & \end{pmatrix}\begin{pmatrix} c_1(t) \\ c_2(t) \\ \vdots \end{pmatrix} \tag{6.31}$$

と表わされることがわかる．右辺の Q_{ij} を成分とする行列を Q で表わすことにする．

この事実は，演算子 $\hat{Q}$ は(6.30)式で表わされるベクトル ψ を(6.31)式で表わされるベクトル $Q\psi$ に写像することを示す．ψ も $\hat{Q}\psi$ も無限個の成分をもつ無限次元空間のベクトルであり，その無限個の成分は一般に複素数である．このような関数の空間を**ヒルベルト空間**(Hilbert space)という．波動関数はヒルベルト空間のベクトルと数学的に見なせるので状態ベクトルともいう．正規直交完全系 $\{g_n(x)\}$ は，3次元空間の基本ベクトルに対応するものであり，**基底**とよぶ．

列ベクトル(6.30)のエルミート共役な行列は，$\psi^*(x,t)$ の $g_n^*(x)$ による展開係数 $c_n^*(t)$ を行列要素とする行ベクトル

$$\psi^*=(c_1^*(t),\, c_2^*(t),\, \cdots) \tag{6.32}$$

である．(6.25)式とその複素共役な式を使うと，行ベクトル(6.32)と列ベクトル(6.30)の内積は

$$\begin{aligned}
(c_1^*(t),\, c_2^*(t),\, \cdots)\begin{pmatrix} c_1(t) \\ c_2(t) \\ \vdots \end{pmatrix} &= \sum_{n=1}^{\infty} c_n^*(t)c_n(t) \\
&= \sum_{n=1}^{\infty}\int_{-\infty}^{\infty}\psi^*(x,t)g_n(x)dx\int_{-\infty}^{\infty}g_n^*(y)\psi(y,t)dy \\
&= \int_{-\infty}^{\infty}dx\int_{-\infty}^{\infty}dy\psi^*(x,t)\left[\sum_{n=1}^{\infty}g_n(x)g_n^*(y)\right]\psi(y,t) \\
&= \int_{-\infty}^{\infty}dx\int_{-\infty}^{\infty}dy\psi^*(x,t)\delta(x-y)\psi(y,t) = \int_{-\infty}^{\infty}|\psi(x,t)|^2dx
\end{aligned} \tag{6.33}$$

となる．ただし，後出の(6.41)式を使った．

$\hat{Q}$ がエルミート演算子の場合，(6.31)式に現われる行列 Q は行列要素(6.28)が

$$Q_{mn}=Q_{nm}^*\equiv Q_{mn}^\dagger \tag{6.34}$$

という条件を満たすエルミート行列であることが(6.15)式からわかる．この行列 Q を演算子 $\hat{Q}$ の**表現行列**という．

表現行列の基底として，エルミート演算子 $\hat{Q}$ の固有関数から作られた正規直交系 $\{f_{q_i}(x)\}$ を使うと，

$$\int_{-\infty}^{\infty} f_{q_m}^*(x)\hat{Q}f_{q_n}(x)dx = q_n\delta_{mn} \tag{6.35}$$

となるので，この場合には $\hat{Q}$ を表現する行列は，対角線上に $\hat{Q}$ の固有値が並び，対角線上にないすべての行列要素が 0 の，対角線行列 Q^{d} である．

$$Q^{\mathrm{d}} = \begin{pmatrix} q_1 & & 0 \\ & q_2 & \\ 0 & & \ddots \end{pmatrix} \qquad (q_i = q_i^*) \tag{6.36}$$

線形代数学によれば，エルミート行列 Q はユニタリー行列 U によるユニタリー変換

$$Q^{\mathrm{d}} = U^{\dagger}QU \qquad \left(q_n\delta_{mn} = \sum_{j,k} U_{mj}^{\dagger}Q_{jk}U_{kn}\right) \tag{6.37}$$

によって対角線行列 Q^{d} に変換できる(対角化できる)．このユニタリー変換は 2 つの正規直交完全系 $\{f_n(x)\}, \{g_n(x)\}$ を結びつける変換

$$\begin{aligned} f_n(x) &= \sum_m g_m(x)U_{mn} \qquad \left(U_{mn} = \int g_m^*(x)f_n(x)dx\right) \\ g_m(x) &= \sum_n U_{mn}^* f_n(x) = \sum_n f_n(x)U_{nm}^{\dagger} \end{aligned} \tag{6.38}$$

であることが，(6.38)の第 1 式を(6.35)式に代入することによって確かめられる．

問 6-1 (6.38)式に現われる行列 U は

$$\sum_n U_{mn}^{\dagger}U_{nk} = \sum_n U_{mn}U_{nk}^{\dagger} = \delta_{mk} \tag{6.39}$$

を満たすユニタリー行列であることを示せ．

(6.5)式を(6.4)式に代入すると，任意の関数 $\psi(x)$ に対する関係

$$\psi(x) = \sum_n f_n(x)\int f_n^*(y)\psi(y)dy \tag{6.40}$$

が導かれる．この式とデルタ関数の定義式(4.43)を比較すると，任意の正規

直交完全系 $\{f_n(x)\}$ に対して成り立つ関係

$$\sum_n f_n(x)f_n^*(y) = \delta(x-y) \tag{6.41}$$

が導かれる．この関係を**完全性条件**(closure)という．

6-5 交換関係

古典力学では位置座標 x と運動量 p_x の積は交換則 $xp_x=p_xx$ に従う．量子力学ではこの交換則が成り立たなくなる．任意の関数 $f(x,y,z)$ にまず $\hat{p}_x$ を作用し $(f\to\hat{p}_xf)$，つぎに $\hat{x}$ を作用したもの $\hat{x}(\hat{p}_xf)\equiv(\hat{x}\hat{p}_x)f$ と，関数 f にまず $\hat{x}$ を作用し $(f\to\hat{x}f)$，つぎに $\hat{p}_x$ を作用したもの $\hat{p}_x(\hat{x}f)\equiv(\hat{p}_x\hat{x})f$ との差をとると，

$$\begin{aligned}(\hat{x}\hat{p}_x-\hat{p}_x\hat{x})f &= x\left(-i\hbar\frac{\partial f}{\partial x}\right)-\left(-i\hbar\frac{\partial}{\partial x}\right)(xf) \\ &= -i\hbar x\frac{\partial f}{\partial x}+i\hbar f+i\hbar x\frac{\partial f}{\partial x} = i\hbar f\end{aligned} \tag{6.42}$$

となる．この関係は任意の関数 $f(x,y,z)$ に対して成り立つので，(6.42)式は演算子 $\hat{x}$, $\hat{p}_x$ の間に関係

$$\hat{x}\hat{p}_x-\hat{p}_x\hat{x} \equiv [\hat{x},\hat{p}_x] = i\hbar \tag{6.43}$$

が成り立つことを意味する．(6.43)式を位置演算子 $\hat{x}$ と運動量演算子 $\hat{p}_x$ の**交換関係**(commutation relation)という．2つの物理量の演算子 $\hat{P}$, $\hat{Q}$ の積は交換則に従わないことが多い．$\hat{P}\hat{Q}-\hat{Q}\hat{P}\equiv[\hat{P},\hat{Q}]$ を2つの演算子 $\hat{P}$, $\hat{Q}$ の**交換子**という．(6.43)式から，$\hbar$ を無視できることが古典力学が量子力学の良い近似理論である必要条件であることがわかる．

演算子 $\hat{x}$, $\hat{y}$, $\hat{z}$, $\hat{p}_x$, $\hat{p}_y$, $\hat{p}_z$ の交換子を計算すると

$$[\hat{x},\hat{p}_x] = [\hat{y},\hat{p}_y] = [\hat{z},\hat{p}_z] = i\hbar \tag{6.44}$$

であり，他のすべての $\hat{x}$, $\hat{y}$, $\hat{z}$, $\hat{p}_x$, $\hat{p}_y$, $\hat{p}_z$ の交換子は0である(交換する)ことがわかる．

交換関係と不確定性関係　量子力学では物理量は演算子であり，古典力学の物理量とは異なることを，$\hat{x}$ と $\hat{p}_x$ の交換関係(6.43)は示している．

ある状態にある電子の物理量 P に対する測定値の分散(ゆらぎ，ばらつき) $\sqrt{\langle (P-\langle P\rangle)^2\rangle}$ を $\varDelta P$ と記すと，2 つの物理量 P, Q に対する不確定性関係

$$(\varDelta P)(\varDelta Q) \geqq \frac{1}{2}\,|[\hat{P},\, \hat{Q}]| \tag{6.45}$$

を導くことができる．$\langle P\rangle$ という記号は(6.12)式で定義されている．

(6.45)式で $\hat{P}$ を $\hat{x}$，$\hat{Q}$ を $\hat{p}_x$ とおくと右辺は $\hbar/2$ となるので，1-5 節で紹介した「電子の x 座標の測定値の不確定さ」$\varDelta x$ と「電子の運動量の x 成分の測定値の不確定さ」$\varDelta p_x$ の不確定性関係(1.14)式

$$(\varDelta x)(\varDelta p_x) \geqq \frac{1}{2}\hbar \tag{6.46}$$

が導かれる．(6.46)式が等号になる例が 4-5 節で紹介した最小波束である．

［(6.45)式の証明］ $\hat{A}, \hat{B}$ をエルミート演算子，α を実定数とすると，

$$\begin{aligned} \langle (\hat{A}+i\alpha\hat{B})(\hat{A}-i\alpha\hat{B})\rangle &= \langle \hat{B}^2\rangle\alpha^2 - \langle i[\hat{A},\, \hat{B}]\rangle\alpha + \langle \hat{A}^2\rangle \\ &= \int_{-\infty}^{\infty} |(\hat{A}-i\alpha\hat{B})\psi|^2 dx \geqq 0 \end{aligned} \tag{6.47}$$

である(混乱をさけるため，この証明では(6.12)式の $\langle Q\rangle$ を $\langle\hat{Q}\rangle$ と記す)．$i[\hat{A},\, \hat{B}]$ はエルミート演算子なので*，この実係数の 2 次不等式が任意の実数 α に対して成り立つ条件は，判別式が正ではないという条件

$$4\langle \hat{A}^2\rangle\langle \hat{B}^2\rangle \geqq |\langle [\hat{A},\, \hat{B}]\rangle|^2 \tag{6.48}$$

である．$\hat{A}=\hat{P}-\langle \hat{P}\rangle$，$\hat{B}=\hat{Q}-\langle \hat{Q}\rangle$ とおくと，$\langle \hat{P}\rangle, \langle \hat{Q}\rangle$ は実定数なので，$[\hat{A},\, \hat{B}]=[\hat{P},\, \hat{Q}]$ となり，(6.48)式から(6.45)式が導かれる． ▨

両立する演算子(交換する演算子) エルミート演算子 $\hat{P}$ の固有値のすべてが縮退していなければ，電子の状態は $\hat{P}$ の固有値方程式

$$\hat{P}f_m(x) = p_m f_m(x) \tag{6.49}$$

の固有値 p_m によって完全に指定できる．すなわち，電子の物理量 P を測定

* (6.16)式から $\int (i\hat{A}\hat{B}\varphi)^*\psi dx = -i\int (\hat{B}\varphi)^*\hat{A}^\dagger\psi dx = \int \varphi^*(-i)\hat{B}^\dagger\hat{A}^\dagger\psi dx$ なので $(i\hat{A}\hat{B})^\dagger = -i\hat{B}^\dagger\hat{A}^\dagger = -i\hat{B}\hat{A}$． ∴ $(i[\hat{A},\, \hat{B}])^\dagger = -i(\hat{A}\hat{B}-\hat{B}\hat{A})^\dagger = -i(\hat{B}\hat{A}-\hat{A}\hat{B}) = i[\hat{A}, \hat{B}]$．

したときに測定値が p_m ならば，測定直後の電子の波動関数は $f_m(x)$ である．

もし $\hat{P}$ の固有値 p_m が k 重に縮退していて，その固有関数が $f_{m_1}(x), \cdots, f_{m_k}(x)$ だとする．この場合には $\hat{P}$ と交換するエルミート演算子 $\hat{Q}$，すなわち交換関係

$$[\hat{P}, \hat{Q}] = \hat{P}\hat{Q} - \hat{Q}\hat{P} = 0 \tag{6.50}$$

を満たす演算子 $\hat{Q}$ を導入する．$\hat{P}\hat{Q} = \hat{Q}\hat{P}$ なので，

$$\hat{P}[\hat{Q}f_m(x)] = \hat{Q}[\hat{P}f_m(x)] = p_m[\hat{Q}f_m(x)] \tag{6.51}$$

である．したがって，$\hat{Q}f_m(x)$ は $\hat{P}$ の固有値 p_m の固有関数なので，$\hat{Q}f_m(x)$ は $f_{m_1}(x), \cdots, f_{m_k}(x)$ の1次結合である．そこで $f_{m_1}(x), \cdots, f_{m_k}(x)$ をユニタリー変換して，$\hat{Q}$ の k 行 k 列の表現行列が対角線行列になるように新しい k 個の基底 $\{f_{m,n}(x)\}$ を選ぶと，

$$\begin{aligned} \hat{P}f_{m,n}(x) &= p_m f_{m,n}(x) \\ \hat{Q}f_{m,n}(x) &= q_n f_{m,n}(x) \end{aligned} \tag{6.52}$$

となる．このようにして得られる正規直交完全系 $\{f_{m,n}(x)\}$ は $\hat{P}$ と $\hat{Q}$ の両方の固有関数(同時固有関数)の集合である．

波動関数が $f_{m,n}(x)$ の状態の電子に対して物理量 P を測定すると測定値は確実に p_m であり，その直後に物理量 Q を測定すると測定値は確実に q_n である．物理量 P と Q の測定の順序を逆にしても同じ測定値 p_m と q_n が確実に得られる．つまり2つの測定は干渉しない．

この場合 $\langle \Delta P \rangle \langle \Delta Q \rangle = 0$ である．したがって，$\hat{P}$ と $\hat{Q}$ が交換すると，物理量 P と Q は同時に確定した値をもてることになり，また P と Q を同時に測定できるといえる．2つのエルミート演算子 $\hat{P}$ と $\hat{Q}$ が交換するとき，$\hat{P}$ と $\hat{Q}$ は**両立する演算子**(compatible operators)であるという．

もし交換する2つのエルミート演算子 $\hat{P}, \hat{Q}$ の固有値の任意の組 (p_m, q_n) をもつ固有関数が1つずつしか存在しなければ，電子の状態は2つの物理量 P, Q を同時に測定することによって(P の測定の直後に Q を測定するか，Q の測定の直後に P を測定することによって)波動関数が $f_{m,n}(x)$ のどれか1つで表わされる状態になるので，電子の状態は完全に指定されることにな

る．

第7章の演習問題7で示すように，中心ポテンシャルの中の電子の場合，$[\hat{H}, \hat{\boldsymbol{L}}^2]=0$ なので，$\hat{H}$ と $\hat{\boldsymbol{L}}^2$ の固有値 E_{nl} と $l(l+1)\hbar^2$ をもつ同時固有関数が存在する．しかし，この状態は $2l+1$ 重に縮退している．状態を完全に指定するには，$\hat{H}, \hat{\boldsymbol{L}}^2$ の両方と交換する演算子 $\hat{L}_z$ も使って，$\hat{H}, \hat{\boldsymbol{L}}^2, \hat{L}_z$ の同時固有値の組 $(E_{nl}, l(l+1)\hbar^2, m_l\hbar)$ を利用すればよい．

このように，交換する2つのエルミート演算子 $\hat{P}, \hat{Q}$ の固有値の組 (p_m, q_n) に縮退しているものがある場合には，$\hat{P}, \hat{Q}$ と交換し，互いに交換するエルミート演算子 $\hat{R}, \cdots, \hat{S}$ を導入し，$\hat{P}, \hat{Q}, \cdots, \hat{S}$ の同時固有値の組 $(p_m, q_n, \cdots, s_r)$ に縮退がないようにすればよい．このような演算子の最小の数の組 $\hat{P}, \hat{Q}, \cdots, \hat{S}$ を**物理量演算子の交換する完全な組**という．完全な組の演算子を同時に測定すると，電子の状態は完全に決定される．しかし測定前の状態について決定的なことはいえない．これは古典力学と異なる点である．

6-6 振動量子の生成消滅演算子

この節では，調和振動子のハミルトン演算子の固有値方程式(3.46)を演算子を使用して解く方法を紹介する．波動関数 $u(x)$ に対する互いにエルミート共役な2つの演算子 $\hat{a}$ と $\hat{a}^\dagger$

$$
\begin{aligned}
\hat{a} &= \sqrt{\frac{m\omega}{2\hbar}}\left(\hat{x}+\frac{i}{m\omega}\hat{p}\right) = \sqrt{\frac{m\omega}{2\hbar}}\left(x+\frac{\hbar}{m\omega}\frac{d}{dx}\right) \\
\hat{a}^\dagger &= \sqrt{\frac{m\omega}{2\hbar}}\left(\hat{x}-\frac{i}{m\omega}\hat{p}\right) = \sqrt{\frac{m\omega}{2\hbar}}\left(x-\frac{\hbar}{m\omega}\frac{d}{dx}\right)
\end{aligned}
\tag{6.53}
$$

を導入する*．$\hat{a}$ と $\hat{a}^\dagger$ は次の交換関係を満たす．

$$
\begin{aligned}
&[\hat{a}, \hat{a}^\dagger] \equiv \hat{a}\hat{a}^\dagger - \hat{a}^\dagger\hat{a} = 1, \\
&[\hat{a}, \hat{a}] = 0, \quad [\hat{a}^\dagger, \hat{a}^\dagger] = 0
\end{aligned}
\tag{6.54}
$$

問 6-2　演算子 $\hat{x}, \hat{p}$ の交換関係 $[\hat{x}, \hat{p}]=i\hbar$, $[\hat{x}, \hat{x}]=[\hat{p}, \hat{p}]=0$ を利用して，

* $\hat{x}^\dagger=\hat{x}$，$\hat{p}^\dagger=\hat{p}$ なので，a, b を実数とすると，$(a\hat{x}+ib\hat{p})^\dagger=(a\hat{x}-ib\hat{p})$.

交換関係(6.54)を導け.

調和振動子のハミルトン演算子 $\hat{H}$ は

$$\hat{H} = \frac{1}{2m}\hat{p}^2 + \frac{1}{2}m\omega^2\hat{x}^2 = \hbar\omega\left(\hat{a}^\dagger\hat{a} + \frac{1}{2}\right) \tag{6.55}$$

と表わされるので，(3.46)式は次のようになる.

$$\hbar\omega\left(\hat{a}^\dagger\hat{a} + \frac{1}{2}\right)u = Eu \tag{6.56}$$

$\hat{a}^\dagger\hat{a}$ の固有値が k_n の規格化された固有関数を $u_n(x)$ とする．すなわち,

$$\hat{a}^\dagger\hat{a}u_n(x) = k_n u_n(x) \tag{6.57}$$

だとする．この式の両辺に左から $u_n^*(x)$ をかけて積分し，(6.16)式を使うと,

$$\begin{aligned} k_n &= k_n\int_{-\infty}^{\infty}u_n^*(x)u_n(x)dx = \int_{-\infty}^{\infty}u_n^*(x)\hat{a}^\dagger\hat{a}u_n(x)dx \\ &= \int_{-\infty}^{\infty}[\hat{a}u_n(x)]^*[\hat{a}u_n(x)]dx = \int_{-\infty}^{\infty}|\hat{a}u_n(x)|^2dx \geqq 0 \end{aligned} \tag{6.58}$$

となるので，$\hat{a}^\dagger\hat{a}$ の固有値 k_n は負にはならないことがわかる.

交換関係(6.54)を使うと

$$\begin{aligned} \hat{a}^\dagger\hat{a}(\hat{a}^\dagger u_n) &= \hat{a}^\dagger(\hat{a}\hat{a}^\dagger u_n) = \hat{a}^\dagger(\hat{a}^\dagger\hat{a}+1)u_n = (k_n+1)\hat{a}^\dagger u_n \\ \hat{a}^\dagger\hat{a}(\hat{a}u_n) &= (\hat{a}\hat{a}^\dagger-1)\hat{a}u_n = \hat{a}(\hat{a}^\dagger\hat{a}-1)u_n = (k_n-1)\hat{a}u_n \end{aligned} \tag{6.59}$$

という関係が証明できるので,

$\hat{a}^\dagger u_n(x)$ は $\hat{a}^\dagger\hat{a}$ の固有関数で固有値は k_n+1　　(6.60a)

$\hat{a}u_n(x)$ は $\hat{a}^\dagger\hat{a}$ の固有関数で固有値は k_n-1　　(6.60b)

であることがわかる．この性質を m 回使うと,

$(\hat{a}^\dagger)^m u_n(x)$ は $\hat{a}^\dagger\hat{a}$ の固有関数で固有値は k_n+m　　(6.61a)

$(\hat{a})^m u_n(x)$ は $\hat{a}^\dagger\hat{a}$ の固有関数で固有値は k_n-m　　(6.61b)

であることを示すことができる(m=1, 2, 3, …)．したがって，$\hat{a}^\dagger\hat{a}$ の可能な固有値は

$$\cdots, k_n+2, k_n+1, k_n, k_n-1, k_n-2, \cdots$$

となる．しかし，(6. 58)式から $\hat{a}^\dagger\hat{a}$ の固有値は負にはならないので，この一連の固有値には下限があり，微分方程式

$$\hat{a}u_0(x) = \sqrt{\frac{\hbar}{2m\omega}}\left(\frac{d}{dx}+\frac{1}{\hbar}m\omega x\right)u_0(x) = 0 \tag{6.62}$$

を満足する，$\hat{a}^\dagger\hat{a}$ の固有値が 0 の固有関数 $u_0(x)$ が存在しなければならない．したがって $\hat{a}^\dagger\hat{a}$ の固有値は負でない整数 $0, 1, 2, \cdots$ であり，$\hat{H}=\hbar\omega\left(\hat{a}^\dagger\hat{a}+\frac{1}{2}\right)$ の固有値は

$$E_n = \left(n+\frac{1}{2}\right)\hbar\omega \qquad (n=0, 1, 2, \cdots) \tag{6.63}$$

であることが導かれた．

(6. 62)式を解くと，$n=0$ なのでエネルギー固有値が $E_0=\frac{1}{2}\hbar\omega$ の，基底状態の規格化された固有関数 $u_0(x)$ が得られる((4. 69)の第1式も利用した)．

$$u_0(x) = N_0\exp\left(-\frac{m\omega x^2}{2\hbar}\right), \quad N_0 = \left(\frac{m\omega}{\pi\hbar}\right)^{1/4} \tag{6.64}$$

(6. 16), (6. 54)式を使うと，

$$\int_{-\infty}^{\infty}[\hat{a}^\dagger u_{n-1}(x)]^*[\hat{a}^\dagger u_{n-1}(x)]dx = \int_{-\infty}^{\infty}u_{n-1}^*(x)\hat{a}\hat{a}^\dagger u_{n-1}(x)dx$$

$$= \int_{-\infty}^{\infty}u_{n-1}^*(x)(\hat{a}^\dagger\hat{a}+1)u_{n-1}(x)dx = n \tag{6.65}$$

となるので，n 番目の励起状態の固有関数 $u_n(x)$ は

$$u_n(x) = \frac{1}{\sqrt{n}}\hat{a}^\dagger u_{n-1}(x) = \cdots = \frac{1}{\sqrt{n!}}(\hat{a}^\dagger)^n u_0(x) \tag{6.66}$$

であることがわかる．

次に $(\hat{a}^\dagger)^n u_0(x)$ を計算しよう．

$$\hat{a}^\dagger f(x) = -\frac{1}{\sqrt{2}\,\alpha}\left(\frac{d}{dx}-\alpha^2 x\right)f(x) = -\frac{1}{\sqrt{2}\,\alpha}e^{\alpha^2x^2/2}\frac{d}{dx}[e^{-\alpha^2x^2/2}f(x)]$$

$$(\alpha^2=m\omega/\hbar) \tag{6.67}$$

と (6. 64), (6. 66)式を使うと，

$$
\begin{aligned}
u_n(x) &= \frac{1}{\sqrt{n!}}(\hat{a}^{\dagger})^n u_0(x) \\
&= \frac{1}{\sqrt{n!}}(\hat{a}^{\dagger})^{n-1}\left(-\frac{1}{\sqrt{2}\,\alpha}\right)e^{\alpha^2x^2/2}\frac{d}{dx}[e^{-\alpha^2x^2/2}u_0(x)] \\
&= \frac{N_0}{\sqrt{n!}}(\hat{a}^{\dagger})^{n-2}\left(-\frac{1}{\sqrt{2}\,\alpha}\right)^2 e^{\alpha^2x^2/2}\frac{d}{dx}\left[\frac{d}{dx}e^{-\alpha^2x^2}\right] = \cdots \\
&= \left[\frac{\alpha}{\sqrt{\pi}\,2^n n!}\right]^{1/2}(-1)^n e^{\alpha^2x^2}\left[\frac{d^n}{d(\alpha x)^n}e^{-\alpha^2x^2}\right]e^{-\alpha^2x^2/2} \\
&= N_n H_n(\alpha x)e^{-\alpha^2x^2/2}
\end{aligned}
\tag{6.68}
$$

が得られる．エルミート多項式の表式(3.64)および規格化条件(3.65)の正しさがこのようにして示された．

問 6-3　$\hat{a}^{\dagger}u_n = \sqrt{n+1}\,u_{n+1}, \quad \hat{a}u_n = \sqrt{n}\,u_{n-1}$　(6.69)

を証明し，(6.53)式から導かれる $\hat{x}=(\hat{a}+\hat{a}^{\dagger})/\sqrt{2}\,\alpha$ を使って(3.68)式を証明せよ．演算子 $\hat{a}^{\dagger}$ と $\hat{a}$ はエネルギー $\hbar\omega$ をもつ振動量子を生成・消滅させる演算子なので，$\hat{a}^{\dagger}$ を**生成演算子**，$\hat{a}$ を**消滅演算子**という．

6-7 ブラとケット

量子力学では電子の状態を表わすものは波動関数 $\psi(\boldsymbol{r}, t)$ で，波動関数がわかれば物理量の測定結果の確率的予測ができる．この意味で波動関数を**確率振幅**(probability amplitude)という．$\psi(\boldsymbol{r})$ を $\hat{Q}$ の固有関数 $f_q(\boldsymbol{r})$ で展開したときの係数 $c_q(t)$ も確率振幅とよべる((6.8)式参照)．このような確率振幅を簡潔に表現するためにディラックが発明したブラ(bra)とケット(ket)を紹介しよう．

6-2 節で電子の運動の研究の際には，(1)まず「時刻 $t=0$ に実験装置で“ある状態 s”の電子を準備する」と記した．この電子の状態が時間的に発展した時刻 t での状態を $|s, t\rangle$ で表わす．(2)つぎに「時刻 t に検出装置で物理量 Q を測定する」と記した．物理量 Q として電子の x 座標を選び，x 座標を測定した際に電子が場所 x に発見される確率振幅を

$$\langle 電子が場所\ x\ にいる\,|s, t\rangle$$

と表わす．これでは長すぎて不便なので，簡単に

$$\langle x|s, t\rangle \tag{6.70}$$

と記す．この確率振幅は波動関数 $\psi(x, t)$ と同じものである．$|s, t\rangle$ は「時刻 $t=0$ に状態 s に準備された電子の時刻 t における状態」であることを示す．

時刻 t に検出装置で物理量 Q を測定したときに測定値 q が得られる確率振幅 $c_q(t)$ を

$$\langle q|s, t\rangle \tag{6.71}$$

と記す．複素共役の

$\psi^*(x, t)$ と $c_q^*(t)$ に対応する振幅として

$$\langle s, t|x\rangle,\quad \langle s, t|q\rangle \tag{6.72}$$

を導入する．

記号 $|s, t\rangle$ および $\langle s, t|$ は同一の状態の電子を表わす．電子の状態は状態の重ね合わせの原理に従うので，

$$c_1|s_1, t\rangle + c_2|s_2, t\rangle,\quad c_1^*\langle s_1, t| + c_2^*\langle s_2, t|$$

で表わされる状態も電子の可能な状態である（c_1, c_2 は任意の複素数）．

$|\quad\rangle$ を**ケット・ベクトル**　あるいは　**ケット**

$\langle\quad|$ を**ブラ・ベクトル**　あるいは　**ブラ**

といい，状態を表わすブラあるいはケットを**状態ベクトル**という．

ブラ $\langle a|$ とケット $|b\rangle$ から作られる内積

$\langle a|b\rangle$ を**ブラケット**

という．ブラケットは(6.20)式で定義された内積に対応する複素数で，

$$\langle b|a\rangle = \langle a|b\rangle^* \tag{6.73}$$

という関係を満たす．

物理量 Q を表わす演算子 $\hat{Q}$ はケット・ベクトル $|A\rangle$ をケット・ベクトル $|QA\rangle$ に，ブラ・ベクトル $\langle B|$ をブラ・ベクトル $\langle QB|$ に写像する1次演算子である．すなわち，

$$|QA\rangle = \hat{Q}|A\rangle,\quad \langle QA| = \langle A|\hat{Q} \tag{6.74}$$

である．q を定数として

$$\hat{Q}|q\rangle = q|q\rangle, \quad \langle q|\hat{Q} = q\langle q| \tag{6.75}$$

を満たす $|q\rangle$ と $\langle q|$ を演算子 $\hat{Q}$ の**固有ケット**と**固有ブラ**といい，定数 q を**固有値**という．固有ブラと固有ケットの目印には固有値 q を使う．位置演算子 $\hat{x}$ の固有ブラと固有ケットが $\langle x|$ と $|x\rangle$ である．

固有ブラと固有ケットを正規直交条件

$$\langle q_i|q_j\rangle = \delta_{ij} \qquad [\langle q|q'\rangle = \delta(q-q')] \tag{6.76}$$

を満たすように選ぶと，これらは直交座標系の基本ベクトルに対応するので，**基本ブラ**，**基本ケット**とよばれる．これらは完全系をなすので

$$\sum_q |q\rangle\langle q| = 1 \qquad \left[\int |q\rangle\langle q|dq = 1\right] \tag{6.77}$$

が成り立つ．この式は任意のケットあるいはブラに作用して，それを1倍する演算子を表わしているが，便利な関係式である．(6.77)式は(6.41)式に対応する．演算子 $\hat{Q}$ は，その固有ケット，固有ブラ，固有値を使って，

$$\hat{Q} = \sum_q |q\rangle q\langle q| \qquad \left(\int |q\rangle q\langle q|dq\right) \tag{6.78}$$

と表わされる．

状態ベクトル $|s, t\rangle$, $\langle s, t|$ などから作られるブラケット $\langle x|s, t\rangle$, $\langle s, t|q\rangle$ などは状態ベクトルの表示であり，3次元空間のベクトルの成分に対応する．状態ベクトル $|s, t\rangle$ の2種類の表示 $\langle x|s, t\rangle$(座標表示)と $\langle q|s, t\rangle$(q 表示，$\hat{Q}$ が $\hat{\boldsymbol{p}}$ なら運動量表示)の関係は，(6.77)式を使って，

$$\langle x|s, t\rangle = \sum_q \langle x|q\rangle\langle q|s, t\rangle \tag{6.79}$$

となる．この式は(6.38)式に対応する．$\langle x|q\rangle$ を座標表示と q 表示の**変換関数**という．

第6章　演習問題

1.　3次元の場合，確率密度 P と確率の流れの密度 $\boldsymbol{S}$ を

$$P(\boldsymbol{r}, t) = |\psi(\boldsymbol{r}, t)|^2$$

$$\boldsymbol{S}(\boldsymbol{r}, t) = -\frac{i\hbar}{2m}[\psi^*\nabla\psi-(\nabla\psi^*)\psi]$$

と定義する．これらの式は連続方程式とよばれる

$$\frac{\partial P}{\partial t}+\nabla\cdot\boldsymbol{S} = 0 \qquad \left[\nabla = \left(\frac{\partial}{\partial x}, \frac{\partial}{\partial y}, \frac{\partial}{\partial z}\right)\right]$$

を満たし，全確率が保存すること，すなわち

$$\iiint P(\boldsymbol{r}, t)d\boldsymbol{r} = \iiint|\psi(\boldsymbol{r}, t)|^2 d\boldsymbol{r} = 一定 \tag{1}$$

を証明せよ．

2.　任意の波動関数 ψ に対して(6.13)式が成り立てば，任意の波動関数 ψ, φ に対して(6.15)式が成り立つことを証明せよ．

3.　固有値方程式

$$\hat{Q}\psi = q\psi$$

の行列表現は

$$\sum_k Q_{jk}C_k = qC_j$$

であり，固有値 q の満たすべき条件は

$$\det|Q-q\mathbf{1}| = 0$$

であることを示せ．$\mathbf{1}$ は単位行列である．

4.　物理量演算子 $\hat{A}$ とハミルトン演算子 $\hat{H}$ が変数 t(時刻)を含まないとき，時刻 t での物理量 A の期待値は

$$\frac{d}{dt}\langle A\rangle_t = \frac{1}{i\hbar}\langle[\hat{A}, \hat{H}]\rangle_t$$

という運動方程式を満たすことを示せ．

5.　(保存則)　物理量演算子 $\hat{Q}$ とハミルトン演算子 $\hat{H}$ が交換し($[\hat{Q}, \hat{H}]=0$)，$\hat{Q}$ と $\hat{H}$ が時刻 t を含まない場合，物理量 Q の期待値 $\langle Q\rangle_t$ は

$$\frac{d}{dt}\langle Q\rangle_t = 0, \quad \therefore \quad \langle Q\rangle_t = 一定$$

すなわち時間的に一定であることを示せ．これが量子力学における保存則である．

6. （一様な磁場の中の荷電粒子の運動） 古典物理学では，一様な磁場 $\boldsymbol{B}=(0, 0, B)$ の中の質量 m，電荷 $-e$ の荷電粒子の運動は，z 方向の等速直線運動と xy 面上でのサイクロトロン振動数 $\omega_{\mathrm{c}}=eB/m$ での等速円運動の重ね合わせである．量子力学ではどうなるだろうか．$\boldsymbol{A}=(0, Bx, 0)$，$\hat{\Pi}_x=\hat{p}_x$，$\hat{\Pi}_y=\hat{p}_y+eB\hat{x}$ とおくと，5-7 節で示したハミルトン演算子は

$$\hat{H}=\frac{1}{2m}(\hat{\Pi}_x^2+\hat{\Pi}_y^2+\hat{p}_z^2)$$

となる．$\hat{X}\equiv(1/eB)\hat{\Pi}_y$ を定義すると

$$\hat{H}=\frac{1}{2m}\hat{\Pi}_x^2+\frac{1}{2}m\omega_{\mathrm{c}}^2\hat{X}^2+\frac{\hat{p}_z^2}{2m}, \quad [\hat{X}, \hat{\Pi}_x]=i\hbar$$

となる．これを調和振動子の場合と比較してエネルギー固有値

$$E=\hbar\omega_{\mathrm{c}}\left(n+\frac{1}{2}\right)+\frac{\hbar^2k_z^2}{2m} \qquad (n=0, 1, 2, \cdots;\ k_z \text{ は実数})$$

を導け．右辺の第 1 項をランダウ準位という．この準位を解析的に求めるには，(5.101)式で $e\phi=0$ とおき，円柱座標 (ρ, φ, z) を使え $(x=\rho\cos\varphi,\ y=\rho\sin\varphi)$．

シュレーディンガーの猫

ラジウム原子核のアルファ崩壊は，ラジウム原子核の中のアルファ粒子が原子核の表面付近のポテンシャルの土手をトンネル効果で透過する現象である．したがって，ラジウム原子核の波動関数 ψ は，アルファ粒子がラジウム原子核の中で往復運動している状態の波動関数 ψ_1 と，アルファ粒子が飛び出して残りの核子がラドン原子核になった状態の波動関数 ψ_2 の重ね合わせの $\psi=\psi_1+\psi_2$ である．測定器でアルファ粒子が検出されると，その瞬間にラジウム原子核の波動関数は収縮して，アルファ崩壊した状態を表わす波動関数だけになる．

ところで，測定器も原子から構成されているのだから，観測されるラジウム原子核と測定器をひとまとめにして，量子力学を適用することができるだろうか．可能だとすると，量子力学の要請によれば，観測者である人間が測定器のメーターを読んだ瞬間に，観測対象と測定器の合成系の波動関数の収縮が起こることになる．この議論をもう一歩進めて，観測対象と測定器とそのメーターを読む人間の眼の合成系の波動関数を考える人もでてきた．

このような考えに対して，シュレーディンガーは「シュレーディンガーの猫」とよばれるパラドックスを提出して批判した．放射性元素を測定器の中に入れ，原子核が崩壊してアルファ粒子が飛び出すと，必ず測定器が作動して，青酸カリを入れたガラス瓶をこわす装置を作り，これらの装置といっしょに猫を大きな箱に入れる．箱は重くて頑丈で，外部から箱の中の様子を知るには覗き窓を開けて覗かねばならない．さて，「覗き」も量子力学的観測だとすると，覗く前の猫の波動関数は「生きている状態」と「死んでいる状態」の重ね合わせで，人間が覗き窓を開けて猫を見た瞬間に波動関数の収縮が起こり，猫

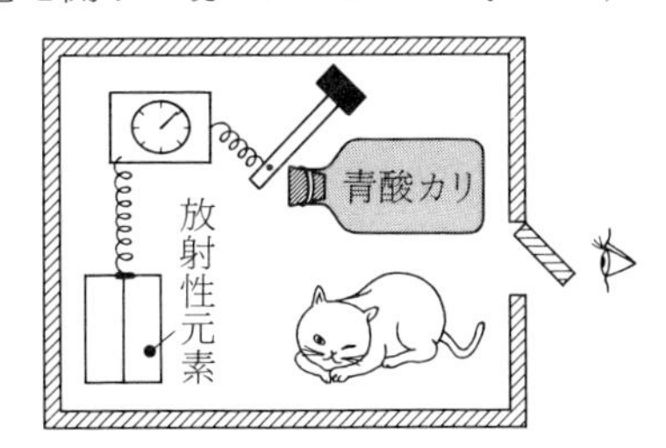

は生きているか死んでいるかのどちらかの状態になるということになる．常識的には，覗く，覗かないに無関係に猫の生死は決まっているはずである．これが「シュレーディンガーの猫」のパラドックスである．

7 角運動量

太陽のまわりの地球の角運動量は，公転の角運動量と地球の自転の角運動量の和であるように，電子は5-3節で学んだ軌道角運動量のほかにスピンとよばれる角運動量をもつ．スピンは自転との類推でつけられた呼び名である．電子はスピンによる磁気モーメントをもつ．本章では，まず電子のスピンの表現法と磁場の中での電子のスピンの回転について学ぶ．ついで角運動量演算子の交換関係や表現行列，2つの角運動量の合成則など角運動量の基本的な性質について学ぶ．

7-1 スピン

電子は**スピン角運動量**あるいは**スピン**(spin)とよばれる角運動量をもつ．古典物理学では，負電荷 $-e$ を帯びた荷電粒子が自転すると，角運動量ベクトル $\boldsymbol{S}$ とは逆向きの磁気モーメント $\boldsymbol{\mu}$ をもつ．電子は，拡がりをもたない点状粒子であるが，スピンと逆向きの磁気モーメントをもつ．これを**固有磁気モーメント**という．したがって，電子の固有磁気モーメントの z 方向の成分を測定すると，電子のスピンの z 方向の成分のとり得る値について知ることができる．このような性質を使って，電子のスピン角運動量の任意の方向の成分を測定すると，測定値は確実に $\hbar/2$ か $-\hbar/2$ の2つの値のどちらかであることが示された．

軌道量子数が l の状態の電子の軌道角運動量の任意の方向の成分を測定すると，測定値は $l\hbar, (l-1)\hbar, \cdots, \hbar, 0, -\hbar, \cdots, -l\hbar$ の $2l+1$ 個の値のどれかである．スピン角運動量の場合には $\hbar/2$ と $-\hbar/2$ の 2 つの値のどちらかなので，$2s+1=2$ とおいて，電子のスピン s は 1/2 であるという．

電子がスピン 1/2 をもつことはシュテルン(O. Stern)とゲルラッハ(W. Gerlach)の実験結果の分析によって示される．

シュテルン-ゲルラッハの実験　1921 年にシュテルンとゲルラッハは，炉の中で銀の小片を熱し，蒸発した銀原子をスリットで絞って細いビームにし，電磁石の磁極の間の不均一な磁場を通り抜けさせて(図 7-1)，ガラス板 P にあたるようにした．ガラス板に付着した銀が作った像を調べると，銀原子は 2 本のビームに分裂してガラス板に衝突したように見える(図 7-2)．

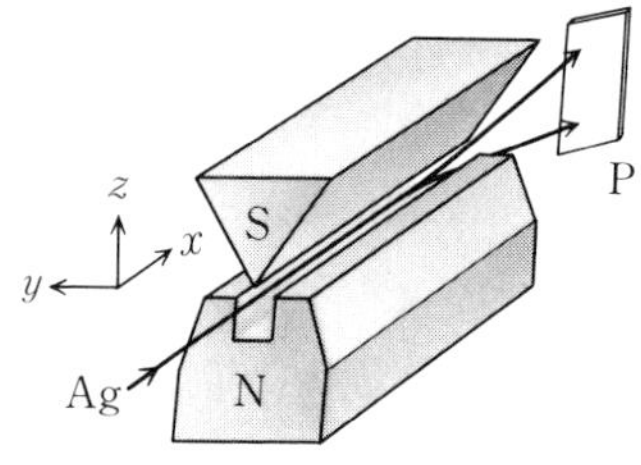

図 7-1　電磁石の磁極の間の不均一磁場を通る電子ビームは 2 本に分かれる

図 7-2　原子線の作る像．(a)磁場あり，(b)磁場なし

古典物理学によれば，不均一な磁場の中で磁気モーメント $\boldsymbol{\mu}$ は磁気力 $F=\mu_z\partial B_z/\partial z$ を受ける(図 7-3)．この磁気力は磁気モーメントの z 成分に比例するので，銀原子の磁気モーメントが任意の方向を向くことができれば，銀原子のビームは上下方向に連続的に拡がってガラス板に付着するはずである．ビームが 2 本に分裂したことを示すこの実験結果は，銀原子の磁気モーメント，したがって，電子のスピンの z 成分のとることのできる値は 2 つだけであることを示す．［銀原子の中には 47 個の電子があり，おのおのが軌道角運動量とスピン角運動量をもつが，銀原子の芯の部分にある 46 個の電子の軌道角運動量のベクトル和もスピン角運動量のベクトル和も 0 なので，芯の中の電子のもつ磁気モーメントのベクトル和も 0 である．芯の外部にあ

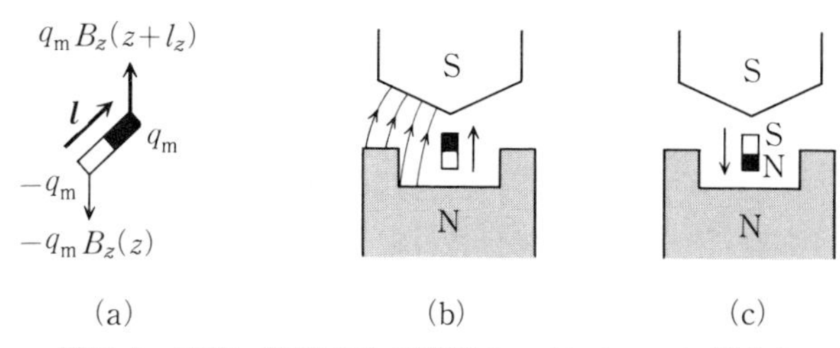

図 7-3 不均一磁場の中の磁気モーメント $\boldsymbol{\mu}_m$ に働く力

(a) $F = q_m B_z(x, y, z+l_z) - q_m B_z(x, y, z)$

$$\approx q_m l_z \frac{\partial B_z}{\partial z} = \mu_z \frac{\partial B_z}{\partial z}$$

(b)力は上向き

(c)力は下向き

るただ1個の電子(価電子)は軌道角運動量が0のs状態にあるので，銀原子の磁気モーメントは価電子のスピン角運動量のための固有磁気モーメントである(8-3節参照).]

したがって，シュテルンとゲルラッハの実験は電子のスピンが1/2であることを示す．すなわち，$+z$ 方向をスピンが向いている(スピン上向きの)電子の進行方向が磁気力によって下の方に偏り，スピンが下向きの電子の進行方向が上の方に偏っていくので，電子ビームが2本のビームに分裂したと解釈される．

7-2 電子のスピン角運動量演算子 $\hat{S}$ と固有関数

量子力学では物理量は演算子で表わされる．スピン角運動量演算子を $\hat{\boldsymbol{S}}$ と記す．

電子のスピン角運動量の任意の方向の成分を測定すると，測定値は $\hbar/2$ か $-\hbar/2$ のどちらかである．z 方向成分 S_z を測定すると測定値が確実に $\hbar/2$ である状態を「スピン上向きの状態」，確実に $-\hbar/2$ の状態を「スピン下向きの状態」という．

スピン角運動量は古典力学での自転の角運動量に対応するものであるが，

古典力学では拡がりのない物体は自転の角運動量をもてない．したがって，スピン角運動量演算子 $\hat{\boldsymbol{S}}$ を，古典力学に現われる物理量の演算子 $\hat{\boldsymbol{r}}, \hat{\boldsymbol{p}}$ などでは表わせない．すなわち，古典力学との類推は理解の助けになるが，類推はそこまでである．

量子力学では，スピン角運動量演算子 $\hat{\boldsymbol{S}}$ は，7-5 節で導く，軌道角運動量 $\hat{\boldsymbol{L}}$ の従う交換関係と同型の交換関係

$$
\begin{aligned}
&[\hat{S}_x, \hat{S}_y] = \hat{S}_x\hat{S}_y - \hat{S}_y\hat{S}_x = i\hbar\hat{S}_z \\
&[\hat{S}_y, \hat{S}_z] = i\hbar\hat{S}_x, \quad [\hat{S}_z, \hat{S}_x] = i\hbar\hat{S}_y
\end{aligned}
\tag{7.1}
$$

に従う演算子であると要請する．

電子のスピン角運動量演算子 $\hat{\boldsymbol{S}}$ を理解するには，電子のスピンの状態を表わす波動関数の表わし方およびこの波動関数への $\hat{\boldsymbol{S}}$ の作用の仕方を理解する必要がある．

さて，演算子 $\hat{\boldsymbol{S}}$ の作用する対象の波動関数とその変数はどのようなものであろうか．波動関数 $f(x)$ の変数 x は位置演算子 $\hat{x}$ の固有値が分布する実数全体を変域とする事実を思い出そう．$\hat{S}_z$ の固有値 $\sigma\hbar$ は $\hbar/2$ と $-\hbar/2$ の 2 つしかないので，新しい変数として，1/2 と $-1/2$ の 2 つの値しかとらない変数 σ を選べばよいことがわかる．本書では変数としての σ をスピン座標，$\hat{S}_z/\hbar$ の固有値としての σ をスピン量子数とよぶことにする．

そこで，スピン自由度に対応する波動関数を $u(\sigma)$ と書く．$u(\sigma)$ は $\sigma=1/2$ での値 $u(1/2)$ と $\sigma=-1/2$ での値 $u(-1/2)$ を与えれば決まる．$|u(1/2)|^2$ はスピン上向きの電子を発見する確率で，$|u(-1/2)|^2$ はスピン下向きの電子を発見する確率である．したがって，スピン波動関数 $u(\sigma)$ の規格化条件は

$$\sum_{\sigma} |u(\sigma)|^2 = |u(1/2)|^2 + |u(-1/2)|^2 = 1 \tag{7.2}$$

である．スピン波動関数 $u(\sigma)$ に $\hat{S}_z$ を作用すると

$$\hat{S}_z u(\sigma) = \sigma\hbar u(\sigma) \tag{7.3}$$

となる（$\hat{x}\psi(x, t) = x\psi(x, t)$ と対比せよ）．

演算子 $\hat{S}_z$ の固有値が $\hbar/2$ の規格化された固有関数 $\alpha(\sigma)$

$$\alpha\left(\frac{1}{2}\right) = 1, \quad \alpha\left(-\frac{1}{2}\right) = 0 \qquad \left[\hat{S}_z\alpha(\sigma) = \frac{\hbar}{2}\alpha(\sigma)\right] \tag{7.4a}$$

と固有値 $-\hbar/2$ の規格化された固有関数 $\beta(\sigma)$

$$\beta\left(\frac{1}{2}\right) = 0, \quad \beta\left(-\frac{1}{2}\right) = 1 \qquad \left[\hat{S}_z\beta(\sigma) = -\frac{\hbar}{2}\beta(\sigma)\right] \tag{7.4b}$$

を導入する．2つの波動関数 $f_i(x)$ と $f_j(x)$ の内積を(6.20)式で定義したのに対応して，2つのスピン波動関数 $u_i(\sigma)$ と $u_j(\sigma)$ の内積を

$$\sum_{\sigma} u_i^*(\sigma)u_j(\sigma) = u_i^*(1/2)u_j(1/2) + u_i^*(-1/2)u_j(-1/2) \tag{7.5}$$

と定義する．$\alpha(\sigma)$ と $\beta(\sigma)$ の内積は

$$\alpha^*(1/2)\beta(1/2) + \alpha^*(-1/2)\beta(-1/2) = 0 \tag{7.6}$$

なので，$\alpha(\sigma)$ と $\beta(\sigma)$ は直交する．したがって，$\alpha(\sigma)$ と $\beta(\sigma)$ はスピンに関する正規直交完全系をつくるので，スピン波動関数 $u(\sigma)$ を

$$u(\sigma) = u(1/2)\alpha(\sigma) + u(-1/2)\beta(\sigma) \tag{7.7}$$

と表わせる．ここで，$u(1/2)$ と $u(-1/2)$ は展開係数である．

6-4 節では波動関数を演算子 $\hat{Q}$ の固有関数で展開して，その展開係数を縦に並べて波動関数を表わした．ここではスピンの波動関数 $u(\sigma)$ を $\hat{S}_z$ の固有関数 $\alpha(\sigma)$ と $\beta(\sigma)$ で展開したときの2個の展開係数を縦に並べて

$$u = \begin{pmatrix} u(1/2) \\ u(-1/2) \end{pmatrix} \tag{7.8}$$

と表わすことにする．$\alpha(\sigma) = 1\alpha(\sigma)$，$\beta(\sigma) = 1\beta(\sigma)$ なので，

$$\alpha = \begin{pmatrix} 1 \\ 0 \end{pmatrix}, \quad \beta = \begin{pmatrix} 0 \\ 1 \end{pmatrix} \tag{7.9}$$

である．(7.8), (7.9)式の2行1列の行列を**スピノル**(spinor)という．$u(1/2)$ と $u(-1/2)$ は

$$u(1/2) = (1, 0)\begin{pmatrix} u(1/2) \\ u(-1/2) \end{pmatrix} = \alpha^\dagger u, \quad u(-1/2) = (0, 1)\begin{pmatrix} u(1/2) \\ u(-1/2) \end{pmatrix} = \beta^\dagger u \tag{7.10}$$

と表わされる．右肩の記号 † はエルミート共役な行列(スピノル)を表わし，$\alpha^\dagger = (1, 0)$，$\beta^\dagger = (0, 1)$ である．

次にスピン角運動量演算子 $\hat{\boldsymbol{S}}$ のスピノルへの作用を表わす2行2列の行列

$$\hat{S}_z = \begin{pmatrix} S_{z11} & S_{z12} \\ S_{z21} & S_{z22} \end{pmatrix} \tag{7.11}$$

を求める．(7.4a)式の括弧の中の式と(7.9)式から

$$\hat{S}_z\alpha = \begin{pmatrix} S_{z11} & S_{z12} \\ S_{z21} & S_{z22} \end{pmatrix}\begin{pmatrix} 1 \\ 0 \end{pmatrix} = \begin{pmatrix} S_{z11} \\ S_{z21} \end{pmatrix} = \frac{\hbar}{2}\alpha = \begin{pmatrix} \hbar/2 \\ 0 \end{pmatrix} \tag{7.12}$$

となるので，

$$S_{z11} = \hbar/2, \quad S_{z21} = 0 \tag{7.13}$$

が得られ，(7.4b)の括弧の中の式と(7.9)式から

$$\hat{S}_z\beta = \begin{pmatrix} S_{z11} & S_{z12} \\ S_{z21} & S_{z22} \end{pmatrix}\begin{pmatrix} 0 \\ 1 \end{pmatrix} = \begin{pmatrix} S_{z12} \\ S_{z22} \end{pmatrix} = -\frac{\hbar}{2}\beta = \begin{pmatrix} 0 \\ -\hbar/2 \end{pmatrix} \tag{7.14}$$

となるので

$$S_{z12} = 0, \quad S_{z22} = -\hbar/2 \tag{7.15}$$

が得られる．したがって，$\hat{S}_z$ の作用を表わす行列は

$$\hat{S}_z = \begin{pmatrix} \hbar/2 & 0 \\ 0 & -\hbar/2 \end{pmatrix} = \frac{\hbar}{2}\begin{pmatrix} 1 & 0 \\ 0 & -1 \end{pmatrix} \tag{7.16}$$

であることがわかる．つぎに

$$\hat{S}_x = \begin{pmatrix} 0 & \hbar/2 \\ \hbar/2 & 0 \end{pmatrix} = \frac{\hbar}{2}\begin{pmatrix} 0 & 1 \\ 1 & 0 \end{pmatrix} \tag{7.17}$$

$$\hat{S}_y = \begin{pmatrix} 0 & -i\hbar/2 \\ i\hbar/2 & 0 \end{pmatrix} = \frac{\hbar}{2}\begin{pmatrix} 0 & -i \\ i & 0 \end{pmatrix} \tag{7.18}$$

とおくと，(7.16～18)式の3つの行列は交換関係(7.1)を満たすことがわかる．一般に演算子の従う交換関係を満たす行列をその演算子の表現行列というので，(7.16～18)式の3つの2行2列の行列は $\hat{\boldsymbol{S}}$ の表現行列である(本章ではスピン角運動量演算子 $\hat{\boldsymbol{S}}$ の表現行列も $\hat{\boldsymbol{S}}$ と記す)．

スピン角運動量演算子 $\hat{\boldsymbol{S}}$ の表現行列は

$$\hat{\boldsymbol{S}} = \frac{\hbar}{2}\boldsymbol{\sigma}, \quad \sigma_x = \begin{pmatrix} 0 & 1 \\ 1 & 0 \end{pmatrix}, \quad \sigma_y = \begin{pmatrix} 0 & -i \\ i & 0 \end{pmatrix}, \quad \sigma_z = \begin{pmatrix} 1 & 0 \\ 0 & -1 \end{pmatrix} \tag{7.19}$$

であることがわかった．2行2列の行列 $\boldsymbol{\sigma}$ を**パウリ行列**という．パウリ行列は次の性質を満たす．

$$\begin{aligned} &\sigma_x\sigma_y = -\sigma_y\sigma_x = i\sigma_z, \quad \sigma_y\sigma_z = -\sigma_z\sigma_y = i\sigma_x \\ &\sigma_z\sigma_x = -\sigma_x\sigma_z = i\sigma_y, \quad \sigma_x^2 = \sigma_y^2 = \sigma_z^2 = \mathbf{1} \end{aligned} \tag{7.20}$$

なお，(7.19)式から，$\hat{\boldsymbol{S}}^2$ の固有値が $3\hbar^2/4$ であること，

$$\hat{\boldsymbol{S}}^2 = \hat{S}_x^2 + \hat{S}_y^2 + \hat{S}_z^2 = \frac{3}{4}\hbar^2\begin{pmatrix} 1 & 0 \\ 0 & 1 \end{pmatrix} = \frac{3}{4}\hbar^2\mathbf{1} \tag{7.21}$$

が導かれる($\mathbf{1}$ は2行2列の単位行列である)．

$\hat{S}_x^2 = \hat{S}_y^2 = \hat{S}_z^2 = (\hbar^2/4)\mathbf{1}$ なので，スピンが上向きの状態でもスピンが厳密に $+z$ 方向を向いているわけではない．これは軌道角運動量の場合と同じ状況である(5-3節，とくに図5-3参照)．

いままでは電子の波動関数の変数 x, y, z への依存性は記さなかったが，それらも記すと，電子の波動関数は

$$\psi(x, y, z, \sigma, t)$$

という形になる*．この波動関数の物理的解釈は

$|\psi(x, y, z, \sigma, t)|^2 \Delta x \Delta y \Delta z$ は点 (x, y, z) の近傍の微小体積 $\Delta x \Delta y \Delta z$ の中にスピンの z 成分が $\sigma\hbar$ の電子を発見する確率

ということである．規格化条件は

$$\iiint \left[\left|\psi\left(x, y, z, \frac{1}{2}, t\right)\right|^2 + \left|\psi\left(x, y, z, -\frac{1}{2}, t\right)\right|^2 \right] dxdydz = 1 \tag{7.22}$$

となる．スピノル表示では，波動関数は

$$\Psi(x, y, z, t) = \begin{pmatrix} \psi(x, y, z, 1/2, t) \\ \psi(x, y, z, -1/2, t) \end{pmatrix} \tag{7.23}$$

と表わされ，規格化条件は

$$\int \Psi^\dagger(x, y, z, t)\Psi(x, y, z, t)dxdydz = 1 \tag{7.22$'$}$$

---

* 電子の状態は $\psi(x, y, z, \sigma, t)$ で完全に指定され，σ 以外の新しい変数はないと考えられている．

と表わされる．$\Psi^\dagger$ は Ψ にエルミート共役な1行2列の

$$\Psi^\dagger(x, y, z, t) = [\psi^*(x, y, z, 1/2, t),\ \psi^*(x, y, z, -1/2, t)] \quad (7.24)$$

というスピノルである．

スピノルではない1成分の関数 $f(x)$ の場合にも，これからは $f^*(x) = f^\dagger(x)$ と記すことにする．

7-3 スピンの回転

$+z$ 方向を向いている電子のスピンを回転させると，スピンの波動関数は α からどのように変わるだろうか．

スピン角運動量演算子 $\hat{\boldsymbol{S}}$ の，単位ベクトル

$$\boldsymbol{n} = (\sin\theta\cos\varphi, \sin\theta\sin\varphi, \cos\theta) \quad (7.25)$$

で表わされる方向の成分 $\hat{S}_n$ は

$$\begin{aligned}\hat{S}_n = \boldsymbol{n}\cdot\hat{\boldsymbol{S}} &= \frac{\hbar}{2}[(\sin\theta\cos\varphi)\sigma_1 + (\sin\theta\sin\varphi)\sigma_2 + (\cos\theta)\sigma_3] \\ &= \frac{\hbar}{2}\sin\theta\cos\varphi\begin{pmatrix}0 & 1\\ 1 & 0\end{pmatrix} + \frac{\hbar}{2}\sin\theta\sin\varphi\begin{pmatrix}0 & -i\\ i & 0\end{pmatrix} + \frac{\hbar}{2}\cos\theta\begin{pmatrix}1 & 0\\ 0 & -1\end{pmatrix} \\ &= \frac{\hbar}{2}\begin{pmatrix}\cos\theta & e^{-i\varphi}\sin\theta\\ e^{i\varphi}\sin\theta & -\cos\theta\end{pmatrix} \end{aligned} \quad (7.26)$$

である$(\cos\varphi + i\sin\varphi = e^{i\varphi},\ \cos\varphi - i\sin\varphi = e^{-i\varphi})$．さて，

$$\alpha_n = \begin{pmatrix}\cos\dfrac{\theta}{2}e^{-i\varphi/2}\\ \sin\dfrac{\theta}{2}e^{i\varphi/2}\end{pmatrix}, \quad \beta_n = \begin{pmatrix}-\sin\dfrac{\theta}{2}e^{-i\varphi/2}\\ \cos\dfrac{\theta}{2}e^{i\varphi/2}\end{pmatrix} \quad (7.27)$$

は $\hat{S}_n$ の固有関数であり，

$$\hat{S}_n\alpha_n = \frac{\hbar}{2}\alpha_n, \quad \hat{S}_n\beta_n = -\frac{\hbar}{2}\beta_n \quad (7.28)$$

が成り立つことは，(7.26)，(7.27)式を(7.28)式に代入して，

$$\cos a\cos b + \sin a\sin b = \cos(a-b)$$
$$\sin a\cos b - \cos a\sin b = \sin(a-b)$$

を使えば確かめられる．したがって，$+z$ 方向を向いているスピンを $\boldsymbol{n}$ 方向を向くように回すと，スピンの波動関数は $\hat{S}_n$ の固有値 $\hbar/2$ の固有関数 α_n になる．

(7.19)，(7.27)式を使うと，この状態でのスピン角運動量 $\boldsymbol{S}$ の期待値は

$$\alpha_n^\dagger \hat{\boldsymbol{S}} \alpha_n = \frac{\hbar}{2}\boldsymbol{n} \tag{7.29}$$

となることを示せるので，α_n の状態ではスピンの向きの期待値は $\boldsymbol{n}$ 方向を向いていることが確かめられた．

(7.27)式で $\theta=\pi/2,\ \varphi=0$ あるいは $\theta=\pi/2,\ \varphi=\pi/2$ とおくと，$\hat{S}_x, \hat{S}_y$ の固有値 $\pm\hbar/2$ の固有関数 $\alpha_x, \beta_x, \alpha_y, \beta_y$ を

$$\alpha_x = \frac{1}{\sqrt{2}}\begin{pmatrix}1\\1\end{pmatrix}, \quad \beta_x = \frac{1}{\sqrt{2}}\begin{pmatrix}-1\\1\end{pmatrix} \tag{7.30}$$

$$\alpha_y = \frac{1}{\sqrt{2}}\begin{pmatrix}1\\i\end{pmatrix}, \quad \beta_y = \frac{1}{\sqrt{2}}\begin{pmatrix}i\\1\end{pmatrix} \tag{7.31}$$

と表わせることがわかる．ただし，波動関数の位相の任意性を利用した．

もちろん α_n, β_n は α, β と同じように正規直交完全系を作る．スピン波動関数 u の展開係数は $\alpha_n^\dagger u, \beta_n^\dagger u$ である．たとえば，α_x, β_x の場合には(7.30)を使って

$$u = \begin{pmatrix}a\\b\end{pmatrix} = \frac{1}{\sqrt{2}}(a+b)\alpha_x + \frac{1}{\sqrt{2}}(-a+b)\beta_x \tag{7.32}$$

となる．

スピンの波動関数の2価性　電子のスピンを y 軸のまわりに角 θ だけ回転させると，(7.27)式で $\varphi=0$ とおくことによって，

$$\alpha = \begin{pmatrix}1\\0\end{pmatrix} \to \alpha_n = \begin{pmatrix}\cos\theta/2\\ \sin\theta/2\end{pmatrix}, \quad \beta = \begin{pmatrix}0\\1\end{pmatrix} \to \beta_n = \begin{pmatrix}-\sin\theta/2\\ \cos\theta/2\end{pmatrix}$$

となるので，

$$\begin{pmatrix}a\\b\end{pmatrix} = a\alpha + b\beta \to a\alpha_n + b\beta_n = \begin{pmatrix}a\cos\theta/2 - b\sin\theta/2\\ a\sin\theta/2 + b\cos\theta/2\end{pmatrix} \tag{7.33}$$

となる．また電子のスピンを z 軸のまわりに角 φ だけ回転させると，

(7.27)式で $\theta=0$ とおくことによって,

$$\alpha=\begin{pmatrix}1\\0\end{pmatrix}\rightarrow\alpha_n=\begin{pmatrix}e^{-i\varphi/2}\\0\end{pmatrix},\quad\beta=\begin{pmatrix}0\\1\end{pmatrix}\rightarrow\beta_n=\begin{pmatrix}0\\e^{i\varphi/2}\end{pmatrix}$$

となるので,

$$\begin{pmatrix}a\\b\end{pmatrix}=a\alpha+b\beta\rightarrow a\alpha_n+b\beta_n=\begin{pmatrix}e^{-i\varphi/2}a\\e^{i\varphi/2}b\end{pmatrix} \tag{7.34}$$

となる.

したがって,電子のスピンを y 軸のまわりに 360° 回転(1回転)させても,z 軸のまわりに 360° 回転させても,

$$\begin{pmatrix}a\\b\end{pmatrix}\text{ は }\begin{pmatrix}a\\b\end{pmatrix}\text{ に戻らず }-\begin{pmatrix}a\\b\end{pmatrix}\text{ になり,} \tag{7.35}$$

720° 回転(2回転)させて初めて

$$\begin{pmatrix}a\\b\end{pmatrix}\text{ は }\begin{pmatrix}a\\b\end{pmatrix}\text{ に戻る.} \tag{7.36}$$

これを**スピンの波動関数の2価性**という.この回転はスピンの向きだけの回転であり,空間部分 $\boldsymbol{r}=(r,\theta,\varphi)$ の波動関数の2価性 $u(r,\theta,\varphi+2\pi)=-u(r,\theta,\varphi)$ は意味していない.

系の物理量の期待値には $\psi^\dagger$ と ψ の積が現われるので,系の波動関数に共通な符号の変化は検出不可能である.しかし,2つの部分 I, II から構成された系の一部分 II のスピンの向きだけを 360° 回転させると,$|\psi_{\mathrm{I}}+\psi_{\mathrm{II}}|^2$ は $|\psi_{\mathrm{I}}-\psi_{\mathrm{II}}|^2$ に変化するので,波動関数の2価性を実験的に検出することは可能である(本章の演習問題9参照).

7-4 磁場の中の電子(2)

5-7節では磁場の中の電子の従うシュレーディンガー方程式(5.99)を導いた.しかし,この式には電子の固有磁気モーメントの効果は入っていない.

電子の固有磁気モーメント 電子のスピン角運動量 $\boldsymbol{S}$ に伴う磁気モーメント $\boldsymbol{\mu}$ は $\boldsymbol{S}$ との間に演算子の関係

$$\hat{\boldsymbol{\mu}} = -g\frac{e}{2m_e}\hat{\boldsymbol{S}} \fallingdotseq -\frac{e}{m_e}\hat{\boldsymbol{S}} \qquad (g \fallingdotseq 2) \tag{7.37}$$

があることが，理論的にも実験的にもわかっている．定数 $g \fallingdotseq 2$ は **g 因子**とよばれている．古典物理学によれば，質量 m，電荷 q の荷電粒子が角運動量 $\boldsymbol{J}$ の回転運動をしている場合には，磁気モーメント $\boldsymbol{\mu}=(q/2m)\boldsymbol{J}$ が生じる*．g 因子は古典物理学での $\boldsymbol{\mu}$ と $\boldsymbol{J}$ の関係からのずれを表わす因子である．(5.105)式からわかるように，電子の軌道角運動量 $\boldsymbol{L}$ に伴う磁気モーメントの場合は g 因子は1である．電子の相対論的な量子力学の運動方程式であるディラック方程式によれば $g=2$ であるが，電子が光子を放出・再吸収しているという量子電磁気学的効果までとり入れると

$$g = 2.0023193044 \tag{7.38}$$

となる．これは物理学において最も精密な理論値の1つであり，実験的にも同じ程度の精度で検証されている値である．

陽子と中性子のスピンも1/2であり，固有磁気モーメント

$$\hat{\boldsymbol{\mu}}_p = \frac{eg_p}{2m_p}\hat{\boldsymbol{S}}_p, \quad g_p \fallingdotseq 2\times 2.7928 \qquad (陽子) \tag{7.39}$$

$$\hat{\boldsymbol{\mu}}_n = \frac{eg_n}{2m_p}\hat{\boldsymbol{S}}_n, \quad g_n \fallingdotseq -2\times 1.9130 \qquad (中性子) \tag{7.40}$$

をもつことが実験によって確かめられている．m_p は陽子の質量である．電荷が e の陽子の g 因子が2でなく，電荷が0の中性子の g 因子が0でない理由は，陽子と中性子がクォーク3個から作られた複合粒子だからだと考えられている．

磁場中の電子　古典物理学では磁束密度 $\boldsymbol{B}$ の磁場の中にある磁気モーメント $\boldsymbol{\mu}$ には磁気力のモーメント $\boldsymbol{\mu}\times\boldsymbol{B}$ が作用し，その位置エネルギーは $-\boldsymbol{\mu}\cdot\boldsymbol{B}$ である．これに対応して，(7.19)，(7.37)式を考慮すると，量子力学では電子のハミルトン演算子に

---

* 古典物理学では，半径 r の円周上を流れる電流 I が遠方に作る磁場は磁気モーメント $\mu=\pi r^2 I$ の作る磁場と同じである．電荷 q が半径 r，速さ v の等速円運動をすると $I=qv/2\pi r$, $L=mrv$ なので，$\boldsymbol{\mu}=q\boldsymbol{L}/2m$.

$$\hat{H}_{\rm m} = -\hat{\boldsymbol{\mu}}\cdot\boldsymbol{B} = \frac{ge}{2m_{\rm e}}\hat{\boldsymbol{S}}\cdot\boldsymbol{B} = \frac{ge\hbar}{4m_{\rm e}}\boldsymbol{\sigma}\cdot\boldsymbol{B} \equiv \mu\boldsymbol{\sigma}\cdot\boldsymbol{B} \tag{7.41}$$

という項がつけ加わる．そこで電子は大きさ μ

$$\mu = \frac{ge\hbar}{4m_{\rm e}} \doteqdot \frac{e\hbar}{2m_{\rm e}} \equiv \mu_{\rm B} = 9.3\times10^{-24} \quad {\rm J/T} \tag{7.42}$$

でスピンと逆向きの磁気モーメントをもつという．$\mu_{\rm B}$ は5-7節で定義したボーア磁子である．

$+z$ 方向を向いた磁束密度 B の磁場の中に電子を入れると，$\hat{H}_{\rm m}=\mu B\sigma_z$ となるので，

$$\begin{aligned}\hat{H}_{\rm m}\alpha &= \mu B\begin{pmatrix}1 & 0\\0 & -1\end{pmatrix}\begin{pmatrix}1\\0\end{pmatrix} = \mu B\begin{pmatrix}1\\0\end{pmatrix} = \mu B\alpha\\ \hat{H}_{\rm m}\beta &= \mu B\begin{pmatrix}1 & 0\\0 & -1\end{pmatrix}\begin{pmatrix}0\\1\end{pmatrix} = -\mu B\begin{pmatrix}0\\1\end{pmatrix} = -\mu B\beta\end{aligned} \tag{7.43}$$

となり，電子のエネルギーには，スピンが上向き(波動関数が α)の場合には μB，スピンが下向き(β)の場合には $-\mu B$ が付け加わる(図7-4)．

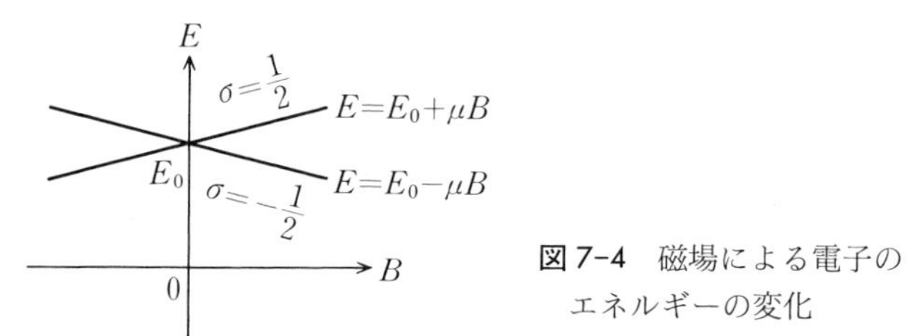

図7-4 磁場による電子のエネルギーの変化

電子のスピンの歳差運動　$+z$ 方向を向いた一様な磁場の中の電子のスピンの波動関数

$$\psi(t) = \begin{pmatrix}a(t)\\b(t)\end{pmatrix} \tag{7.44}$$

の従うシュレーディンガー方程式は

$$-i\hbar\frac{\partial\psi}{\partial t} = \hat{H}_{\rm m}\psi = \mu\sigma_z B\psi \tag{7.45}$$

なので，

$$-i\hbar\frac{\partial\psi}{\partial t} = -i\hbar\begin{pmatrix}\dot{a}\\ \dot{b}\end{pmatrix} = \mu\sigma_z B\psi = \mu B\begin{pmatrix}1 & 0\\ 0 & -1\end{pmatrix}\begin{pmatrix}a\\ b\end{pmatrix} = \mu B\begin{pmatrix}a\\ -b\end{pmatrix} \qquad (7.46)$$

となる($\dot{a}=da/dt$)．成分 a, b は微分方程式

$$\frac{da}{dt} = i\frac{\mu B}{\hbar}a, \qquad \frac{db}{dt} = -i\frac{\mu B}{\hbar}b \qquad (7.47)$$

を解くと求められ，波動関数 $\psi(t)$ は次のようになる．

$$\psi(t) = \begin{pmatrix}a(0)e^{i\mu Bt/\hbar}\\ b(0)e^{-i\mu Bt/\hbar}\end{pmatrix} \qquad (7.48)$$

(7.34)式と(7.48)式を比較すると，電子のスピン(固有磁気モーメント)は z 軸(磁場の方向)を中心にして

$$角速度\ \omega = \frac{2\mu B}{\hbar}, \qquad 周期\ T = \frac{\pi\hbar}{\mu B} \qquad (7.49)$$

で回転していることがわかる．

$t=0$ でスピンが $+x$ 方向を向いている場合，$\psi(0)=\alpha_x$ なので，(7.30)式から

$$\psi(0) = \frac{1}{\sqrt{2}}\begin{pmatrix}1\\ 1\end{pmatrix} \quad なので \quad \psi(t) = \frac{1}{\sqrt{2}}\begin{pmatrix}e^{i\mu Bt/\hbar}\\ e^{-i\mu Bt/\hbar}\end{pmatrix} \qquad (7.50)$$

となる．スピンが $+x$ 方向を向いている確率振幅 $f_{+x}(t)=\alpha_x^\dagger\psi(t)$ と確率 $P_{+x}(t)=|f_{+x}(t)|^2$ は，(7.32)式を使うと，

$$f_{+x}(t) = \frac{1}{2}(e^{i\mu Bt/\hbar}+e^{-i\mu Bt/\hbar}) = \cos\frac{\mu Bt}{\hbar} \qquad (7.51)$$

$$P_{+x}(t) = \cos^2\frac{\mu Bt}{\hbar} = \frac{1}{2}\left(1+\cos\frac{2\mu Bt}{\hbar}\right) \qquad (7.52)$$

となるので，スピンの向きの期待値が(7.49)式の角速度で回転していることが確かめられた．

磁場中の電子の歳差運動の振動数 ν は

$$\nu = \omega/2\pi = 2\mu B/h \doteqdot 2.8\times10^4(B/\mathrm{T}) \quad \mathrm{MHz} \qquad (7.53)$$

と表わせる．たとえば，$B=0.1\,\mathrm{T}$ の場合の振動数は $2.8\times10^3\,\mathrm{MHz}$ である．

歳差運動の振動数 ν の h 倍の $h\nu=2\mu B$ は，同じ磁場 B の中での電子の

スピン上向きと下向きの状態のエネルギーの差 $\mu B-(-\mu B)=2\mu B$ に等しい．そこで，外部から電磁波を送れば，その振動数 ν が歳差運動の振動数に一致したときにエネルギーの強い吸収が起こり，電子のスピンの向きが変わる．この現象を**磁気共鳴吸収**という．

シュレーディンガー方程式(7.45)にはスピンに関係しない部分は省略してある．7-8節に紹介するスピン-軌道相互作用が無視できる場合には，波動関数のスピン部分と空間部分が変数分離している解があり，その場合のエネルギー固有値はハミルトン演算子の空間部分の固有値(例えば(5.108)式)と $\hat{H}_{\mathrm{m}}$ の固有値 $\pm\mu B$ の和である．

7-5 角運動量演算子の交換関係

6-5節で導いた $\hat{\boldsymbol{r}}$ と $\hat{\boldsymbol{p}}$ の交換関係(6.44)

$$\begin{aligned}&[\hat{x},\hat{p}_x]=[\hat{y},\hat{p}_y]=[\hat{z},\hat{p}_z]=i\hbar\\&\text{他のすべての }\hat{x},\hat{y},\hat{z},\hat{p}_x,\hat{p}_y,\hat{p}_z\text{ の交換関係は }0\end{aligned}\tag{7.54}$$

を使い，交換するものは自由に交換させると，$\hat{L}_x$ と $\hat{L}_y$ は

$$\begin{aligned}[\hat{L}_x,\hat{L}_y]&=\hat{L}_x\hat{L}_y-\hat{L}_y\hat{L}_x\\&=(\hat{y}\,\hat{p}_z-\hat{z}\,\hat{p}_y)(\hat{z}\,\hat{p}_x-\hat{x}\,\hat{p}_z)-(\hat{z}\,\hat{p}_x-\hat{x}\,\hat{p}_z)(\hat{y}\,\hat{p}_z-\hat{z}\,\hat{p}_y)\\&=\hat{y}\,\hat{p}_z\hat{z}\,\hat{p}_x-\hat{x}\hat{y}\,\hat{p}_z^2-\hat{z}^2\hat{p}_x\hat{p}_y+\hat{x}\hat{z}\,\hat{p}_z\hat{p}_y\\&\quad-\hat{y}\hat{z}\,\hat{p}_z\hat{p}_x+\hat{x}\hat{y}\,\hat{p}_z^2+\hat{z}^2\hat{p}_x\hat{p}_y-\hat{x}\,\hat{p}_z\hat{z}\,\hat{p}_y\\&=\hat{y}[\hat{p}_z,\hat{z}]\hat{p}_x+\hat{x}[\hat{z},\hat{p}_z]\hat{p}_y=i\hbar(\hat{x}\,\hat{p}_y-\hat{y}\,\hat{p}_x)\\&=i\hbar\hat{L}_z\end{aligned}$$

すなわち，$\hat{L}_x$ と $\hat{L}_y$ の交換関係

$$[\hat{L}_x,\hat{L}_y]=i\hbar\hat{L}_z\tag{7.55a}$$

が導かれる．同様に

$$[\hat{L}_y,\hat{L}_z]=i\hbar\hat{L}_x\tag{7.55b}$$

$$[\hat{L}_z,\hat{L}_x]=i\hbar\hat{L}_y\tag{7.55c}$$

が導かれる．ベクトル積の記号を使うと，3つの交換関係(7.55)を

$$\hat{\boldsymbol{L}}\times\hat{\boldsymbol{L}}=i\hbar\hat{\boldsymbol{L}}\tag{7.56}$$

と表わせる．古典力学では $\boldsymbol{L}\times\boldsymbol{L}=0$ であるが，量子力学では $\hat{\boldsymbol{L}}\times\hat{\boldsymbol{L}}=i\hbar\hat{\boldsymbol{L}}$ となるのは，$\hat{\boldsymbol{L}}$ がふつうの数ではなくて演算子だからである($\hbar\to 0$ の極限では両者は一致する)．$\hat{L}_x, \hat{L}_y, \hat{L}_z$ は交換しないので，$\hat{\boldsymbol{L}}$ は $(0,0,0)$ 以外の同時固有値，例えば $(0,0,l\hbar\neq 0)$ をとることはできない．

つぎに $\hat{\boldsymbol{L}}^2=\hat{L}_x^2+\hat{L}_y^2+\hat{L}_z^2$ と $\hat{L}_x, \hat{L}_y, \hat{L}_z$ との交換関係を求める．一般に次の関係

$$
\begin{aligned}
\hat{P}^2\hat{Q}-\hat{Q}\hat{P}^2 &= \hat{P}(\hat{P}\hat{Q}-\hat{Q}\hat{P})+(\hat{P}\hat{Q}-\hat{Q}\hat{P})\hat{P} \\
&= \hat{P}[\hat{P},\hat{Q}]+[\hat{P},\hat{Q}]\hat{P}
\end{aligned}
\tag{7.57}
$$

が成り立つので，この恒等式と(7.55)式から

$$
\begin{aligned}
[\hat{L}_x^2, \hat{L}_z] &= \hat{L}_x[\hat{L}_x, \hat{L}_z]+[\hat{L}_x, \hat{L}_z]\hat{L}_x = -i\hbar(\hat{L}_x\hat{L}_y+\hat{L}_y\hat{L}_x) \\
[\hat{L}_y^2, \hat{L}_z] &= \hat{L}_y[\hat{L}_y, \hat{L}_z]+[\hat{L}_y, \hat{L}_z]\hat{L}_y = i\hbar(\hat{L}_y\hat{L}_x+\hat{L}_x\hat{L}_y) \\
[\hat{L}_z^2, \hat{L}_z] &= \hat{L}_z^3-\hat{L}_z^3 = 0
\end{aligned}
\tag{7.58}
$$

が導かれる．この3式を加え合わせると，$[\hat{\boldsymbol{L}}^2, \hat{L}_z]=0$ が得られ，同様に $[\hat{\boldsymbol{L}}^2, \hat{L}_x]=0$，$[\hat{\boldsymbol{L}}^2, \hat{L}_y]=0$ も得られる．したがって，$\hat{\boldsymbol{L}}^2$ は $\hat{L}_x, \hat{L}_y, \hat{L}_z$ のおのおのと交換する．

$$
[\hat{\boldsymbol{L}}^2, \hat{L}_x] = 0, \quad [\hat{\boldsymbol{L}}^2, \hat{L}_y] = 0, \quad [\hat{\boldsymbol{L}}^2, \hat{L}_z] = 0 \tag{7.59}
$$

このようにして，軌道角運動量の大きさの2乗 $\hat{\boldsymbol{L}}^2$ と軌道角運動量のある方向の成分，例えば z 成分 $\hat{L}_z$ は交換するので，$\hat{\boldsymbol{L}}^2$ と $\hat{L}_z$ は同時固有状態をもつことが証明された(6-5節参照)．球面調和関数 $Y_{lm}(\theta,\varphi)$ が $\hat{\boldsymbol{L}}^2$ と $\hat{L}_z$ の同時固有関数であることは5-3節で学んだ．

前節で紹介した電子のスピン角運動量演算子 $\hat{\boldsymbol{S}}$ も $\hat{\boldsymbol{L}}$ と同じ形の交換関係

$$
\hat{\boldsymbol{S}}\times\hat{\boldsymbol{S}} = i\hbar\hat{\boldsymbol{S}} \tag{7.60}
$$

に従う．軌道角運動量とスピン角運動量は別の自由度に属すので，$\hat{\boldsymbol{L}}$ と $\hat{\boldsymbol{S}}$ は交換する．$\hat{\boldsymbol{L}}\times\hat{\boldsymbol{S}}=0$，すなわち

$$
[\hat{L}_i, \hat{S}_j] = \hat{L}_i\hat{S}_j-\hat{S}_j\hat{L}_i = 0 \qquad (i,j\,;\,x,y,z) \tag{7.61}
$$

したがって，全角運動量演算子

$$
\hat{\boldsymbol{J}} = \hat{\boldsymbol{L}}+\hat{\boldsymbol{S}}
$$

の交換関係は

$$
\hat{\boldsymbol{J}}\times\hat{\boldsymbol{J}} = (\hat{\boldsymbol{L}}+\hat{\boldsymbol{S}})\times(\hat{\boldsymbol{L}}+\hat{\boldsymbol{S}}) = \hat{\boldsymbol{L}}\times\hat{\boldsymbol{L}}+\hat{\boldsymbol{L}}\times\hat{\boldsymbol{S}}+\hat{\boldsymbol{S}}\times\hat{\boldsymbol{L}}+\hat{\boldsymbol{S}}\times\hat{\boldsymbol{S}}
$$

$$= i\hbar(\hat{\boldsymbol{L}}+\hat{\boldsymbol{S}}) = i\hbar\hat{\boldsymbol{J}}$$

つまり，

$$\hat{\boldsymbol{J}}\times\hat{\boldsymbol{J}} = i\hbar\hat{\boldsymbol{J}} \tag{7.62}$$

となり，$\hat{\boldsymbol{J}}$ も $\hat{\boldsymbol{L}}, \hat{\boldsymbol{S}}$ と同じ形の交換関係に従う．

N 個の粒子(複数個の電子，電子と陽子など)があるとき，i 番目の粒子の全角運動量，軌道角運動量，スピン角運動量の演算子を $\hat{\boldsymbol{J}}_i, \hat{\boldsymbol{L}}_i, \hat{\boldsymbol{S}}_i$ とする($\hat{\boldsymbol{J}}_i=\hat{\boldsymbol{L}}_i+\hat{\boldsymbol{S}}_i$)．異なる粒子の角運動量演算子は，別の自由度に属すので，すべて交換する(第8章 p. 174 脚注参照)．したがって，N 個の粒子の全角運動量 $\boldsymbol{J}$，全軌道角運動量 $\boldsymbol{L}$，全スピン角運動量 $\boldsymbol{S}$ の演算子 $\hat{\boldsymbol{J}}, \hat{\boldsymbol{L}}, \hat{\boldsymbol{S}}$

$$\hat{\boldsymbol{J}} = \sum_{i=1}^{N}\hat{\boldsymbol{J}}_i, \quad \hat{\boldsymbol{L}} = \sum_{i=1}^{N}\boldsymbol{L}_i, \quad \hat{\boldsymbol{S}} = \sum_{i=1}^{N}\hat{\boldsymbol{S}}_i \tag{7.63}$$

の従う交換関係は

$$\begin{gathered}\hat{\boldsymbol{J}}\times\hat{\boldsymbol{J}} = i\hbar\hat{\boldsymbol{J}}, \quad \hat{\boldsymbol{L}}\times\hat{\boldsymbol{L}} = i\hbar\hat{\boldsymbol{L}}, \quad \hat{\boldsymbol{S}}\times\hat{\boldsymbol{S}} = i\hbar\hat{\boldsymbol{S}} \\ \hat{\boldsymbol{L}}\times\hat{\boldsymbol{S}} = 0\end{gathered} \tag{7.64}$$

である．

7-6 角運動量演算子の表現行列と固有値

交換関係(7.62)を満たす $\hat{\boldsymbol{J}}$ の表現行列を求めるために

$$\hat{\boldsymbol{J}} = \hat{\boldsymbol{M}}\hbar \tag{7.65}$$

によって $\hat{\boldsymbol{J}}$ と定数倍だけ異なる演算子 $\hat{\boldsymbol{M}}$ を導入し，$\hbar$ を含まない交換関係

$$\hat{\boldsymbol{M}}\times\hat{\boldsymbol{M}} = i\hat{\boldsymbol{M}} \tag{7.66}$$

を満たす演算子 $\hat{\boldsymbol{M}}$ の 2 乗 $\hat{\boldsymbol{M}}^2$ と z 成分 $\hat{M}_z$ の同時固有関数による $\hat{\boldsymbol{M}}$ の表現行列を代数的に求める．$\hat{\boldsymbol{J}}$ の表現行列は $\hat{\boldsymbol{M}}$ の表現行列の $\hbar$ 倍である．

$\hat{\boldsymbol{M}}^2$ と $\hat{M}_z$ は交換するので，両者の同時固有関数が存在する．$\hat{\boldsymbol{M}}^2, \hat{M}_z$ の固有値を $j(j+1), m$ とし，1 に規格化された同時固有関数を $\psi(j, m)$ と記すことにすると(θ, φ などの変数は略す)，

$$\hat{\boldsymbol{M}}^2\psi(j, m) = j(j+1)\psi(j, m) \tag{7.67a}$$

$$\hat{M}_z\psi(j,m) = m\psi(j,m) \tag{7.67b}$$

交換関係(7.66)には $\hat{M}_x, \hat{M}_y, \hat{M}_z$ の3つが同時に現われるので，取り扱いにくい．そこで昇降演算子とよばれる

$$\hat{M}_+ = \hat{M}_x + i\hat{M}_y, \quad \hat{M}_- = \hat{M}_x - i\hat{M}_y \tag{7.68}$$

を導入する．$\hat{M}_+, \hat{M}_-$ と $\hat{M}_z, \hat{\boldsymbol{M}}^2$ との交換関係は

$$[\hat{M}_z, \hat{M}_\pm] = [\hat{M}_z, \hat{M}_x] \pm i[\hat{M}_z, \hat{M}_y] = i\hat{M}_y \pm i(-i\hat{M}_x)$$

なので，

$$[\hat{M}_z, \hat{M}_+] = \hat{M}_+, \quad [\hat{M}_z, \hat{M}_-] = -\hat{M}_- \tag{7.69}$$

$$[\hat{\boldsymbol{M}}^2, \hat{M}_+] = 0, \quad [\hat{\boldsymbol{M}}^2, \hat{M}_-] = 0 \tag{7.70}$$

である．

$\hat{M}_+, \hat{M}_-$ を $\psi(j,m)$ に作用させると，

$$\begin{aligned} \hat{\boldsymbol{M}}^2[\hat{M}_\pm\psi(j,m)] &= \hat{M}_\pm(\hat{\boldsymbol{M}}^2\psi(j,m)) = j(j+1)[\hat{M}_\pm\psi(j,m)] \\ \hat{M}_z[\hat{M}_\pm\psi(j,m)] &= \hat{M}_\pm[\hat{M}_z\psi(j,m)] \pm [\hat{M}_\pm\psi(j,m)] \\ &= (m\pm 1)[\hat{M}_\pm\psi(j,m)] \qquad \text{(複号同順)} \end{aligned} \tag{7.71}$$

となる．$\hat{M}_+\psi(j,m)$ と $\hat{M}_-\psi(j,m)$ は $\hat{\boldsymbol{M}}^2$ の固有関数で固有値は $j(j+1)$ であり，$\hat{M}_+\psi(j,m)$ と $\hat{M}_-\psi(j,m)$ は $\hat{M}_z$ の固有関数で固有値は $m+1$ と $m-1$ であることがわかった．すなわち，C_{jm}^+ と C_{jm}^- を定数として，

$$\hat{M}_+\psi(j,m) = C_{jm}^+\psi(j,m+1) \tag{7.72a}$$

$$\hat{M}_-\psi(j,m) = C_{jm}^-\psi(j,m-1) \tag{7.72b}$$

である．したがって，$\hat{M}_+$ と $\hat{M}_-$ は $\psi(j,m)$ に作用して $\psi(j,m+1)$ と $\psi(j,m-1)$ に変える演算子なので，**昇降演算子**という．$\psi(j,m)$ に $\hat{M}_+$ あるいは $\hat{M}_-$ を何回も作用させると，

$$\cdots, \psi(j,m+2), \psi(j,m+1), \psi(j,m), \psi(j,m-1), \psi(j,m-2), \cdots$$

という具合に，$\hat{\boldsymbol{M}}^2$ の固有値は同じであるが，$\hat{M}_z$ の固有値が整数だけ異なる一群の固有状態が作られる．

ところで，

$$(\hat{M}_x^2 + \hat{M}_y^2)\psi(j,m) = (\hat{\boldsymbol{M}}^2 - \hat{M}_z^2)\psi(j,m) = [j(j+1) - m^2]\psi(j,m) \tag{7.73}$$

なので，エルミット演算子の2乗の固有値は負でない事実((6.58)式参照)を

使うと，不等式

$$j(j+1) \geqq m^2 \tag{7.74}$$

が導かれる．したがって，$\hat{\boldsymbol{M}}^2$ の固有値が $j(j+1)$ である固有関数がとることのできる $\hat{M}_z$ の固有値には，次の条件

$$\hat{M}_+\psi(j, m(\max)) = 0, \quad \hat{M}_-\psi(j, m(\min)) = 0 \tag{7.75}$$

$$j(j+1) \geqq [m(\max)]^2, \quad j(j+1) \geqq [m(\min)]^2 \tag{7.76}$$

を満たす上限の $m(\max)$ と下限の $m(\min)$ が存在する(図 7-5)．

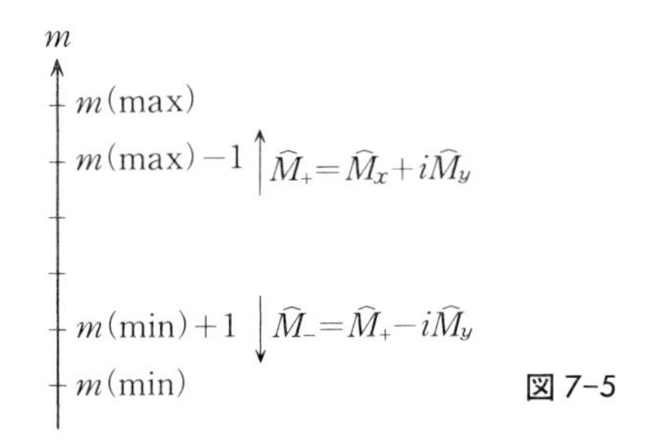

図 7-5

つぎに $m(\max), m(\min)$ を決める．

$$\begin{aligned}\hat{M}_\mp\hat{M}_\pm &= (\hat{M}_x \mp i\hat{M}_y)(\hat{M}_x \pm i\hat{M}_y) = \hat{M}_x^2 + \hat{M}_y^2 \pm i[\hat{M}_x, \hat{M}_y] \\ &= \hat{\boldsymbol{M}}^2 - \hat{M}_z^2 \mp \hat{M}_z \qquad (\text{複号同順})\end{aligned} \tag{7.77}$$

という関係があるので，これを $\psi(j, m(\max)), \psi(j, m(\min))$ に作用させて，(7.75)式を使うと，

$$\hat{M}_-\hat{M}_+\psi(j, m(\max)) = [j(j+1) - m(\max)^2 - m(\max)]\psi(j, m(\max)) = 0$$

$$\hat{M}_+\hat{M}_-\psi(j, m(\min)) = [j(j+1) - m(\min)^2 + m(\min)]\psi(j, m(\min)) = 0$$

という式が得られる．$\psi(j, m(\max)) \neq 0$, $\psi(j, m(\min)) \neq 0$ なので，

$$[j - m(\max)][j + m(\max) + 1] = 0 \tag{7.78}$$

$$[j + m(\min)][j - m(\min) + 1] = 0 \tag{7.79}$$

が導かれる．(7.78), (7.79)式を解いて

$$m(\max) \geqq m(\min) \tag{7.80}$$

を使うと，

$$m(\max) = -m(\min) = j \tag{7.81}$$

が導かれる．$\psi(j, m(\min))$ は $\psi(j, m(\max))$ に $\hat{M}_-$ を整数回作用させると得

られるので,

$$m(\max)-m(\min) = 2j = 整数 \geqq 0 \tag{7.82}$$

という関係が得られる．したがって,

$$j = m(\max) = -m(\min) \quad は \quad 0, \frac{1}{2}, 1, \frac{3}{2}, \cdots \tag{7.83}$$

という整数値か半奇数値(奇数の 1/2, 半整数値ともいう)のみをとることがわかった.

交換関係 $\hat{\boldsymbol{J}}\times\hat{\boldsymbol{J}}=i\hbar\hat{\boldsymbol{J}}$ を満たす演算子 $\hat{\boldsymbol{J}}=\hat{\boldsymbol{M}}\hbar$ の2乗 $\hat{\boldsymbol{J}}^2$ と z 成分 $\hat{J}_z$ の同時固有値は次のようであることがわかった.

$$\hat{\boldsymbol{J}}^2 の固有値は\ j(j+1)\hbar^2, \quad j = 0, \frac{1}{2}, 1, \frac{3}{2}, 2, \cdots \tag{7.84}$$

であり，ある1つの j の値に対する $\hat{J}_z$ の固有値は $m\hbar$ で

$$m = -j, -j+1, \cdots, -1, 0, 1, \cdots, j-1, j \tag{7.85}$$

の $2j+1$ の可能性がある．すなわち，1つの j の値に対する $\psi(j, m)$ は m の値の異なる $2j+1$ 重に縮退している.

$\hat{\boldsymbol{J}}$ と同じ交換関係に従う $\hat{\boldsymbol{L}}$ の場合には，$\hat{\boldsymbol{L}}^2$ と $\hat{L}_z$ の同時固有関数の Y_{lm} を $\psi(l, m)$ と書くと，$l=0, 1, 2, \cdots$ のみが許されるので，$j=$整数 の場合に対応することがわかる．半奇数の $j=1/2$ は7-2節で紹介した電子のスピン角運動量の場合に対応する.

最後に，定数 C_{jm}^{+}, C_{jm}^{-} を決めよう．2つの演算子 $\hat{M}_{+}=\hat{M}_x+i\hat{M}_y$, $\hat{M}_{-}=\hat{M}_x-i\hat{M}_y$ は互いにエルミット共役

$$\hat{M}_{+}^{\dagger} = \hat{M}_{-}, \quad \hat{M}_{-}^{\dagger} = \hat{M}_{+} \tag{7.86}$$

である．演算子 $\hat{A}$ の波動関数 ψ による期待値 $\int \psi^* \hat{A}\psi dx$ の積分記号を省略して $(\psi, \hat{A}\psi)$ と書くと,

$$(\psi, \hat{A}\hat{B}\psi) = (\hat{A}^{\dagger}\psi, \hat{B}\psi) \tag{7.87}$$

である((6.16)式参照)．そこで,

$$(\psi(j, m), \psi(j, m)) = 1 \tag{7.88}$$

を使うと,

$$(\hat{M}_{\pm}\psi(j,m), \hat{M}_{\pm}\psi(j,m)) = (\psi(j,m), \hat{M}_{\mp}\hat{M}_{\pm}\psi(j,m))$$
$$= [j(j+1)-m(m\pm1)](\psi(j,m), \psi(j,m))$$
$$= [j(j+1)-m(m\pm1)] \qquad \text{(複号同順)} \tag{7.89}$$

となる．したがって，(7.72)式で定義された $C^{\pm}_{jm}$ を

$$C^{\pm}_{jm} = [j(j+1)-m(m\pm1)]^{1/2} \tag{7.90}$$

とおくことができる．そこで，

$$\hat{M}_{\pm}\psi(j,m) = [j(j+1)-m(m\pm1)]^{1/2}\psi(j,m\pm1) \tag{7.91}$$

$$\hat{M}_{x}\psi(j,m) = (1/2)[(j-m)(j+m+1)]^{1/2}\psi(j,m+1) + (1/2)[(j+m)(j-m+1)]^{1/2}\psi(j,m-1) \tag{7.92a}$$

$$\hat{M}_{y}\psi(j,m) = -(i/2)[(j-m)(j+m+1)]^{1/2}\psi(j,m+1) + (i/2)[(j+m)(j-m+1)]^{1/2}\psi(j,m-1) \tag{7.92b}$$

となる．(7.67b)式と(7.92)式を使うと，$\hat{\boldsymbol{M}}^2$ と $\hat{M}_z$ の同時固有関数 $\psi(j,m)$ による $\hat{M}_x, \hat{M}_y, \hat{M}_z$ の表現行列が得られる．行列要素は

$$(M_i)_{jm',jm} = (\psi(j,m'), \hat{M}_i\psi(j,m)) \tag{7.93}$$

である．例えば $(M_x)_{1m',1m}$ は次のように表わせる．

	$m=1$	0	-1
$m'=1$	0	$1/\sqrt{2}$	0
0	$1/\sqrt{2}$	0	$1/\sqrt{2}$
-1	0	$1/\sqrt{2}$	0

(7.94)

$j=0, 1/2, 1$ の場合の $\hat{\boldsymbol{J}}=\hat{\boldsymbol{M}}\hbar$ の表現行列を示すと

$$j=0 \qquad J_x=(0),\quad J_y=(0),\quad J_z=(0),\quad J^2=(0)$$

$$j=\frac{1}{2} \qquad J_x=\frac{\hbar}{2}\begin{pmatrix}0 & 1\\ 1 & 0\end{pmatrix},\quad J_y=\frac{\hbar}{2}\begin{pmatrix}0 & -i\\ i & 0\end{pmatrix}$$

$$J_z=\frac{\hbar}{2}\begin{pmatrix}1 & 0\\ 0 & -1\end{pmatrix},\quad \boldsymbol{J}^2=\frac{3}{4}\hbar^2\begin{pmatrix}1 & 0\\ 0 & 1\end{pmatrix}$$

$$j=1 \qquad J_x=\frac{\hbar}{\sqrt{2}}\begin{pmatrix}0 & 1 & 0\\ 1 & 0 & 1\\ 0 & 1 & 0\end{pmatrix},\quad J_y=\frac{\hbar}{\sqrt{2}}\begin{pmatrix}0 & -i & 0\\ i & 0 & -i\\ 0 & i & 0\end{pmatrix}$$

$$J_z = \hbar\begin{pmatrix} 1 & 0 & 0 \\ 0 & 0 & 0 \\ 0 & 0 & -1 \end{pmatrix}, \quad \boldsymbol{J}^2 = 2\hbar^2\begin{pmatrix} 1 & 0 & 0 \\ 0 & 1 & 0 \\ 0 & 0 & 1 \end{pmatrix} \tag{7.95}$$

対角線行列である J_z の表現行列の対角線要素 $m\hbar$ を見れば各行，各列に対応する固有関数 $\psi(j, m)$ がわかる．

7-7 角運動量の合成

角運動量はベクトルである．古典力学では 2 つの角運動量 $\boldsymbol{J}_1, \boldsymbol{J}_2$ にはベクトル和 $\boldsymbol{J}_1+\boldsymbol{J}_2$ が存在し，不等式 $J_1+J_2 \geqq |\boldsymbol{J}_1+\boldsymbol{J}_2| \geqq |J_1-J_2|$ を満たす．この節では量子力学における角運動量の合成，すなわち，2 つの角運動量演算子 $\hat{\boldsymbol{J}}_1, \hat{\boldsymbol{J}}_2$ のそれぞれの固有関数 $\psi(j_1, m_1), \psi(j_2, m_2)$ から 2 つの演算子の和 $\hat{\boldsymbol{J}}_1+\hat{\boldsymbol{J}}_2$ の固有関数 $\psi(j, m)$ をどのようにして作るかを説明する．この場合，$\boldsymbol{J}_1$ と $\boldsymbol{J}_2$ は 1 つの電子の軌道角運動量 $\boldsymbol{L}$ とスピン角運動量 $\boldsymbol{S}$ でもよいし，2 つの電子のスピン角運動量 $\boldsymbol{S}_1$ と $\boldsymbol{S}_2$ でもよい．$\boldsymbol{L}$ と $\boldsymbol{S}$，$\boldsymbol{S}_1$ と $\boldsymbol{S}_2$ は別の自由度の角運動量なので，$\hat{\boldsymbol{J}}_1$ と $\hat{\boldsymbol{J}}_2$ は交換し，別の演算子の固有関数に作用すると，

$$\hat{\boldsymbol{J}}_1\psi(j_2, m_2) = 0, \quad \hat{\boldsymbol{J}}_2\psi(j_1, m_1) = 0 \tag{7.96}$$

となる．

簡単のために，角運動量演算子の $1/\hbar$ 倍の演算子 $\hat{\boldsymbol{M}}$ を考え，交換関係

$$\hat{\boldsymbol{M}}_1 \times \hat{\boldsymbol{M}}_1 = i\hat{\boldsymbol{M}}_1, \quad \hat{\boldsymbol{M}}_1 \times \hat{\boldsymbol{M}}_2 = 0, \quad \hat{\boldsymbol{M}}_2 \times \hat{\boldsymbol{M}}_2 = i\hat{\boldsymbol{M}}_2 \tag{7.97}$$

を満たす 2 つの演算子 $\hat{\boldsymbol{M}}_1, \hat{\boldsymbol{M}}_2$ の和

$$\hat{\boldsymbol{M}} = \hat{\boldsymbol{M}}_1 + \hat{\boldsymbol{M}}_2 \tag{7.98}$$

を考える．交換関係(7.97)から $\hat{\boldsymbol{M}}$ の交換関係

$$\hat{\boldsymbol{M}} \times \hat{\boldsymbol{M}} = i\boldsymbol{M} \tag{7.99}$$

が導かれる((7.62)式参照)．

この節の目的は，$\hat{\boldsymbol{M}}^2$ と $\hat{M}_z$ の同時固有関数 $\psi(j, m)$ を $\hat{\boldsymbol{M}}_1^2$ と $\hat{M}_{1z}$ の同時固有関数 $\psi(j_1, m_1)$ $(m_1 = -j_1, \cdots, j_1)$ と $\hat{\boldsymbol{M}}_2^2$ と $\hat{M}_{2z}$ の同時固有関数 $\psi(j_2, m_2)$

$(m_2=-j_2, \cdots, j_2)$ の $(2j_1+1)(2j_2+1)$ 個の積 $\psi(j_1, m_1)\psi(j_2, m_2)$ の1次結合として作ることである．(7.96)式を利用すると，

$$\begin{aligned}\hat{M}_z[\psi(j_1, m_1)\psi(j_2, m_2)] &= [\hat{M}_z\psi(j_1, m_1)]\psi(j_2, m_2)+\psi(j_1, m_1)[\hat{M}_z\psi(j_2, m_2)] \\ &= [\hat{M}_{1z}\psi(j_1, m_1)]\psi(j_2, m_2)+\psi(j_1, m_1)[\hat{M}_{2z}\psi(j_2, m_2)] \\ &= (m_1+m_2)[\psi(j_1, m_1)\psi(j_2, m_2)]\end{aligned} \tag{7.100}$$

なので，$\psi(j, m)$ は $\psi(j_1, m_1)\psi(j_2, m-m_1)$ $(j_1 \geqq m_1 \geqq -j_1,\ j_2 \geqq m-m_1 \geqq -j_2)$ の1次結合であることがわかる．数式で表わすと，$\langle j_1 m_1, j_2\, m-m_1 | jm\rangle$ を展開係数として

$$\psi(j, m) = \sum_{m=-j_1}^{j_1} \langle j_1\, m_1, j_2\, m-m_1 | jm\rangle \psi(j_1, m_1)\psi(j_2, m-m_1) \tag{7.101}$$

と表わされる．ただし，$|m| \leqq j,\ |m_1| \leqq j_1,\ |m-m_1| \leqq j_2$.

$(2j_1+1)(2j_2+1)$ 個ある $\psi(j_1, m_1)\psi(j_2, m_2)$ のうち，$m=m_1+m_2$ が最大のものは，$m_1=j_1,\ m_2=j_2$ の場合の $\psi(j_1, j_1)\psi(j_2, j_2)$ ただ1つだけであり，

$$\hat{M}_+[\psi(j_1, j_1)\psi(j_2, j_2)] = (\hat{M}_{1+}+\hat{M}_{2+})[\psi(j_1, j_1)\psi(j_2, j_2)] = 0 \tag{7.102}$$

なので，規格化された波動関数 $\psi(j_1, j_1)\psi(j_2, j_2)$ は $j=j_1+j_2,\ m=j_1+j_2$ の固有関数 $\psi(j_1+j_2, j_1+j_2)$，すなわち，

$$\psi(j_1+j_2, j_1+j_2) = \psi(j_1, j_1)\psi(j_2, j_2) \tag{7.103}$$

であることが導かれた．

降演算子 $\hat{M}_-=\hat{M}_{1-}+\hat{M}_{2-}$ を(7.103)式に作用させて，(7.90)式を使うと，$C_{jj}^-=\sqrt{2j}$ なので，

$$\begin{aligned}\psi(j_1+j_2, j_1+j_2-1) &= [2(j_1+j_2)]^{-1/2}\hat{M}_-[\psi(j_1, j_1)\psi(j_2, j_2)] \\ &= \sqrt{\frac{j_1}{j_1+j_2}}\psi(j_1, j_1-1)\psi(j_2, j_2)+\sqrt{\frac{j_2}{j_1+j_2}}\psi(j_1, j_1)\psi(j_2, j_2-1)\end{aligned} \tag{7.104}$$

が導かれる．$\psi(j_1+j_2, j_1+j_2-1)$ に $\hat{M}_-$ を1回，2回，… と作用させていくと，$\psi(j_1+j_2, j_1+j_2-2), \psi(j_1+j_2, j_1+j_2-3), \cdots$ が得られ，最後に

$$\psi(j_1+j_2, -j_1-j_2) = \psi(j_1, -j_1)\psi(j_2, -j_2) \tag{7.105}$$

が導かれる．

$$(\hat{M}_{1-}+\hat{M}_{2-})[\psi(j_1, -j_1)\psi(j_2, -j_2)] = 0 \tag{7.106}$$

なので，$\psi(j_1+j_2, -j_1-j_2)$ で終りである．このようにして，$j=j_1+j_2,\ m=$

$-(j_1+j_2), \cdots, j_1+j_2$ の $2(j_1+j_2)+1$ 個の固有関数が得られた．

さて $\psi(j_1, m_1)\psi(j_2, m_2)$ の中で $m_1+m_2=j_1+j_2-1$ になるものには $\psi(j_1, j_1-1)\psi(j_2, j_2)$ と $\psi(j_1, j_1)\psi(j_2, j_2-1)$ の 2 つがある．この 2 つの 1 次結合で，(7.104)式の $\psi(j_1+j_2, j_1+j_2-1)$ と直交する関数が

$$\psi(j_1+j_2-1, j_1+j_2-1) = \sqrt{\frac{j_2}{j_1+j_2}}\psi(j_1, j_1-1)\psi(j_2, j_2) - \sqrt{\frac{j_1}{j_1+j_2}}\psi(j_1, j_1)\psi(j_2, j_2-1) \tag{7.107}$$

である．(7.107)式の右辺に昇演算子 $\hat{M}_+=\hat{M}_{1+}+\hat{M}_{2+}$ を作用させると 0 になるので，(7.107)式の右辺が $\psi(j_1+j_2-1, j_1+j_2-1)$ であることが確かめられる．この $\psi(j_1+j_2-1, j_1+j_2-1)$ に $\hat{M}_-$ をつぎつぎに作用させると，$\psi(j_1+j_2-1, m)$, $m=j_1+j_2-2, \cdots, -j_1-j_2+1$ の固有関数がつぎつぎに得られる．

つぎに $m_1+m_2=j_1+j_2-2$ の $\psi(j_1, j_1)\psi(j_2, j_2-2)$, $\psi(j_1, j_1-1)\psi(j_2, j_2-1)$, $\psi(j_1, j_1-2)\psi(j_2, j_2)$ の 3 つの 1 次結合で，$\psi(j_1+j_2, j_1+j_2-2)$，$\psi(j_1+j_2-1, j_1+j_2-2)$ の両方と直交するものを求めると，それが $\psi(j_1+j_2-2, j_1+j_2-2)$ である．

このようなことを続けていくと，可能な j の値は

$$j = j_1+j_2, j_1+j_2-1, j_1+j_2-2, \cdots, |j_1-j_2| \tag{7.108}$$

であることがわかる(図 7-6)．これは古典力学での関係

$$J_1+J_2 \geqq J=|\boldsymbol{J}_1+\boldsymbol{J}_2| \geqq |J_1-J_2|$$

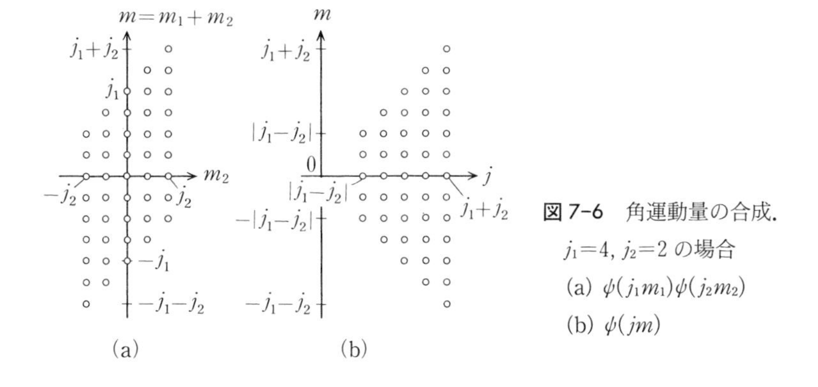

図 7-6　角運動量の合成．
$j_1=4, j_2=2$ の場合
(a) $\psi(j_1m_1)\psi(j_2m_2)$
(b) $\psi(jm)$

に対応する．ただし，古典力学では不等式を満たす J の値はすべて許されるが，量子力学では j の値は整数あるいは半奇数のみしか許されない点が異なる．

全角運動量量子数 j をもつ状態は $2j+1$ 個あるので，(7.108)式で許される状態の合計は

$$\sum_{j=|j_1-j_2|}^{j_1+j_2}(2j+1) = (j_1+j_2+|j_1-j_2|+1)(j_1+j_2-|j_1-j_2|+1)$$
$$= (2j_1+1)(2j_2+1) \tag{7.109}$$

となり，独立な $\psi(j_1, m_1)\psi(j_2, m_2)$ の数と一致する．

角運動量の合成を記号で

$$j_1 \otimes j_2 = (j_1+j_2) \oplus (j_1+j_2-1) \oplus \cdots \oplus |j_1-j_2| \tag{7.110}$$

と表わすことがある．この記号を使うと，

$$1/2 \otimes 1/2 = 1 \oplus 0, \quad 1 \otimes 1/2 = 3/2 \oplus 1/2, \quad 0 \otimes 1/2 = 1/2$$
$$1/2 \otimes 1/2 \otimes 1/2 = (1 \oplus 0) \otimes 1/2 = 3/2 \oplus 1/2 \oplus 1/2$$

などと表現できる．

クレプシュ-ゴルダン係数　このようにして，$\hat{\boldsymbol{J}}_1^2$, $\hat{\boldsymbol{J}}_2^2$, $\hat{\boldsymbol{J}}^2=(\hat{\boldsymbol{J}}_1+\hat{\boldsymbol{J}}_2)^2$, $\hat{J}_z=\hat{J}_{1z}+\hat{J}_{2z}$ の固有値 $j_1(j_1+1)\hbar^2$, $j_2(j_2+1)\hbar^2$, $j(j+1)\hbar^2$, $m\hbar$ の同時固有関数が一般に

$$\psi(j, m) = \sum_{m_1} \langle j_1 m_1, j_2\, m-m_1 | jm \rangle \psi(j_1, m_1)\psi(j_2, m-m_1)$$
$$(j_1+j_2 \geqq j \geqq |j_1-j_2|,\ j_1 \geqq |m_1|,\ j_2 \geqq |m-m_1|,\ j \geqq |m|) \tag{7.111}$$

と表わされることがわかった．展開係数 $\langle j_1 m_1, j_2 m-m_1 | jm \rangle$ を**クレプシュ-ゴルダン係数**という．(7.111)式から逆に

$$\psi(j_1, m_1)j(j_2, m_2) = \sum_{j=|j_1-j_2|}^{j_1+j_2} \langle j_1 m_1, j_2 m_2 | j\, m_1+m_2 \rangle\, \psi(j, m_1+m_2) \tag{7.112}$$

を導くこともできる．

例として，2個の電子のスピンの合成を示そう．全スピン角運動量演算子は $\hat{\boldsymbol{S}}=\hat{\boldsymbol{S}}_1+\hat{\boldsymbol{S}}_2$ である．$\hat{\boldsymbol{S}}^2$ と $\hat{S}_z$ の固有値 $s(s+1)\hbar^2$ と $m_s\hbar$ の同時固有関数 $\psi(s, m_s)$ は，(7.103), (7.104), (7.105), (7.107) 式から

$$\psi(1,1) = \alpha_1\alpha_2 \tag{7.113a}$$

$$\psi(1,0) = \frac{1}{\sqrt{2}}(\alpha_1\beta_2+\beta_1\alpha_2) \tag{7.113b}$$

$$\psi(1,-1) = \beta_1\beta_2 \tag{7.113c}$$

$$\psi(0,0) = \frac{1}{\sqrt{2}}(\alpha_1\beta_2-\beta_1\alpha_2) \tag{7.113d}$$

である．ここで $\alpha_i=\alpha(\sigma_i)$, $\beta_i=\beta(\sigma_i)$ である．

$s=1$ の状態は3つあるので，**スピン3重項**(spin triplet)という．$s=0$ の状態は1つなので，**スピン1重項**(spin singlet)という．

7-8 スピン-軌道相互作用

原子の中で電子は軌道運動をしているが，そのために磁気モーメント $\hat{\boldsymbol{\mu}}_L=-e\hat{\boldsymbol{L}}/2m_{\mathrm{e}}$ が生じ，磁場が生じる．この内部磁場と電子のスピン角運動量 $\hat{\boldsymbol{S}}$ による固有磁気モーメント $\hat{\boldsymbol{\mu}}_S=-ge\hat{\boldsymbol{S}}/2m_{\mathrm{e}}$ とが相互作用する．この相互作用による原子のエネルギーは $\hat{\boldsymbol{\mu}}_L$ と $\hat{\boldsymbol{\mu}}_S$ のなす角度，つまり $\hat{\boldsymbol{L}}$ と $\hat{\boldsymbol{S}}$ の間の角度によって異なるので，これを**スピン-軌道相互作用**あるいは ***LS* 相互作用**という．

ディラックの相対論的な電子の運動方程式によると，中心ポテンシャル $V(r)$ の中を1個の電子が運動する場合には

$$\frac{1}{2m_{\mathrm{e}}^2c^2r}\frac{dV}{dr}\hat{\boldsymbol{L}}\cdot\hat{\boldsymbol{S}} \tag{7.114}$$

という LS 相互作用が生じる．以下では水素原子を考える．水素原子のハミルトン演算子は

$$\hat{H} = \frac{\hat{p}^2}{2m_{\mathrm{e}}}-\frac{e^2}{4\pi\varepsilon_0 r}+\frac{e^2}{8\pi\varepsilon_0 m_{\mathrm{e}}^2c^2r^3}\hat{\boldsymbol{L}}\cdot\hat{\boldsymbol{S}} \tag{7.115}$$

と表わされる．右辺の第3項は第1,2項の $\hbar^2/m_{\mathrm{e}}^2c^2r_0^2=(e^2/4\pi\varepsilon_0\hbar c)^2\fallingdotseq(1/137)^2$ 倍の程度の大きさである．$\hat{\boldsymbol{J}}^2=(\hat{\boldsymbol{L}}+\hat{\boldsymbol{S}})^2$, $\hat{\boldsymbol{L}}^2$, $\hat{\boldsymbol{S}}^2$, $\hat{J}_z=\hat{L}_z+\hat{S}_z$ は互いに交換するので，同時固有値 $j(j+1)\hbar^2$, $l(l+1)\hbar^2$, $s(s+1)\hbar^2=3\hbar^2/4$, m_j

をとれる．同時固有関数を $\psi(j, l, s, m_j)$ と記すと，$2\hat{\boldsymbol{L}}\cdot\hat{\boldsymbol{S}}=(\hat{\boldsymbol{L}}+\hat{\boldsymbol{S}})^2-\hat{\boldsymbol{L}}^2-\hat{\boldsymbol{S}}^2$ なので，

$$2\hat{\boldsymbol{L}}\cdot\hat{\boldsymbol{S}}\psi(j, l, s, m_j) = [j(j+1)-l(l+1)-s(s+1)]\hbar^2\psi(j, l, s, m_j) \tag{7.116}$$

となる．したがって，$\hat{\boldsymbol{L}}\cdot\hat{\boldsymbol{S}}$ の固有値は

$$\frac{1}{2}[j(j+1)-l(l+1)-s(s+1)]\hbar^2 \tag{7.117}$$

であることがわかる．$\hat{\boldsymbol{L}}$ に対する $\hat{\boldsymbol{S}}$ の向きによって j は

$$|l-s| \leqq j \leqq l+s \tag{7.118}$$

の値をとる．電子のスピンは $s=1/2$ なので，$\hat{\boldsymbol{L}}\cdot\hat{\boldsymbol{S}}$ の固有値は

$$\begin{aligned} &\frac{1}{2}l\hbar^2 \qquad \left(j=l+\frac{1}{2}\text{ の場合}\right) \\ &-\frac{1}{2}(l+1)\hbar^2 \qquad \left(j=l-\frac{1}{2}\text{ の場合}\right) \end{aligned} \tag{7.119}$$

となる．$j=l+1/2$ の状態の方が $j=l-1/2$ の状態よりエネルギーが大きい．

電子の状態を指定するために，$l=0, 1, 2, \cdots$ を s, p, d, … と記し，nl_j と表わすことがある．例えば，$n=2$, $j=3/2$, $l=1$ の状態を $2\mathrm{p}_{3/2}$ と表わす．

水素原子の 2p 状態はスピン-軌道相互作用によって $2\mathrm{p}_{1/2}$ と $2\mathrm{p}_{3/2}$ 状態が 5×10^{-5} eV ほど分裂する(第 9 章の演習問題 1 参照)．

第 7 章　演習問題

1. 角運動量と $\hbar$ のディメンションは同一であることを示せ．
2. シュテルン-ゲルラッハの実験で炉から出た銀原子は平均速度 700 m/s で $dB_z/dz=1.5\times10^3$ T/m，長さ 4.0 cm の不均一磁場を通過した．磁場を出るときの 2 本のビームの間隔となす角 θ を求めよ．銀原子の質量は 1.8×10^{-25} kg とせよ．
3. $\hat{\boldsymbol{L}}^2$ と $\hat{L}_z$ の同時固有状態での $\hat{L}_x, \hat{L}_y, \hat{L}_x^2, \hat{L}_y^2$ の期待値を求めよ．

4.　シュテルン-ゲルラッハの実験で過去の情報が失われるのは複数のビームに分離したときではなく，検出器などの障害物と衝突したときである．図7-1の磁場が $+z$ 方向を向いた装置(SG装置)を通過して2つに分かれたビームのうちスピン上向きの成分を，磁場が $+y$ 方向を向いたSG装置を通過させて2つに分けた．$-y$ 方向に偏って進むビームを再び磁場が $+z$ 方向を向いたSG装置を通過させて，$-z$ 方向に偏って進むビームを取り出した．各段階でのビームのスピンの波動関数を記せ．

5.　陽子と電子の固有磁気モーメントの大きさの比はどのくらいか．

6.　$j_1=1$ と $j_2=1$ の角運動量を合成し，$j=0,1,2$ の状態の固有関数を求めよ．

7.（i）　$[\hat{\boldsymbol{L}}, \hat{x}^2+\hat{y}^2+\hat{z}^2]=[\hat{\boldsymbol{L}}, \hat{p}_x^2+\hat{p}_y^2+\hat{p}_z^2]=0$ を示し，さらに $\hat{H}=\hat{p}^2/2m+V(r)$ のとき $[\hat{\boldsymbol{L}}, \hat{H}]=0$ となることを示せ．

（ii）　$[\hat{L}_\pm, \hat{H}]=0$ のとき，$\hat{H}u_{nlm_l}=E_{nl}u_{nlm_l}$ ならば $\hat{H}(\hat{L}_\pm u_{nlm_l})=E_{nl}(\hat{L}_\pm u_{nlm_l})$ を示し，固有値 E_{nl} は $2l+1$ 重に縮退していることを示せ．

8.（角運動量と回転）　古典力学では角運動量ベクトルは回転軸に平行で，大きさが角速度に比例するベクトルである．量子力学では，$\exp[-(i/\hbar)\beta\hat{\boldsymbol{J}}\cdot\boldsymbol{n}]$ は状態を単位ベクトル $\boldsymbol{n}$ のまわりに角 β だけ回転させる演算子である($\hat{\boldsymbol{J}}=\hat{\boldsymbol{L}}+\hat{\boldsymbol{S}}$ のうち $\hat{\boldsymbol{L}}$ は軌道運動状態，$\hat{\boldsymbol{S}}$ はスピン状態を回転させる)．

$$\exp[-(i/\hbar)\hat{L}_z\beta]u(r,\theta,\varphi)=u(r,\theta,\varphi-\beta)$$

を示せ．

$[\hat{L}_x, \hat{L}_y]=i\hbar\hat{L}_z$ は回転のもつどのような性質を意味するか．

9.（スピンの波動関数の2価性の実験的検証）　第4章の演習問題1の偏極していない単色の中性子ビームによる干渉実験の図で，AとBの中間に電磁石を置き，ここを通る速さ v の中性子ビームの道筋の長さ l の部分に磁束密度 B の磁場を垂直にかける．このとき点Eの検出計による検出強度 $N=|\psi_{\mathrm{I}}+\psi_{\mathrm{II}}|^2$ は

$$N\propto 1+\cos(\mu Bl/\hbar v)\qquad(\mu=1.91e\hbar/2m_{\mathrm{p}})$$

であることを示せ．磁場の強さ B による干渉の仕方の変化の検証実験は1975年に初めて行なわれ，スピンの波動関数の2価性が実験的に検証された．

10.（i）　軌道角運動量の昇降演算子 $\hat{L}_\pm=\hat{L}_x\pm i\hat{L}_y$

$$\hat{L}_+=\hbar e^{i\varphi}\left(\frac{\partial}{\partial\theta}+i\cot\theta\frac{\partial}{\partial\varphi}\right),\quad \hat{L}_-=\hbar e^{-i\varphi}\left(-\frac{\partial}{\partial\theta}+i\cot\theta\frac{\partial}{\partial\varphi}\right)$$

を(5.38)式から導け．

(ii)

$$\hat{L}_+[\Theta_{ll}(\theta)e^{il\varphi}]=0$$

$$\int_0^{\pi}\sin^{2l+1}\theta d\theta = \frac{2(2^l l!)^2}{(2l+1)!} \tag{1}$$

から，$Y_{ll}(\theta, \varphi)$ に対する次の式の符号以外の部分を導け．

$$Y_{ll}(\theta, \varphi) = (-1)^{(l+|l|)/2}\sqrt{\frac{(2l+1)!}{4\pi(2^l l!)^2}}\sin^l\theta e^{il\varphi}$$

(iii) 積分公式(1)と(5.26)式を使って，次の関係を示せ．

$$\int_{-1}^{1}|P_l(z)|^2 dz = \int_{-1}^{1}\left(\frac{1}{2^l l!}\frac{d^l}{dz^l}(z^2-1)^l\right)^2 dz = \frac{2}{2l+1}$$

(iv) $\hat{L}_{\pm}\left[(1-z^2)^{|m|/2}\frac{d^{l+|m|}}{dz^{l+|m|}}(z^2-1)^l e^{\pm i|m|\varphi}\right]$

$$= \mp\hbar e^{\pm i(|m|+1)\varphi}(1-z^2)^{(|m|+1)/2}\frac{d^{l+|m|+1}}{dz^{l+|m|+1}}(z^2-1)^l \qquad \text{(複号同順)} \tag{2}$$

を示し，(7.90)式の $C_{lm}^{\pm}$ との比較で(5.30)式の

$$(-1)^{(m+|m|)/2}\left[\frac{(l-|m|)!}{(l+|m|)!}\right]^{1/2}$$

という因子を導け．

(v) $\hat{\boldsymbol{L}}^2$ と $\hat{L}_z$ の同時固有関数は球面調和関数以外には存在しないことを示せ．

メビウスの環

電子のスピンの波動関数のように，2回転して初めて最初の状態に戻る例は，身の周りにもある．例えば，メビウスの環である．

メビウスの環とは，細長いテープの一端を裏返して，テープの両端を糊付けしたものである(図)．メビウスの環を中心のまわりに一回転させると，もちろん最初の状態に戻る．しかし，環の上側に指をあてて環にそって一周させると，指は環の下側にくる．指をもう一周させると，指は初めて環の上側の最初のところに戻ってくる．

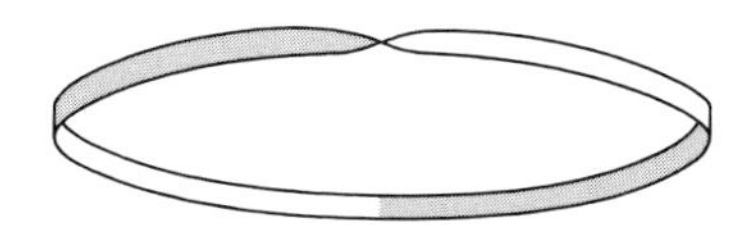

別の例を示そう．左右のどちらかの手を下にたれ，掌を横に拡げてその上にジョッキをのせ，生ビールをたっぷり注いでもらう．注いだら掌を360度回転し，次にビールをこぼさないように注意しながらジョッキを頭の上まで持ち上げよう．頭の上でもう一度掌を360度回転して，それから手を下におろすと，すべては最初の状態に戻る．注意してほしいのは，この間にジョッキは2回転(720度)しているという事実である．

このように2回転して初めて最初の状態に戻る場合はあるが，3回転あるいは4回転して初めて最初の状態に戻る場合は存在しない．これはわれわれが生活している3次元空間の持つ性質による．

8 多粒子系

第2章では，古典力学における1個の粒子に対するエネルギーの式 $E=p^2/2m+V(\boldsymbol{r})$ に現われる $\boldsymbol{p}$ と $\boldsymbol{r}$ を演算子 $\hat{\boldsymbol{p}}$ と $\hat{\boldsymbol{r}}$ で置きかえてシュレーディンガー方程式を導いた．第5章では，この方程式を原子の中に電子が1個だけ存在する水素原子に適用して実験結果をよく再現することを見出した．この方程式は電子が2個以上存在する場合にも適用できるのだろうか．本章では多粒子系の量子力学とその独立粒子近似を学ぶ．

8-1 多粒子系のシュレーディンガー方程式と波動関数

電磁波は電磁場の振動の伝播である．古典電磁気学には位置 $\boldsymbol{r}$ と時刻 t の関数である2つのベクトル場 $\boldsymbol{E}(\boldsymbol{r},t)$ と $\boldsymbol{B}(\boldsymbol{r},t)$ が現われる．前章までの量子力学では，位置 $\boldsymbol{r}$ と時刻 t の関数である波動関数 $\psi(\boldsymbol{r},t)$ が現われた．時刻 t に位置 $\boldsymbol{r}$ の近傍に電子を発見する確率密度が $|\psi(\boldsymbol{r},t)|^2$ である．電子が2個以上存在する場合にもシュレーディンガー方程式(2.70)が適用できて，ただ規格化条件(2.73)の右辺を1ではなく，電子の個数にすればよいのだろうか．

たとえば，ヘリウム原子の中には電子が2個含まれているが，この場合のシュレーディンガー方程式は(5.52)式のクーロン・ポテンシャル $-e^2/4\pi\varepsilon_0 r$ を $-2e^2/4\pi\varepsilon_0 r$ に置きかえたものなのだろうか．しかし，それでは2個の電子の間のクーロン斥力の効果が入らない．

波動性を表わす波動関数には，粒子性すなわち粒子の個数を反映させねばならない．

これまでは電子が1個だけ存在する場合を考えてきた．1-4節の電子ビームの実験では，電子源からつぎつぎに多数の電子が放射されるが，それらの電子は互いに離れていて相互作用をしないので，電子を1個だけ放射する実験を何回もくり返し行なった場合だと実質的にみなせる．したがって，この場合の波動関数の絶対値の2乗 $|\psi(\boldsymbol{r}, t)|^2$ は全空間に電子が1個だけ存在する場合の確率密度である．

水素分子やヘリウム原子の中には2個の電子が存在し，互いにクーロン力をおよぼし合っている．原子核まで考慮すると，水素分子の中には電子2個と陽子2個が存在する．本章では，このような複数の粒子から構成された多粒子系の量子力学を考える．

位置ベクトルが $\boldsymbol{r}_1, \boldsymbol{r}_2, \cdots, \boldsymbol{r}_N$ の点に質量 $m_1, m_2, \cdots, m_N$，運動量 $\boldsymbol{p}_1, \boldsymbol{p}_2, \cdots, \boldsymbol{p}_N$ の N 個の粒子が存在する場合，古典力学のハミルトニアンは

$$H=\frac{p_1^2}{2m_1}+\frac{p_2^2}{2m_2}+\cdots+\frac{p_N^2}{2m_N}+V(\boldsymbol{r}_1, \boldsymbol{r}_2, \cdots, \boldsymbol{r}_N) \tag{8.1}$$

である．N 個の粒子に外力が働かない場合には，V は N 粒子間に働く内力の位置エネルギーである．

第2章で電子が1個だけ存在する場合に行なった置換を拡張して，N 個の粒子の運動量 $\boldsymbol{p}_1, \boldsymbol{p}_2, \cdots, \boldsymbol{p}_N$ のおのおのを運動量演算子で

$$\boldsymbol{p}_i \to \hat{\boldsymbol{p}}_i=-i\hbar\nabla_i=-i\hbar\left(\frac{\partial}{\partial x_i}, \frac{\partial}{\partial y_i}, \frac{\partial}{\partial z_i}\right) \tag{8.2}$$

と置きかえると*，H はハミルトン演算子 $\hat{H}$，

$$\hat{H}=-\frac{\hbar^2}{2m_1}\nabla_1^2-\frac{\hbar^2}{2m_2}\nabla_2^2-\cdots-\frac{\hbar^2}{2m_N}\nabla_N^2+V(\boldsymbol{r}_1, \boldsymbol{r}_2, \cdots, \boldsymbol{r}_N) \tag{8.3}$$

---

* 別の粒子の物理量を表わす演算子は交換する．例えば，$i \neq j$ ならば $[\hat{\boldsymbol{r}}_i, \hat{\boldsymbol{p}}_j]=[\hat{\boldsymbol{r}}_i, \hat{\boldsymbol{r}}_j]=[\hat{\boldsymbol{p}}_i, \hat{\boldsymbol{p}}_j]=[\hat{\boldsymbol{L}}_i, \hat{\boldsymbol{L}}_j]=0$.

になる．この演算子が作用する波動関数は N 個の粒子の位置座標とスピン座標 $\boldsymbol{r}_1=(x_1, y_1, z_1)$, σ_1, $\boldsymbol{r}_2=(x_2, y_2, z_2)$, σ_2, $\cdots$, $\boldsymbol{r}_N=(x_N, y_N, z_N)$, σ_N と時刻 t の関数

$$\psi(\boldsymbol{r}_1, \sigma_1, \boldsymbol{r}_2, \sigma_2, \cdots, \boldsymbol{r}_N, \sigma_N, t) \tag{8.4}$$

である．したがって，N 粒子系の時間に依存するシュレーディンガー方程式は

$$\left[-\frac{\hbar^2}{2m_1}\nabla_1^2-\frac{\hbar^2}{2m_2}\nabla_2^2-\cdots-\frac{\hbar^2}{2m_N}\nabla_N^2+V(\boldsymbol{r}_1, \boldsymbol{r}_2, \cdots, \boldsymbol{r}_N)\right]\psi = i\hbar\frac{\partial\psi}{\partial t} \tag{8.5}$$

であり，エネルギー E の定常状態の波動関数

$$\psi = u(\boldsymbol{r}_1, \sigma_1, \boldsymbol{r}_2, \sigma_2, \cdots, \boldsymbol{r}_N, \sigma_N)e^{-iEt/\hbar} \tag{8.6}$$

の従う時間に依存しないシュレーディンガー方程式は

$$\left[-\frac{\hbar^2}{2m_1}\nabla_1^2-\cdots-\frac{\hbar^2}{2m_N}\nabla_N^2+V(\boldsymbol{r}_1, \cdots, \boldsymbol{r}_N)\right]u = Eu \tag{8.7}$$

である．ハミルトン演算子 $\hat{H}$ に N 個の粒子のスピン角運動量演算子 $\hat{\boldsymbol{S}}_1$, $\hat{\boldsymbol{S}}_2, \cdots, \hat{\boldsymbol{S}}_N$ が現われる場合もある．

波動関数(8.4)は3次元空間の波動ではなく，座標が $x_1, y_1, z_1, \cdots, z_N$ の $3N$ 次元空間の波動を表わしている．波動関数(8.4)の物理的意味は，

$$|\psi(\boldsymbol{r}_1, \sigma_1, \cdots, \boldsymbol{r}_N, \sigma_N, t)|^2\varDelta\boldsymbol{r}_1\cdots\varDelta\boldsymbol{r}_N \tag{8.8}$$

が「時刻 t にスピン量子数が σ_1 の粒子1が点 $\boldsymbol{r}_1$ の近傍の微小体積 $\varDelta\boldsymbol{r}_1$ の中に発見され，…，スピン量子数が σ_N の粒子 N が点 $\boldsymbol{r}_N$ の近傍の微小体積 $\varDelta\boldsymbol{r}_N$ の中に発見される確率」だということである．したがって，全確率が1であるという規格化条件は

$$\sum_{\sigma_1}\cdots\sum_{\sigma_N}\int d\boldsymbol{r}_1\cdots\int d\boldsymbol{r}_N|\psi(\boldsymbol{r}_1, \sigma_1, \cdots, \boldsymbol{r}_N, \sigma_N, t)|^2 = 1 \tag{8.9a}$$

$$\sum_{\sigma_1}\cdots\sum_{\sigma_N}\int d\boldsymbol{r}_1\cdots\int d\boldsymbol{r}_N|u(\boldsymbol{r}_1, \sigma_1, \cdots, \boldsymbol{r}_N, \sigma_N)|^2 = 1 \tag{8.9b}$$

となる．

2粒子系　質量 m_1, m_2 の2粒子系のシュレーディンガー方程式は

$$\left[-\frac{\hbar^2}{2m_1}\nabla_1^2-\frac{\hbar^2}{2m_2}\nabla_2^2+V(\boldsymbol{r}_1,\boldsymbol{r}_2)\right]\psi = i\hbar\frac{\partial\psi}{\partial t} \tag{8.10}$$

である．変数 $\boldsymbol{r}_1, \boldsymbol{r}_2$ を重心座標 $\boldsymbol{R}$ と相対座標 $\boldsymbol{r}$,

$$\boldsymbol{R} = (X, Y, Z) = \frac{m_1\boldsymbol{r}_1+m_2\boldsymbol{r}_2}{m_1+m_2}, \quad \boldsymbol{r} = (x, y, z) = \boldsymbol{r}_1-\boldsymbol{r}_2 \tag{8.11}$$

に変換し，

$$\begin{aligned} \frac{\partial}{\partial x_1} &= \frac{\partial X}{\partial x_1}\frac{\partial}{\partial X}+\frac{\partial x}{\partial x_1}\frac{\partial}{\partial x} = \frac{m_1}{m_1+m_2}\frac{\partial}{\partial X}+\frac{\partial}{\partial x}, \cdots \\ \frac{\partial}{\partial x_2} &= \frac{\partial X}{\partial x_2}\frac{\partial}{\partial X}+\frac{\partial x}{\partial x_2}\frac{\partial}{\partial x} = \frac{m_2}{m_1+m_2}\frac{\partial}{\partial X}-\frac{\partial}{\partial x}, \cdots \end{aligned} \tag{8.12}$$

という関係を利用すると，(8.10)式は

$$\left[-\frac{\hbar^2}{2M}\nabla_R^2-\frac{\hbar^2}{2m}\nabla^2+V(\boldsymbol{r}_1,\boldsymbol{r}_2)\right]\psi = i\hbar\frac{\partial\psi}{\partial t} \tag{8.13}$$

となる．M は全質量，m は換算質量であり，

$$M = m_1+m_2, \quad m = \frac{m_1m_2}{m_1+m_2} \tag{8.14}$$

$$\nabla_R = \left(\frac{\partial}{\partial X}, \frac{\partial}{\partial Y}, \frac{\partial}{\partial Z}\right), \quad \nabla = \left(\frac{\partial}{\partial x}, \frac{\partial}{\partial y}, \frac{\partial}{\partial z}\right) \tag{8.15}$$

である．

位置エネルギー $V(\boldsymbol{r}_1, \boldsymbol{r}_2)$ が相対座標 $\boldsymbol{r}$ のみの関数 $V(\boldsymbol{r})$ である場合（$V(\boldsymbol{r}_1, \boldsymbol{r}_2)=V(\boldsymbol{r})$），(8.13)式は

$$\psi(\boldsymbol{r}_1, \boldsymbol{r}_2, t) = U(\boldsymbol{R})u(\boldsymbol{r})e^{-iEt/\hbar} \tag{8.16}$$

という変数分離形の解をもつ．$U(\boldsymbol{R})$ と $u(\boldsymbol{r})$ は

$$-\frac{\hbar^2}{2M}\nabla_R^2 U(\boldsymbol{R}) = E_R U(\boldsymbol{R}) \tag{8.17a}$$

$$-\frac{\hbar^2}{2m}\nabla^2 u(\boldsymbol{r})+V(\boldsymbol{r})u(\boldsymbol{r}) = E_r u(\boldsymbol{r}) \tag{8.17b}$$

という方程式に従う．$E_R+E_r=E$ である．$V(\boldsymbol{r})=-e^2/4\pi\varepsilon_0 r$ の場合の(8.17b)式が5-5節の水素原子のシュレーディンガー方程式である．

(8.17a)式の解は平面波

$$U(\boldsymbol{R}) = (2\pi)^{-3/2}e^{i\boldsymbol{K}\cdot\boldsymbol{R}} \qquad (E_R = \hbar^2K^2/2M) \tag{8.18}$$

の重ね合わせである．この事実は，外力の働かない場合に古典力学に従う物体の重心は等速直線運動することに対応する．

8-2 同種粒子

電子，陽子，中性子，光子などは質量，電荷，スピン(スピン角運動量量子数 s)をもつ．ところで，同じ種類の粒子はまったく同じ質量，電荷，スピンをもつので，同じ種類の粒子を互いに区別できない．そこで同じ種類の粒子を**同種粒子**(identical particle，まったく同一な粒子)という．

2個の同種粒子，例えば2個の電子を電子1，電子2とよぶと，その波動関数は

$$\psi(\boldsymbol{r}_1, \sigma_1, \boldsymbol{r}_2, \sigma_2, t) \tag{8.19}$$

と表わされる．いま電子1と電子2の位置座標とスピン座標を入れかえると，波動関数(8.19)は

$$\psi(\boldsymbol{r}_2, \sigma_2, \boldsymbol{r}_1, \sigma_1, t) \tag{8.20}$$

となる．この波動関数は，電子1の位置座標が $\boldsymbol{r}_2$，スピン座標が σ_2，電子2の位置座標が $\boldsymbol{r}_1$，スピン座標が σ_1 の状態を表わす波動関数である．ところが，2個の電子は区別できないので，波動関数(8.19)と(8.20)は同一の状態を表わす波動関数である．したがって，c を $|c|=1$ の定数として，

$$\psi(\boldsymbol{r}_2, \sigma_2, \boldsymbol{r}_1, \sigma_1, t) = c\psi(\boldsymbol{r}_1, \sigma_1, \boldsymbol{r}_2, \sigma_2, t) \tag{8.21}$$

である．2個の電子の変数をもう一度入れかえると

$$\begin{aligned} \psi(\boldsymbol{r}_1, \sigma_1, \boldsymbol{r}_2, \sigma_2, t) &= c\psi(\boldsymbol{r}_2, \sigma_2, \boldsymbol{r}_1, \sigma_1, t) \\ &= c^2\psi(\boldsymbol{r}_1, \sigma_1, \boldsymbol{r}_2, \sigma_2, t) \end{aligned} \tag{8.22}$$

という関係が導かれるので，

$$c^2 = 1 \quad \text{したがって} \quad c = 1 \quad \text{あるいは} \quad -1 \tag{8.23}$$

という条件が得られる．

$c=1$ か $c=-1$ かは粒子の種類ごとに決まっていて，電子，陽子，中性

子は $c=-1$ で，光子は $c=1$ である．一般に

スピンが $1/2, 3/2, 5/2, \cdots$ のような半奇数の同種粒子の波動関数は同種粒子の変数の入れかえで反対称 $(c=-1)$ である．このような粒子を**フェルミ粒子**または**フェルミオン**(fermion)という．

スピンが $0, 1, 2, \cdots$ のような整数の同種粒子の波動関数は同種粒子の変数の入れかえで対称 $(c=1)$ であり，このような粒子を**ボース粒子**または**ボソン**(boson)という*.

3粒子以上の系の波動関数も，同種粒子の変数の入れかえを1回行なうたびに，フェルミ粒子の場合には符号が変わり$(c=-1)$，ボース粒子の場合には不変である$(c=1)$．例えば，粒子 i と j が電子の場合，

$$\psi(\boldsymbol{r}_1, \sigma_1, \cdots, \boldsymbol{r}_i, \sigma_i, \cdots, \boldsymbol{r}_j, \sigma_j, \cdots, \boldsymbol{r}_N, \sigma_N, t)$$
$$= -\psi(\boldsymbol{r}_1, \sigma_1, \cdots, \boldsymbol{r}_j, \sigma_j, \cdots, \boldsymbol{r}_i, \sigma_i, \cdots, \boldsymbol{r}_N, \sigma_N, t) \quad (8.24)$$

となる．この式で $\boldsymbol{r}_i=\boldsymbol{r}_j=\boldsymbol{r}$, $\sigma_1=\sigma_2=\sigma$ とおくと，

$$\psi(\boldsymbol{r}_1, \sigma_1, \cdots, \boldsymbol{r}, \sigma, \cdots, \boldsymbol{r}, \sigma, \cdots, \boldsymbol{r}_N, \sigma_N, t) = 0 \quad (8.25)$$

となる．この事実は「2個以上のフェルミ粒子は同じ状態(位置とスピンの向きが同じ状態)には存在できない」ことを意味する．これを**パウリの排他原理**という．これに対してボース粒子の場合は，任意の個数の同種粒子が同じ状態を占めることができる．

古典力学でも，まったく同一な粒子の存在が可能である．しかし，この場合には2つの粒子の軌道を明確に区別できる．これに対して量子力学に従う粒子は不確定性原理のために軌道は明確ではない．2個の同種粒子が近づいて波動関数が重なり合ったあとで分離した場合，一方からきた粒子が2方向のうちのどちらに進んでいったのかを原理的に決められない(図8-1)．同種粒子はこのような意味でも原理的に区別することが不可能である．

2電子系　電子のスピン-軌道相互作用を無視すると，電子の波動関数の

---

* 「粒子のスピンと波動関数の対称性の関係」は相対論的な場の量子論から導き出せる．

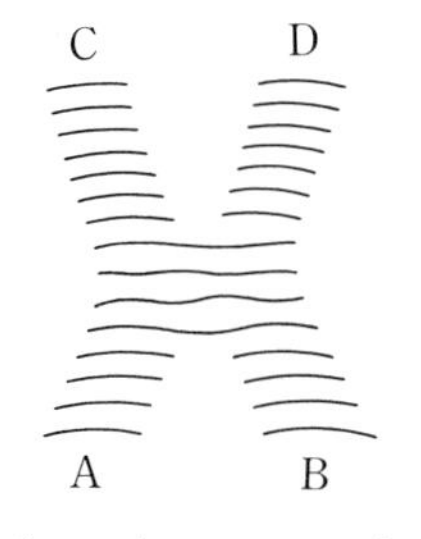

図 8-1 2つの電子の波動関数は A→C，B→D と進む波と A→D，B→C と進む波の重ね合せである．

軌道部分 $u(\boldsymbol{r}_1, \boldsymbol{r}_2)$ とスピン部分 $\phi(\sigma_1, \sigma_2)$ が分離して，$u(\boldsymbol{r}_1, \boldsymbol{r}_2)\phi(\sigma_1, \sigma_2)$ と積の形になっている解がある．電子のスピンは 1/2 なので，2 電子系の合成スピン s は 0 か 1 である*.

スピン 1 の状態は，合成スピン角運動量 $\hat{\boldsymbol{S}}=\hat{\boldsymbol{S}}_1+\hat{\boldsymbol{S}}_2$ の z 成分の固有値 $m_s\hbar$ が $\hbar, 0, -\hbar$ の 3 種類あるので**スピン 3 重項**という．波動関数 $\phi^{\mathrm{s}}(\sigma_1, \sigma_2)$ は，(7. 113a〜c)式から

$$\begin{aligned}&\alpha(\sigma_1)\alpha(\sigma_2) && (m_{\mathrm{s}}=1)\\ &[\alpha(\sigma_1)\beta(\sigma_2)+\beta(\sigma_1)\alpha(\sigma_2)]/\sqrt{2} && (m_{\mathrm{s}}=0)\\ &\beta(\sigma_1)\beta(\sigma_2) && (m_{\mathrm{s}}=-1)\end{aligned} \tag{8.26}$$

であり，スピン座標 σ_1 と σ_2 の交換で不変(対称)である．

スピン 0 の状態は $m_s\hbar=0$ の 1 種類なので，**スピン 1 重項**という．波動関数 $\phi^{\mathrm{a}}(\sigma_1, \sigma_2)$ は(7. 113d)から

$$[\alpha(\sigma_1)\beta(\sigma_2)-\beta(\sigma_1)\alpha(\sigma_2)]/\sqrt{2} \qquad (m_{\mathrm{s}}=0) \tag{8.27}$$

であり，σ_1 と σ_2 の交換で符号を変える(反対称である)．

2 電子系の波動関数は $(\boldsymbol{r}_1, \sigma_1)$ と $(\boldsymbol{r}_2, \sigma_2)$ の交換で符号を変えるので，波動関数 $u(\boldsymbol{r}_1, \sigma_1, \boldsymbol{r}_2, \sigma_2)$ を

$$u^{\mathrm{s}}(\boldsymbol{r}_1, \boldsymbol{r}_2)\phi^{\mathrm{a}}(\sigma_1, \sigma_2) \quad \text{あるいは} \quad u^{\mathrm{a}}(\boldsymbol{r}_1, \boldsymbol{r}_2)\phi^{\mathrm{s}}(\sigma_1, \sigma_2) \tag{8.28}$$

と表わした場合，$u^{\mathrm{a}}(\boldsymbol{r}_1, \boldsymbol{r}_2)$ と $u^{\mathrm{s}}(\boldsymbol{r}_1, \boldsymbol{r}_2)$ は条件

$$u^{\mathrm{a}}(\boldsymbol{r}_1, \boldsymbol{r}_2) = -u^{\mathrm{a}}(\boldsymbol{r}_2, \boldsymbol{r}_1), \quad u^{\mathrm{s}}(\boldsymbol{r}_1, \boldsymbol{r}_2) = u^{\mathrm{s}}(\boldsymbol{r}_2, \boldsymbol{r}_1) \tag{8.29}$$

を満たさねばならない．

外力が作用しない 2 電子系で重心運動量 $\boldsymbol{P}=\hbar\boldsymbol{K}=0$ の場合，$u^{\mathrm{s}}(\boldsymbol{r}_1, \boldsymbol{r}_2)$ と

---

* $s_1=s_2=1/2$ なので，$|s_1+s_2|=1\geqq s\geqq|s_1-s_2|=0$.

$u^{\mathrm{a}}(\boldsymbol{r}_1, \boldsymbol{r}_2)$ は相対座標 $\boldsymbol{r}=\boldsymbol{r}_1-\boldsymbol{r}_2$ だけの関数である．相対座標を球座標(r, θ, φ)で表わすと，相対運動の軌道角運動量演算子の固有関数は

$$\begin{aligned} u^{\mathrm{a}}(\boldsymbol{r}_1, \boldsymbol{r}_2) &= U^{\mathrm{a}}(\boldsymbol{r}) = R_l^{\mathrm{a}}(r)Y_{lm}(\theta, \varphi) \qquad (s=1) \\ u^{\mathrm{s}}(\boldsymbol{r}_1, \boldsymbol{r}_2) &= U^{\mathrm{s}}(\boldsymbol{r}) = R_l^{\mathrm{s}}(r)Y_{lm}(\theta, \varphi) \qquad (s=0) \end{aligned} \tag{8.30}$$

と表わされる．

2電子を交換すると，(r, θ, φ) は $(r, \pi-\theta, \varphi+\pi)$ になるが，$Y_{lm}(\pi-\theta, \varphi+\pi)=(-1)^l Y_{lm}(\theta, \varphi)$ なので((5.37)式参照)，スピン3重項$(s=1)$の場合には許される l の値は奇数 $1, 3, 5, \cdots$ で，スピン1重項の場合には許される l の値は偶数 $0, 2, 4, \cdots$ である．

複合粒子のスピン　複数の粒子から構成された複合系(複合粒子)の構成粒子の相対運動の軌道角運動量と，構成粒子のスピン角運動量を合成した全角運動量量子数 j(全角運動量の大きさの $1/\hbar$ 倍)を複合粒子のスピンという．偶数個のフェルミ粒子の複合系(複合粒子)のスピンは整数で，奇数個のフェルミ粒子の複合系のスピンは半奇数である．この事実は全角運動量の z 成分の可能な値を調べることで確かめられる．

ヘリウム原子 $^4_2\mathrm{He}$ は6個のフェルミ粒子から構成されている．整数スピンをもつヘリウム原子 $^4_2\mathrm{He}$ 2個の全座標の交換で，複合系の波動関数は不変である(フェルミ粒子の座標の6回の交換での符号の変化は $(-1)^6=1$)．5個のフェルミ粒子から構成されているので半奇数スピンをもつヘリウム原子 $^3_2\mathrm{He}$ 2個の全座標の交換で，複合系の波動関数に負符号がかかる(フェルミ粒子の座標の5回の交換での符号の変化は $(-1)^5=-1$)．

一般に整数スピンの複合粒子はボース粒子で，半奇数スピンの複合粒子はフェルミ粒子である．複合粒子の状態を指定する座標は，重心座標および主量子数 n，スピン j，その z 成分 m_j 等の量子数である．

$^4_2\mathrm{He}$ 原子はボース粒子である．$^4_2\mathrm{He}$ 原子核のスピンも基底状態の $^4_2\mathrm{He}$ 原子のスピンも0なので，基底状態の $^4_2\mathrm{He}$ 原子2個の相対運動の軌道量子数 l の許される値は $l=0, 2, 4, \cdots$ であることが，2原子の交換で波動関数が $(-1)^l$ 倍になる事実から導かれる．

8-3 独立粒子近似

簡単のために，座標 ξ_i で $\boldsymbol{r}_i$ と σ_i の両方を表わすと，原子番号 Z の原子のシュレーディンガー方程式は

$$\left(-\frac{\hbar^2}{2m}\sum_{i=1}^{Z}\nabla_i^2-\sum_{i=1}^{Z}\frac{Ze^2}{4\pi\varepsilon_0 r_i}+\sum_{i=2}^{Z}\sum_{j=1}^{i-1}\frac{e^2}{4\pi\varepsilon_0|\boldsymbol{r}_i-\boldsymbol{r}_j|}\right)u(\xi_1,\xi_2,\cdots,\xi_Z)$$
$$=Eu(\xi_1,\xi_2,\cdots,\xi_Z) \tag{8.31}$$

である．ただし質量の大きな原子核は原点に静止していると近似した．左辺の括弧の中の第1項は電子(質量 m)の運動エネルギーで，第2項は電子と原子核，第3項は電子同士のクーロン・エネルギーである．第3項のために，この方程式の解を厳密に求めることは不可能である．

そこで，他の $(Z-1)$ 個の電子と原子核が点 $\boldsymbol{r}$ に作る平均のポテンシャル $V(r)$ を求めて，1個の電子に対する近似的な1体問題の方程式

$$\left[-\frac{\hbar^2}{2m}\nabla^2+V(r)\right]u_{nlm_l}(\boldsymbol{r})=E_{nl}u_{nlm_l}(\boldsymbol{r}) \tag{8.32}$$

の固有値 E_{nl} と固有関数 $u_{nlm_l}(\boldsymbol{r})$ を求める．水素原子の場合とは異なり，エネルギー固有値は主量子数 n だけではなく，軌道量子数 l にも依存する．しかし，$V(r)$ は中心ポテンシャルなので，エネルギー固有値は磁気量子数 m_l とスピン量子数 σ には依存しない．そこで，1つの固有値 E_{nl} に属する，m_l と σ が異なる，$2(2l+1)$ 個の固有状態は，同じ**電子殻**(shell)に属するという．

原子の中で Z 個の電子は互いに独立に運動していると考え，Z 個の電子系の波動関数 $u(\xi_1,\xi_2,\cdots,\xi_Z)$ を規格化された1電子波動関数 $\chi_i(\xi)=u_j(\boldsymbol{r})\alpha(\sigma)$ または $u_j(\boldsymbol{r})\beta(\sigma)$ の積で表わす近似

$$u(\xi_1,\xi_2,\cdots,\xi_Z)=\chi_{k_1}(\xi_1)\chi_{k_2}(\xi_2)\cdots\chi_{k_Z}(\xi_Z) \tag{8.33}$$

を導入し，これを**ハートリー近似**(Hartree approximation)あるいは**独立粒子近似**という．原子の基底状態のハートリー近似では，これらの固有状態にエネルギーの低い方から順に電子を入れていく．スピンには上向きと下向き

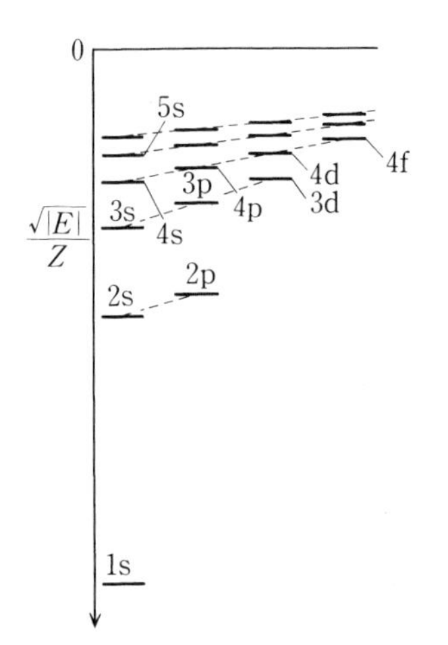

図 8-2 エネルギー準位の近似的な図

の状態があるので，(8.32)式の軌道量子数が l の固有状態には $2(2l+1)$ 個の電子が入る．ハートリー近似では原子のエネルギー E は各電子のエネルギーの和

$$E = E_{k_1}+E_{k_2}+\cdots+E_{k_Z} \tag{8.34}$$

である．

一般に水素より重いほとんどすべての原子でのエネルギー準位の順序は，エネルギーの低い方から順に

$$1s, 2s, 2p, 3s, 3p, (4s, 3d), 4p, (5s, 4d), 5p, \cdots$$

である(図 8-2)．括弧の中の準位のエネルギーはほぼ等しく，個々の原子で順序が異なっている．元素の周期表を眺めると，上の順序に $2(2l+1)$ 個ずつ(2, 2, 6, 2, 6, (2, 10), … 個と)電子がつまっていく様子が読みとれる．$Z=47$ の銀原子の 47 個の電子の状態は

$$(1s)^2(2s)^2(2p)^6(3s)^2(3p)^6(3d)^{10}(4s)^2(4p)^6(4d)^{10}5s$$

と表わせる．元素の周期律の原因は，1 つの状態には 1 個の電子しか存在できないというパウリの排他原理と原子の化学的性質(例えば原子価)は電子がいちばん最後に入る平均半径のいちばん大きな電子殻(準位)を占める(価電子とよばれる)電子の数で決まるという事実である．

[参考] **特性 X 線と原子番号** X 線発生装置から出てくる X 線には，連

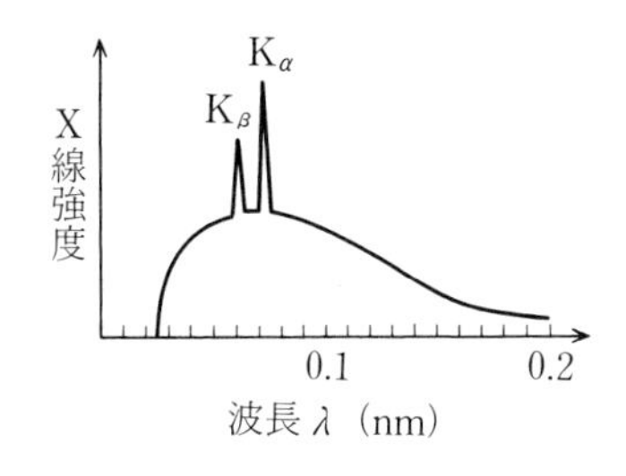

図 8-3 加速電圧 50kV の場合のモリブデン正極からの X 線スペクトル

続スペクトル以外に線スペクトルの特性 X 線(図 8-3 の $\mathrm{K}_\alpha, \mathrm{K}_\beta$)がある．これは負極からの高速電子との衝突によって正極を構成する原子(原子番号 Z)のエネルギーの低い準位の電子がたたき出され，そこにエネルギーの高い準位にいた電子が遷移するときに放射される光子によるものである(K_α は $n=2\to n=1$，K_β は $n=3\to n=1$ の遷移)．

問 8-1 軌道確率密度のひろがりが最小の 1s 状態の電子の感じる平均ポテンシャルを $V(r)=-(Z-1)e^2/4\pi\varepsilon_0 r$ と近似するとき，基底状態のエネルギーは

$$E=-\frac{m(Z-1)^2e^4}{2(4\pi\varepsilon_0)^2\hbar^2}=-13.6(Z-1)^2 \quad \mathrm{eV}$$

であることを示せ．もう 1 個の 1s 電子の遮蔽効果を取り入れるために，Z でなく $Z-1$ とした．[$\mathrm{K}_\alpha, \mathrm{K}_\beta$ 線の波長 λ の平方根 $\sqrt{\lambda}$ は $Z-1$ にほぼ反比例することが実験的に知られている.]

波動関数(8.33)は電子の座標 ξ_i, ξ_j の交換で反対称になっていない．(8.33)式を反対称化し規格化したものが**スレーターの行列式**

$$u(\xi_1, \xi_2, \cdots, \xi_Z)=\frac{1}{\sqrt{Z!}}\begin{vmatrix} \chi_{k_1}(\xi_1) & \chi_{k_2}(\xi_1) & \cdots & \chi_{k_Z}(\xi_1) \\ \chi_{k_1}(\xi_2) & \chi_{k_2}(\xi_2) & \cdots & \chi_{k_Z}(\xi_2) \\ \cdots & \cdots & \cdots & \cdots \\ \chi_{k_1}(\xi_Z) & \chi_{k_2}(\xi_Z) & \cdots & \chi_{k_Z}(\xi_Z) \end{vmatrix} \tag{8.35}$$

である．この行列式の波動関数を用いる近似を**ハートリー-フォック近似**(Hartree-Fock approximation)という．2 つの行の入れ替えで行列式は -1 倍になるので，(8.35)式は 2 つの電子 i, j の座標 $\xi_i=(\boldsymbol{r}_i, \sigma_i)$, $\xi_j=(\boldsymbol{r}_j, \sigma_j)$ の入れ替えで符号を変える．ハートリー-フォック近似では，スピンが同

じ向きの電子は近づけないという効果が入っている．また，2つの列が同一の行列式は0なので，2個以上の電子は同一の状態$(\chi_1, \chi_2, \cdots)$を占められないというパウリの排他原理は自動的に満たされている．

ハートリー-フォック近似では，電子間のクーロン・エネルギーの期待値は

$$\frac{e^2}{4\pi\varepsilon_0}\sum_{i=2}^{Z}\sum_{j=1}^{i-1}\int d\xi\int d\xi'\frac{|\chi_{k_i}(\xi)|^2|\chi_{k_j}(\xi')|^2}{|\boldsymbol{r}-\boldsymbol{r}'|}$$
$$-\frac{e^2}{4\pi\varepsilon_0}\sum_{i=2}^{Z}\sum_{j=1}^{i-1}\int d\xi\int d\xi'\frac{[\chi_{k_i}^\dagger(\xi)\chi_{k_j}(\xi)][\chi_{k_j}^\dagger(\xi')\chi_{k_i}(\xi')]}{|\boldsymbol{r}-\boldsymbol{r}'|} \tag{8.36}$$

である$\left(\int d\xi=\sum_\sigma\iiint d\boldsymbol{r}\right)$．第1項は古典電磁気学でのクーロン・エネルギーに対応する項で**直接積分**とよび，第2項はスピンが同じ向きの同種粒子間に存在する項で**交換積分**という．

図8-2に現われる準位の$2(2l+1)$個の状態がすべて電子によって占められている場合，この電子殻は**閉殻**であるという．価電子の占めている電子殻も閉殻の場合には，この原子の角運動量はハートリー-フォック近似では0である．この事実は，スレーター行列式に$\hat{J}_+$, $\hat{J}_-$を作用させると2つの列が等しい行列式になること，すなわち0になることからわかる．

交換相互作用(見かけ上のスピン-スピン相互作用)　独立粒子近似では波動関数の空間部分が同一の状態にはスピンが逆向きの2個の電子しか入れない．この事実は，2個の電子が近づくとこれらの電子のスピンを逆向きにしようとする，見かけ上のスピン-スピン相互作用の存在を意味する．これを**交換相互作用**という．

交換相互作用の大きさは原子の励起エネルギー$e^2/4\pi\varepsilon_0 r_0$の程度であり($r_0$はボーア半径)，2個の電子の磁気モーメント(スピン)の間に働く磁気力の位置エネルギーの大きさ$\approx\mu_0(e\hbar/2m)^2/r_0^3\approx(e^2/4\pi\varepsilon_0\hbar c)^2(e^2/4\pi\varepsilon_0 r_0)=(1/137)^2(e^2/4\pi\varepsilon_0 r_0)$よりもはるかに大きい($\mu_0=1/\varepsilon_0 c^2$は真空の透磁率)．

交換相互作用は同一の原子の中の1対の電子に対して現われるばかりでなく，分子や結晶を作っている隣り合う原子に属する電子のペアに対しても現われる．原子の共有結合の原因はこの交換相互作用である．強磁性の原因で

ある，隣り合う正イオンのスピンを同方向に整列させる力の原因も，伝導電子を通して正イオンのスピンの間に間接的に作用する交換相互作用の効果であると推測されている．

独立粒子近似は原子核物理学でも利用されている．原子核には，原子の場合の原子核に対応する，大きな質量をもつ力の中心が存在しない．しかし，

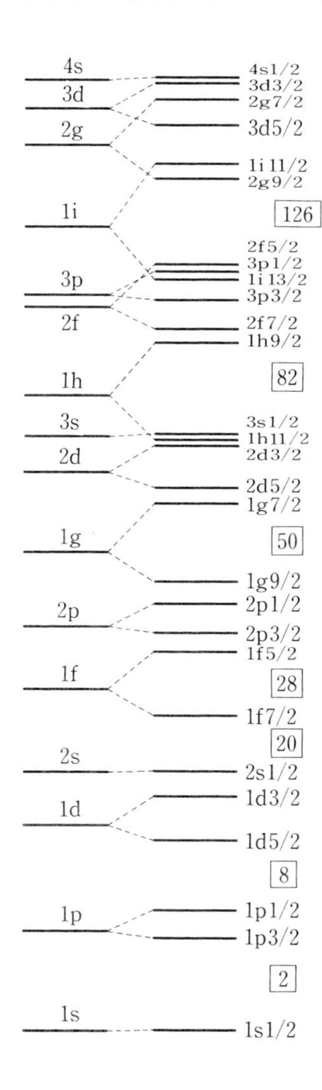

図 8-4 原子核の独立粒子模型でのエネルギー準位(右側)．中心ポテンシャルによるエネルギー準位(左側)はスピン-軌道相互作用のために，原子核の場合には $j=l+1/2$ 状態の方が $j=l-1/2$ 状態よりもエネルギーが低くなる(主量子数の定義が原子の場合と異なっていることに注意)．4角でかこんだ数字は，その下のエネルギー準位までに入りうる陽子あるいは中性子の個数を示す．

原子核の中では，構成粒子の陽子や中性子は他の核子が作る平均ポテンシャルの中を運動していると近似的にみなせる．原子核の場合には，平均ポテンシャルには中心ポテンシャルばかりでなく，強いスピン-軌道相互作用も存在する．その結果，陽子と中性子は図 8-4 に示すエネルギー準位を下の方から順番に占めていく．陽子と中性子は別の粒子なので，1 つの状態を同時に占めることができる．この独立粒子近似は 2, 8, 20, 28, 50, 82, 126 個の陽子あるいは中性子を含む原子核はとくに安定であるという実験事実を見事に説明できる．

金属の自由電子模型　金属のいちばん簡単な模型は，正電荷が一様に分布している体積 V の空間の中に N 個の伝導電子が閉じ込められていて，その中では伝導電子は自由に運動しているという模型(フェルミ気体模型)である．周期的境界条件のついた体積 V の中の自由粒子のエネルギー固有状態の密度は第 4 章の演習問題 7 で導いた．1 つの状態にスピン上向きと下向きの電子が入れるので，状態密度 $\rho(E)$ は

$$\rho(E)dE = \frac{8\sqrt{2}\,\pi m^{3/2}V}{h^3}E^{1/2}dE \tag{8.37}$$

である．

絶対 0 度では，フェルミ粒子である N 個の電子は，エネルギーの低い状態から順番に占有していく．占有し終わったときの準位を**フェルミ準位**といい，その準位のエネルギー E_{F} を**フェルミ・エネルギー**という．

$$N = \int_0^{E_{\mathrm{F}}}\rho(E)dE, \quad \therefore \quad E_{\mathrm{F}} = \frac{h^2}{8m}\left(\frac{3}{\pi}\frac{N}{V}\right)^{2/3} \tag{8.38}$$

である．N/V は単位体積中の伝導電子数である．この模型での伝導電子の平均エネルギー $\bar{E}$ は $\bar{E}=(3/5)E_{\mathrm{F}}$ である．銅の場合には $E_{\mathrm{F}}=7.0\,\mathrm{eV}$，$\bar{E}=4.2\,\mathrm{eV}$ である．

この自由電子模型は導体の電気的，熱的性質を説明できるが，なぜ物質には導体と絶縁体があるかの説明はできない．この説明には，正イオンが格子点上に周期的に分布しているため，第 4 章の演習問題 5 で示したようなエネルギー固有値の帯(バンド)状構造が生じることを考慮する必要がある(本シ

リーズ第 6 巻『物質の量子力学』参照).

このように独立粒子近似は，粒子間の相互作用を無視する近似であるが，物理学の諸分野で利用され，有効性を発揮している.

第 8 章　演習問題

1. 中性子の発見以前は，原子核は陽子と電子から構成されていると考えられていた．このとき $^{14}_{7}\mathrm{N}$ 原子はボース粒子でなければならないことを示せ．$\mathrm{N_2}$ 分子のスペクトルによると，$^{14}_{7}\mathrm{N}$ 原子はフェルミ粒子である．中性子の存在を仮定すると，この矛盾が解決することを示せ.

2. 次の 3 つのハミルトン演算子 $\hat{H}$ の固有値を求めよ.

$$\hat{H} = -\frac{\hbar^2}{2m}\left(\frac{\partial^2}{\partial x_1^2}+\frac{\partial^2}{\partial x_2^2}\right)+\frac{1}{2}m\omega^2(x_1^2+x_2^2) \tag{1}$$

$$\hat{H} = -\frac{\hbar^2}{2m}\left(\frac{\partial^2}{\partial x_1^2}+\frac{\partial^2}{\partial x_2^2}\right)+\frac{1}{2}m\omega^2(x_1-x_2)^2 \tag{2}$$

$$\hat{H} = -\frac{\hbar^2}{2m}\left(\frac{\partial^2}{\partial x_1^2}+\frac{\partial^2}{\partial x_2^2}\right)+\frac{1}{2}m\omega^2(x_1^2+x_2^2)+\frac{f\omega^2}{2}(x_1-x_2)^2 \tag{3}$$

3. N 粒子系の全運動量演算子 $\hat{\boldsymbol{P}}$ は

$$\hat{\boldsymbol{P}} = -i\hbar(\nabla_1+\nabla_2+\cdots+\nabla_N) \qquad \left[\nabla_i = \left(\frac{\partial}{\partial x_i}, \frac{\partial}{\partial y_i}, \frac{\partial}{\partial z_i}\right)\right]$$

であることを示し，$\hat{\boldsymbol{P}}$ の固有関数と固有値を求めよ.

4. スピン 2 の 2 個の同種粒子が複合粒子を作っている．2 個の粒子の相対運動の軌道角運動量が 0 の場合，複合粒子のスピンの可能な値は $0, 2, 4$ であることを示せ.

5. ハートリー近似の波動関数で表わされる状態では，系の電子の振る舞いは独立である．その意味を説明せよ.

6. 次の行列式

$$\frac{1}{\sqrt{2}}\begin{vmatrix} u(\boldsymbol{r}_1)\alpha(\sigma_1) & u(\boldsymbol{r}_1)\beta(\sigma_1) \\ u(\boldsymbol{r}_2)\alpha(\sigma_2) & u(\boldsymbol{r}_2)\beta(\sigma_2) \end{vmatrix}$$

はスピン1重項の状態を表わすことを示せ．

7. 原子番号が2のHe，10のNe，18のAr，36のKrが化学的に不活性な理由を図8-2の準位図を眺めて説明せよ．

8. 原子番号3のLi原子は1s殻に2個，2s殻に1個の電子があるが，この電子配置を$(1s)^2 2s$と記す．原子番号が4のBe原子と10のNe原子の電子配置を記せ．

9. 原子番号Zの増加とともに原子の平均半径はどのように変化すると考えられるか．

ボース-アインシュタイン凝縮

ボース統計に従うボース粒子の集団では，同一の1粒子状態を任意の個数の粒子が占有できる．このため低温では，最低エネルギー準位を占める粒子数が巨視的な大きさになる．この現象をボース-アインシュタイン凝縮あるいはボース凝縮という．

ヘリウムを4Kまで冷却すると液化するが，さらに冷却して2.2K以下にすると超流動とよばれる現象を示す．超流動とは粘性抵抗のない状態である．たとえば，注射器に液体ヘリウムを入れると，圧力を加えなくても注射針から流れ出したり，試験管の中に液体ヘリウムを入れると壁面を膜となってよじのぼり，縁を越えて外へ流れ出すのはその例である．超流動はボース凝縮によって同一の状態に集中したヘリウム原子の集団的運動が原因である．

ヘリウムの同位元素の$^3_2$He原子はフェルミ粒子なので，この集団のヘリウム3はボース凝縮を起こさず，超流動状態にはならないと思われたが，0.0026Kで超流動状態になることが発見された．その理由はフェルミ粒子の$^3_2$Heの2原子が弱い磁気力で結合してボース粒子になるからである．

ヘリウム以外の原子は，冷却すると超流動状態になる前に固体になるので，超流動状態にならない．

超伝導現象に対してもボース凝縮が重要な役割を演じる．電子間にはクーロン斥力が働くが，多くの金属中では格子上の金属イオンの振動と電子との相互作用を通じて電子間の引力が生じ，波数が$\boldsymbol{k}$と$-\boldsymbol{k}$でスピン1重項の電子対(クーパー・ペア)が生じる．このクーパー・ペアはスピン0のボース粒子として振る舞い，極低温ではボース凝縮が起こり，ほとんど全部のクーパー・ペアが同じ状態に集まる．電気を帯びていないヘリウム原子の場合には超流動が起こったが，電荷$-2e$を帯びているクーパー・ペアの場合には超伝導が起こる．

近似解法

ハミルトン演算子の固有値と固有関数を解析的に求めることは困難な場合が多い．このような場合には近似解法によって近似解を求める．本章では，そのような方法として摂動論と変分法の2つを解説する．

9-1 代数的方法と2準位近似

これまで取り扱ってきた井戸型，調和振動子，クーロンなどのポテンシャルの中の電子に対するシュレーディンガー方程式は解析的に解くことができた．すなわち，多項式，三角関数，指数関数などの初等関数で表わされる固有関数と固有値を求めることができた．しかし，これら以外の多くのポテンシャルの場合には近似解で満足せねばならない．

まず，準備としてシュレーディンガー方程式

$$\hat{H}u_n(\xi) = E_n u_n(\xi) \tag{9.1}$$

の代数的解法を説明する．1つの正規直交完全系 $\{\phi_k(\xi)\}$ で $u_n(\xi)$ を

$$u_n(\xi) = \sum_k C_{nk}\phi_k(\xi) \tag{9.2}$$

と展開し，これを(9.1)式に代入すると

$$\sum_k C_{nk}\hat{H}\phi_k(\xi) = E_n \sum_k C_{nk}\phi_k(\xi) \tag{9.3}$$

となる．この式の両辺に左から $\phi_m^\dagger(\xi)$ をかけて ξ について積分すると

$$\sum_k C_{nk}H_{mk} = E_n \sum_k C_{nk}\delta_{mk} = E_n C_{nm} \tag{9.4}$$

となる．ただし，左辺の H_{mk} は

$$H_{mk} \equiv \int \phi_m^\dagger(\xi) \hat{H} \phi_k(\xi) d\xi \tag{9.5}$$

で，(9.4)式の右辺を導くときに $\{\phi_k(\xi)\}$ の正規直交性

$$\int \phi_m^\dagger(\xi) \phi_k(\xi) d\xi = \delta_{mk} \tag{9.6}$$

を使った．変数 ξ は一般に位置座標 $\boldsymbol{r}$ とスピン座標 σ を表わし，$\int d\xi = \sum_{\sigma_1} \cdots \sum_{\sigma_N} \int d\boldsymbol{r}_1 \cdots \int d\boldsymbol{r}_N$ を意味する．

(9.4)式を変数 C_{nk} $(k=1, 2, \cdots)$ に対する同次の連立1次方程式とみなすと，この方程式が根をもつ条件は，係数を行列要素とする行列式が0，すなわち

$$\begin{vmatrix} H_{11}-E_n & H_{12} & H_{13} & \cdots \\ H_{21} & H_{22}-E_n & H_{23} & \cdots \\ H_{31} & H_{32} & H_{33}-E_n & \cdots \\ \cdots & \cdots & \cdots & \cdots \end{vmatrix} = 0 \tag{9.7}$$

である．したがって，行列要素 H_{mk} を解析的あるいは数値的に計算して，E_n に対する代数方程式(9.7)を解析的あるいは数値的に解くと，$\hat{H}$ のエネルギー固有値 E_n が求められる．このようにして得られた E_n を(9.4)式に代入して，この連立1次方程式を解いて C_{nk} を求め，この C_{nk} を(9.2)式に代入すると，$\hat{H}$ の固有関数 $u_n(\xi)$ が得られる．$\{\phi_n(\xi)\}$ の代わりにこの $\{u_n(\xi)\}$ を使って，$\hat{H}$ の行列要素を計算すると，対角線要素 E_n 以外は0になる．

このようにすれば，任意のハミルトン演算子 $\hat{H}$ の固有値と固有関数を原理的には求められそうに思われる．しかし，一般に(9.7)式に現われる行列式は ∞ 行 ∞ 列の行列の行列式であり，この方法は使えない．

2準位近似 系の状態が正規直交完全系 $\{\phi_k(\xi)\}$ のうちの少数個で良く近似できると物理的に期待される場合には，上に記した代数的方法が有効である．例えば，系の状態が $\phi_1(\xi)$ と $\phi_2(\xi)$ の1次結合で良く近似できそうな場合を考えよう．この場合には2つの波動関数 $u_1(\xi), u_2(\xi)$ を

$$u_1 = C_{11}\phi_1 + C_{12}\phi_2, \quad u_2 = C_{21}\phi_1 + C_{22}\phi_2 \tag{9.8}$$

と表わすと，係数 C_{nk} を決める(9.4)式は

$$\begin{aligned} H_{11}C_{n1} + H_{12}C_{n2} &= E_n C_{n1} \\ H_{21}C_{n1} + H_{22}C_{n2} &= E_n C_{n2} \end{aligned} \quad (n=1, 2) \tag{9.9}$$

となる．C_{n1}, C_{n2} に対する同次2元連立1次方程式(9.9)が解をもつ条件は

$$\begin{vmatrix} H_{11}-E_n & H_{12} \\ H_{21} & H_{22}-E_n \end{vmatrix} = E_n^2 - (H_{11}+H_{22})E_n + H_{11}H_{22} - |H_{12}|^2 = 0 \tag{9.10}$$

である．この2次方程式を解くと，系の近似的なエネルギー固有値 E_1, E_2

$$\begin{aligned} E_1 &= \frac{1}{2}\left[H_{11}+H_{22}+\sqrt{(H_{11}-H_{22})^2+4|H_{12}|^2}\right] \\ E_2 &= \frac{1}{2}\left[H_{11}+H_{22}-\sqrt{(H_{11}-H_{22})^2+4|H_{12}|^2}\right] \end{aligned} \tag{9.11}$$

が得られる($H_{21}=H_{12}^*$ を使った)．($H_{12}=0$ の場合のエネルギー準位の間隔 $|H_{11}-H_{22}|$ は，非対角線要素 H_{12} によって拡大される．)

簡単のために，$H_{11}=H_{22}\equiv E_0$ の場合を考えよう．$\phi_1(\xi)$ の位相因子を調節して $H_{12}=H_{21}=|H_{12}|\equiv E'$ とすると(9.11)式は

$$E_1 = E_0 + E', \quad E_2 = E_0 - E' \tag{9.12}$$

となる．$H_{11}=H_{22}=E_0$, $H_{12}=H_{21}=E'$ とおいた(9.9)式に(9.12)式を代入すると，系の(近似的な)規格化された波動関数 u_1, u_2 が求められる．

$$u_1 = \frac{1}{\sqrt{2}}(\phi_1+\phi_2), \quad u_2 = \frac{1}{\sqrt{2}}(\phi_1-\phi_2) \tag{9.13}$$

この2準位近似では，電子は2つの準位の間を振動数 $(E_1-E_2)/h$ $(=2E'/h)$ で往復する(本章の演習問題2参照)．

9-2 摂動論

近似解法の1つとして摂動論がある．摂動論はもともと惑星の運行を予測するために天文学の一分野である天体力学で開発された手法である．ニュート

ン力学では，ある惑星の運行を計算する場合，まず第1近似としてその惑星と太陽の2体問題として取り扱う．この2体問題は正確に解くことができて，太陽を1つの焦点とする楕円軌道上の面積速度が一定の運動が導かれる．ところが，この惑星には他の惑星も力を作用する．この力の影響による運動の変化を**摂動**(perturbation)というので，このような惑星の運動の理論的計算法を**摂動論**(perturbation theory)という．海王星の運行の理論的予測と観測結果のずれから冥王星の存在が予言されたのは，摂動論的手法によってであった．

量子力学の摂動論では，系のハミルトン演算子 $\hat{H}$ を，固有値方程式が解析的に解ける無摂動部分 $\hat{H}_0$ と残りの摂動部分 $\hat{H}'$ に

$$\hat{H} = \hat{H}_0 + \hat{H}' \tag{9.14}$$

と分解する．$\hat{H}_0$ の固有値方程式

$$\hat{H}_0 u_n^{(0)} = E_n^{(0)} u_n^{(0)} \tag{9.15}$$

のすべての固有値 $E_1^{(0)}, E_2^{(0)}, \cdots$ と固有関数 $u_1^{(0)}, u_2^{(0)}, \cdots$ はわかっているものとする．

実数のパラメーター λ を導入して，演算子

$$\hat{H}_\lambda = \hat{H}_0 + \lambda \hat{H}' \tag{9.16}$$

を定義する．$\hat{H}_\lambda$ の固有値方程式

$$\hat{H}_\lambda u_n(\xi, \lambda) = E_n(\lambda) u_n(\xi, \lambda) \tag{9.17}$$

の固有値 $E_n(\lambda)$ と固有関数 $u_n(\xi, \lambda)$ を

$$E_n(\lambda) = E_n^{(0)} + \lambda E_n^{(1)} + \lambda^2 E_n^{(2)} + \cdots \tag{9.18}$$

$$u_n(\xi, \lambda) = u_n^{(0)}(\xi) + \lambda u_n^{(1)}(\xi) + \lambda^2 u_n^{(2)}(\xi) + \cdots \tag{9.19}$$

と λ のべき級数展開で求め，最後に $\lambda=1$ とおいて，

$$E_n = E_n(\lambda=1), \quad u_n(\xi) = u_n(\xi, \lambda=1) \tag{9.20}$$

として $\hat{H}$ の固有値 E_n と固有関数 $u_n(\xi)$ を求めるのが，量子力学の摂動論である．こうすると，固有値と固有関数の $\hat{H}'$ によるべき級数展開が得られる．2つのべき級数(9.20)が収束し，しかも最初の数項のみで良い近似的な結果が得られることが，摂動論が有効な近似方法であるための条件である．

摂動ハミルトン演算子 $\hat{H}'$ が時間に依存しない場合と時間とともに変化す

る場合とを考える．$\hat{H}'$ が時間に依存しない場合には，$\hat{H}$ の固有値と固有関数は $\hat{H}_0$ の固有値と固有関数を少し補正することによって近似的に求められると考える．$\hat{H}'$ がある時間の間だけ作用する場合には，$\hat{H}'=0$ のときに $\hat{H}_0$ の定常状態 $u_n^{(0)}$ にあった電子が $\hat{H}'(t)$ の効果によって別の定常状態 $u_m^{(0)}$ に遷移する確率を計算する．

9-3 時間に依存しない摂動

無摂動ハミルトン演算子 $\hat{H}_0$ の固有関数 $u_n^{(0)}$ は正規直交完全系を作るように選べるので，$\hat{H}_\lambda$ の固有値 $E_n(\lambda)$ の固有関数 $u_n(\xi,\lambda)$ を

$$u_n(\xi,\lambda) = \sum_k C_{nk}(\lambda) u_k^{(0)}(\xi) \tag{9.21}$$

と展開する．このとき $E_n(\lambda)$ と $C_{nk}(\lambda)$ を決める(9.4)式は，$(H_\lambda)_{mk}= E_m^{(0)}\delta_{mk}+\lambda H'_{mk}$ を利用すると，

$$\sum_k C_{nk}(\lambda)[E_m^{(0)}\delta_{mk}+\lambda H'_{mk}] = E_n(\lambda) C_{nm}(\lambda) \tag{9.22}$$

となる．ここで，

$$H'_{mk} = \int d\xi\ u_m^{(0)\dagger}(\xi)\hat{H}' u_k^{(0)}(\xi) \tag{9.23}$$

である．

(9.22)式を摂動論で解くために，$C_{nk}(\lambda)$ を

$$C_{nk}(\lambda) = C_{nk}^{(0)}+\lambda C_{nk}^{(1)}+\lambda^2 C_{nk}^{(2)}+\cdots \tag{9.24}$$

と λ のべき級数で表わす．(9.19)式の $u_n^{(0)}, u_n^{(1)}, u_n^{(2)}, \cdots$ は $C_{nk}^{(0)}, C_{nk}^{(1)}, C_{nk}^{(2)}, \cdots$ によって

$$u_n^{(0)} = \sum_k C_{nk}^{(0)} u_k^{(0)}, \quad u_n^{(1)} = \sum_k C_{nk}^{(1)} u_k^{(0)}, \quad u_n^{(2)} = \sum C_{nk}^{(2)} u_k^{(0)}, \quad \cdots \tag{9.25}$$

と表わされる．(9.19)式で，$u_n(\xi,\lambda)$ は $\lambda\to 0$ の極限で $u_n^{(0)}(\xi)$ に一致すると要請したので，

$$C_{nk}^{(0)} = \delta_{nk} \tag{9.26}$$

であることが(9.25)の第1式からわかる．

(9.18), (9.24), (9.26)式を(9.22)式に代入すると，

$$\sum_k (E_m^{(0)}\delta_{mk}+\lambda H'_{mk})(\delta_{nk}+\lambda C_{nk}^{(1)}+\lambda^2 C_{nk}^{(2)}+\cdots)$$
$$=(E_n^{(0)}+\lambda E_n^{(1)}+\lambda^2 E_n^{(2)}+\cdots)(\delta_{nm}+\lambda C_{nm}^{(1)}+\lambda^2 C_{nm}^{(2)}+\cdots) \tag{9.27}$$

よって，

$$[H'_{mn}+(E_m^{(0)}-E_n^{(0)})C_{nm}^{(1)}-E_n^{(1)}\delta_{nm}]\lambda$$
$$+[\sum_k H'_{mk}C_{nk}^{(1)}+(E_m^{(0)}-E_n^{(0)})C_{nm}^{(2)}-E_n^{(1)}C_{nm}^{(1)}-E_n^{(2)}\delta_{nm}]\lambda^2$$
$$+\cdots=0 \tag{9.28}$$

となる．(9.28)式がパラメーター λ の任意の値に対して成り立つためには，λ の係数，λ^2 の係数，… が 0 になる必要がある．すなわち，任意の n, m に対して

$$H'_{mn}+(E_m^{(0)}-E_n^{(0)})C_{nm}^{(1)}-E_n^{(1)}\delta_{nm}=0 \tag{9.29a}$$

$$\sum_k H'_{mk}C_{nk}^{(1)}+(E_m^{(0)}-E_n^{(0)})C_{nm}^{(2)}-E_n^{(1)}C_{nm}^{(1)}-E_n^{(2)}\delta_{nm}=0 \tag{9.29b}$$

……………

が成り立つ必要がある．

$\hat{H}_0$ のすべての固有値が縮退していない場合　(9.29a)式で $n=m$ とおくと，$\hat{H}_0$ の固有値 $E_n^{(0)}$ に対する摂動論での 1 次の補正項 $E_n^{(1)}$ が

$$E_n^{(1)}=H'_{nn}=\int d\xi u_n^{(0)\dagger}(\xi)\hat{H}'u_n^{(0)}(\xi) \tag{9.30}$$

と表わされることがわかる．

つぎに(9.29a)式で $n\neq m$ とおくと，$\hat{H}_0$ のすべての固有値が縮退していない場合，

$$C_{nm}^{(1)}=\frac{H'_{mn}}{E_n^{(0)}-E_m^{(0)}} \qquad (n\neq m) \tag{9.31}$$

が得られる．したがって，$\hat{H}_0$ の固有関数 $u_n^{(0)}(\xi)$ に対する摂動論での 1 次の補正項 $u_n^{(1)}(\xi)$ は

$$u_n^{(1)}(\xi)=\sum_{m\neq n}C_{nm}^{(1)}u_m^{(0)}(\xi)=\sum_{m\neq n}\frac{H'_{mn}}{E_n^{(0)}-E_m^{(0)}}u_m^{(0)}(\xi) \tag{9.32}$$

である．ここで $\sum$ の下の $m\neq n$ は m についての和から n を除くことを意味する．(9.32)式は，$|E_n^{(0)}-E_m^{(0)}|$ が小さく H'_{mn} が大きい状態ほど，$\hat{H}_0$ の固有関数 $u_n^{(0)}(\xi)$ への補正項 $u_n^{(1)}(\xi)$ に対して大きな寄与をすることを示す．不

等式

$$|H'_{mn}| \ll |E_n^{(0)} - E_m^{(0)}| \tag{9.33}$$

は摂動論が適用できる必要条件である.

(9.32)式の右辺の和では，$C_{nn}^{(1)}=0$ として $m \neq n$ とした．その理由は波動関数 $u_n(\xi, \lambda)$ の規格化条件

$$\begin{aligned} 1 &= \int [u_n^{(0)} + \lambda \sum_k C_{nk}^{(1)} u_k^{(0)} + \cdots]^\dagger [u_n^{(0)} + \lambda \sum_k C_{nk}^{(1)} u_k^{(0)} + \cdots] d\xi \\ &= 1 + \lambda(C_{nn}^{(1)*} + C_{nn}^{(1)}) + O(\lambda^2) \end{aligned} \tag{9.34}$$

である．この条件が任意の値の λ に対して成り立つために，λ の係数が 0

$$C_{nn}^{(1)} + C_{nn}^{(1)*} = 0 \tag{9.35}$$

という条件が導かれる．この条件から Re $C_{nn}^{(1)}=0$ が導かれるが，すぐに示すように Im $C_{nn}^{(1)}$ は不定なので，Im $C_{nn}^{(1)}=0$ とおける．すなわち，

$$C_{nn}^{(1)} = 0 \tag{9.36}$$

である．$u_n(\xi, \lambda)$ が $\hat{H}_\lambda$ の固有関数ならば，a を実数とすると $e^{ia\lambda} u_n(\xi, \lambda)$ も $\lambda \to 0$ で $u_n^{(0)}(\xi)$ になる $\hat{H}_\lambda$ の固有関数なので Im $C_{nn}^{(1)}$ は不定なのである.

(9.29b)式で $n=m$ とおくと，$\hat{H}_0$ の固有値 $E_n^{(0)}$ に対する摂動論での 2 次の補正項 $E_n^{(2)}$,

$$E_n^{(2)} = \sum_k H'_{nk} C_{nk}^{(1)} = \sum_{k \neq n} \frac{H'_{nk} H'_{kn}}{E_n^{(0)} - E_k^{(0)}} = \sum_{k \neq n} \frac{|H'_{kn}|^2}{E_n^{(0)} - E_k^{(0)}} \tag{9.37}$$

が得られる．λ の 2 次の項までをまとめて，$\lambda=1$ とおくと，$\hat{H}$ の固有値 E_n の近似値

$$E_n \fallingdotseq E_n^{(0)} + H'_{nn} + \sum_{m \neq n} \frac{|H'_{mn}|^2}{E_n^{(0)} - E_m^{(0)}} \tag{9.38}$$

が得られる．(9.38)式から，$\hat{H}_0$ の基底状態の固有値 $E_1^{(0)}$ への摂動論の 2 次の補正項 $E_1^{(2)}$ は正ではないこと，$E_1^{(2)} \leqq 0$，がわかる.

例題 9-1 （一様な電場の中の 1 次元調和振動子） x 方向を向いた一様な電場 $\boldsymbol{E}$ の中に，x 軸に沿って単振動する電荷 q，質量 m の 1 次元調和振動子がある．この振動子のハミルトン演算子 $\hat{H} = \hat{H}_0 + \hat{H}'$,

$$\hat{H}_0 = \frac{1}{2m}\hat{p}^2 + \frac{1}{2}m\omega^2\hat{x}^2, \quad \hat{H}' = -qE\hat{x} \tag{9.39}$$

の摂動論でのエネルギー固有値の1次と2次の補正項と基底状態の波動関数の1次の補正項を求めよ．

［解］ 3-4節の結果を利用する．(3.61)，(3.66)，(3.68)式から

$$E_n^{(0)} = \left(n+\frac{1}{2}\right)\hbar\omega, \quad u_n^{(0)} = N_n H_n(\alpha x)e^{-\alpha^2 x^2/2} \qquad (n=0, 1, 2, \cdots) \tag{9.40}$$

$$H'_{mn} = -qEx_{mn} = \begin{cases} -(qE/\alpha)\sqrt{(n+1)/2} & (m=n+1) \\ -(qE/\alpha)\sqrt{n/2} & (m=n-1) \\ 0 & (\text{その他の場合}) \end{cases} \tag{9.41}$$

なので$(\alpha^2 = m\omega/\hbar)$，

$$E_n^{(1)} = H'_{nn} = 0 \tag{9.42}$$

$$E_n^{(2)} = \sum_{m\neq n}\frac{|H'_{mn}|^2}{E_n^{(0)}-E_m^{(0)}} = \frac{|H'_{n+1,n}|^2}{-\hbar\omega} + \frac{|H'_{n-1,n}|^2}{\hbar\omega} = -\frac{q^2E^2}{2\alpha^2\hbar\omega} = -\frac{q^2E^2}{2m\omega^2} \tag{9.43}$$

$$\begin{aligned} u_0^{(1)} &= \sum_{m\neq 0}\frac{H'_{m0}}{E_0^{(0)}-E_m^{(0)}}u_m^{(0)} = \frac{qE}{\sqrt{2}\,\alpha\hbar\omega}u_1^{(0)} \\ &= (\alpha/\sqrt{\pi})^{1/2}(qE/\hbar\omega)xe^{-\alpha^2x^2/2} \end{aligned} \tag{9.44}$$

$[u_1^{(0)}(x) = (2\alpha^3/\sqrt{\pi})^{1/2}xe^{-\alpha^2x^2/2}]$．

なお，ハミルトン演算子(9.39)は，$\hat{y} \equiv \hat{x} - (qE/m\omega^2)$ とおくと，

$$\begin{aligned} \hat{H} &= \frac{1}{2m}\hat{p}^2 + \frac{1}{2}m\omega^2\left(\hat{x} - \frac{qE}{m\omega^2}\right)^2 - \frac{q^2E^2}{2m\omega^2} \\ &= \frac{1}{2m}\hat{p}^2 + \frac{1}{2}m\omega^2\hat{y}^2 - \frac{q^2E^2}{2m\omega^2} \end{aligned} \tag{9.45}$$

となる．右辺の最初の2項は原点が $qE/m\omega^2$ だけ右にずれた調和振動子を表わすので，その固有値は(9.40)式の $E_n^{(0)}$ である．したがって，この場合には $E_n^{(0)} + E_n^{(1)} + E_n^{(2)}$ は正確な値である．$u_0^{(1)}(x)$ は $u_0^{(0)}(x - qE/m\omega^2) =$

$(\alpha/\sqrt{\pi})^{1/2}e^{-\alpha^2x^2/2}\exp[(\alpha^2 qEx/m\omega^2)-(\alpha^2 q^2E^2/2m^2\omega^4)]$ を q で展開したとき q に比例する項である. ■

5-7 節と 7-4 節で, z 方向を向いた一様な磁場 $\boldsymbol{B}=(0,0,B)$ の中の電子のハミルトン演算子には

$$\hat{H}' = \frac{e}{2m}B\hat{L}_z+\frac{e^2}{8m}B^2(x^2+y^2)+\frac{e}{m}B\hat{S}_z \tag{9.46}$$

という項が付け加わることを示した($g=2$ とした).

磁場 $\boldsymbol{B}=(0,0,B)$ の中の水素原子のエネルギー固有値を摂動論を使って計算する. 無摂動ハミルトン演算子として $\hat{H}_0=\hat{p}^2/2m-e^2/4\pi\varepsilon_0\hat{r}$, 摂動ハミルトン演算子として(9.46)式の $\hat{H}'$ を使う. 磁場 B が弱いので, エネルギー固有値と固有関数への B の効果を B のべき級数展開として求める. $\hat{H}'$ の第 2 項は B^2 に比例するので, 摂動論の 1 次近似では B に比例する $\hat{H}'$ の第 1 項と第 3 項だけを考えればよい.

$\hat{H}_0$ の主量子数 n, 軌道量子数 l, 磁気量子数 m_l, スピン量子数 m_s のエネルギー固有状態の固有値は $E_{nl}^{(0)}$, 固有状態は $u_{nlm_lm_s}^{(0)}(\boldsymbol{r},\sigma)$ であり, エネルギー固有値 $E_{nl}^{(0)}$ は $2(2l+1)$ 重に縮退している. $\hat{H}'$ の行列要素を計算すると,

$$\begin{aligned} H'_{n'l'm_l'm_s',nlm_lm_s} &= \sum_\sigma\int d\boldsymbol{r}u_{n'l'm_l'm_s'}^{(0)\dagger}\left[\frac{e}{2m}B\hat{L}_z+\frac{e}{m}B\hat{S}_z\right]u_{nlm_lm_s}^{(0)} \\ &= \frac{eB}{2m}(m_l+2m_s)\sum_\sigma\int d\boldsymbol{r}u_{n'l'm_l'm_s'}^{(0)\dagger}u_{nlm_lm_s}^{(0)} \\ &= \frac{eB}{2m}(m_l+2m_s)\delta_{n'n}\delta_{l'l}\delta_{m_l'm_l}\delta_{m_s'm_s} \end{aligned} \tag{9.47}$$

となるので, 非対角線要素は 0 である. したがって, 摂動論の 1 次の補正項は

$$E_{nlm_lm_s}^{(1)} = \frac{eB}{2m}(m_l+2m_s) \tag{9.48}$$

$$u_{nlm_lm_s}^{(1)} = 0 \tag{9.49}$$

となる.

磁場の方向が z 方向を向いておらず, 例えば x 方向を向いていて $\boldsymbol{B}=(B,$

$0, 0)$ だとすると，$\hat{L}_x$ の $u^{(0)}_{nl,m_l\pm1,m_s}$ と $u^{(0)}_{nlm_lm_s}$ の間の行列要素は 0 でなく，$\hat{S}_x$ の $u^{(0)}_{nl,m_l,m_s\pm1}$ と $u^{(0)}_{nlm_lm_s}$ の間の行列要素は 0 でない．したがって，$\hat{H}_0$ の固有値が同一 $(E^{(0)}_{nl})$ で異なる状態間での $\hat{H}'$ の行列要素が 0 でないので，(9.31)式で $E^{(0)}_n-E^{(0)}_m=0$, $H'_{nm}\neq0$ の場合がある．したがって，$C^{(1)}_{nm}=\infty$ となり，このままの形では摂動論を適用できない．この場合には $u^{(0)}_n$ として $\hat{L}_z$ と $\hat{S}_z$ の同時固有関数の $u^{(0)}_{nlm_lm_s}$ ではなく，$\hat{L}_x$ と $\hat{S}_x$ の同時固有関数を使用すればよい．このように $\hat{H}_0$ の固有値に縮退がある場合の一般論を次に行なう．

$\hat{H}_0$ の固有値に縮退がある場合　$\hat{H}_0$ の固有値 $E^{(0)}_n$ が N 重に縮退しているとする．これらの固有状態に $n_1, n_2, \cdots, n_N$ という記号をつける．n_i 状態と n_j 状態 $(i\neq j)$ $[u^{(0)}_{n_i}$ と $u^{(0)}_{n_j}]$ の間での $\hat{H}'$ の行列要素 $H'_{n_in_j}$ が 0 でなければ，$H'_{n_in_j}/(E^{(0)}_{n_i}-E^{(0)}_{n_j})=\infty$ なので，$C^{(1)}_{n_in_j}, C^{(1)}_{n_jn_i}, E^{(2)}_{n_i}, E^{(2)}_{n_j}$ はすべて ∞ になり，これまでの摂動論の方法は使えない．

そこで，$\hat{H}_0$ の縮退した固有値 $E^{(0)}_n$ に属する固有関数の任意の1次結合も $\hat{H}_0$ の固有値 $E^{(0)}_n$ に属する固有関数である事実を使って，$u^{(0)}_{n_1}, \cdots, u^{(0)}_{n_N}$ の N 個の1次独立な結合，

$$u^{(0)}_\alpha(\xi) = \sum_{j=1}^{N} C^{(0)}_{\alpha j} u^{(0)}_{n_j}(\xi) \qquad (\alpha=1, 2, \cdots, N) \tag{9.50}$$

を，$\hat{H}'$ の N 行 N 列の行列要素のうち対角線要素 $E^{(1)}_\alpha$ $(\alpha=1, 2, \cdots, N)$ 以外が 0，すなわち，

$$H'_{\beta\alpha} \equiv \int u^{(0)\dagger}_\beta(\xi)\hat{H}' u^{(0)}_\alpha(\xi)d\xi = E^{(1)}_\alpha \delta_{\alpha\beta} \tag{9.51}$$

となるように選ぶ（$u^{(0)}_\alpha$ は正規直交系を作るように選ぶ）．

9-1節で示したように，(9.50)式の $C^{(0)}_{\alpha j}$ と(9.51)式の $E^{(1)}_\alpha$ は連立1次方程式

$$\sum_{j=1}^{N} (H'_{n_in_j} - E^{(1)}_\alpha \delta_{ij})\, C^{(0)}_{\alpha j} = 0 \tag{9.52}$$

の解として求められる．(9.52)式が $C^{(0)}_{\alpha 1}=\cdots=C^{(0)}_{\alpha N}=0$ 以外の根をもつための条件は，永年方程式とよばれる，

$$\begin{vmatrix} H'_{n_1n_1}-E_\alpha^{(1)} & H'_{n_1n_2} & \cdots & H'_{n_1n_N} \\ H'_{n_2n_1} & H'_{n_2n_2}-E_\alpha^{(1)} & \cdots & H'_{n_2n_N} \\ \cdots & \cdots & \cdots & \cdots \\ H'_{n_Nn_1} & H'_{n_Nn_2} & \cdots & H'_{n_Nn_N}-E_\alpha^{(1)} \end{vmatrix} = 0 \tag{9.53}$$

である．(9.53)式を解いて求めた $E_\alpha^{(1)}$ を(9.52)式に代入すると $C_{\alpha j}^{(0)}$ が得られる．

摂動の第1近似までのエネルギーは

$$E_\alpha = E_n^{(0)} + E_\alpha^{(1)} \tag{9.54}$$

である((9.48)式の $E_{nlm_lm_s}^{(1)}$ は $E_\alpha^{(1)}$ の1例である)．

無摂動ハミルトン演算子 $\hat{H}_0$ の固有関数 $u_\alpha^{(0)}$ に対する1次の摂動論の補正項 $u_\alpha^{(1)}$ には，$u_{n_1}^{(0)}, \cdots, u_{n_N}^{(0)}$ 以外の $u_m^{(0)}$ が次の係数で混ざる．

$$C_{\alpha m}^{(1)} = \frac{H'_{m\alpha}}{E_n^{(0)} - E_m^{(0)}} \tag{9.55}$$

このように，固有値 $E_n^{(0)}$ が縮退している場合には，無摂動ハミルトン演算子 $\hat{H}_0$ の独立な固有関数 $u_{n_1}^{(0)}, \cdots, u_{n_N}^{(0)}$ に任意性があるので，$\hat{H}$ の固有関数になるべく近い $u_\alpha^{(0)}, u_\beta^{(0)}, \cdots$ を選んだ．

例題 9-2 (水素原子のシュタルク効果) 水素原子の第1励起状態の 2s, 2p 状態には $(n, l, m_l)=(2, 0, 0), (2, 1, 1), (2, 1, 0), (2, 1, -1)$ の4重の縮退がある．水素原子を一様な静電場の中におくと，この4重の縮退は部分的に解けることがわかっている．この電場による準位の分裂を**シュタルク効果** (Stark effect)という．電場が $+z$ 方向を向いている場合 $[\boldsymbol{E}=(0, 0, E)]$，摂動ハミルトン演算子は

$$\hat{H}' = e\boldsymbol{E}\cdot\hat{\boldsymbol{r}} = eE\hat{z} = eEr\cos\theta \tag{9.56}$$

で，4つの固有状態の間の行列要素の中で0でないものは，θ, φ 部分の計算をしてみると，

$$
\begin{aligned}
H'_{210,200} &= H'_{200,210} \\
&= \int_0^\infty r^2 dr \int_0^\pi \sin\theta d\theta \int_0^{2\pi} d\varphi \left[\frac{1}{\sqrt{4\pi}}\left(\frac{1}{2r_0}\right)^{3/2}\left(2-\frac{r}{r_0}\right)e^{-r/2r_0}\right] \\
&\quad \times eEr\cos\theta\left[\frac{\cos\theta}{\sqrt{4\pi}}\left(\frac{1}{2r_0}\right)^{3/2}\left(\frac{r}{r_0}\right)e^{-r/2r_0}\right] \\
&= -3eEr_0
\end{aligned}
\tag{9.57}
$$

だけであることがわかる．この結果を使って，$\hat{H}_0+\hat{H}'$ の固有値と固有関数を摂動論の最低次で求めよ．

［解］ $\hat{H}'$ の4行4列の行列は

$$
\begin{array}{c} \\ (2,0,0) \\ (2,1,1) \\ (2,1,0) \\ (2,1,-1) \end{array}
\begin{array}{c} \begin{array}{cccc} (2,0,0) & (2,1,1) & (2,1,0) & (2,1,-1) \end{array} \\
\begin{pmatrix} 0 & 0 & -3eEr_0 & 0 \\ 0 & 0 & 0 & 0 \\ -3eEr_0 & 0 & 0 & 0 \\ 0 & 0 & 0 & 0 \end{pmatrix} \end{array}
\tag{9.58}
$$

なので，永年方程式

$$
\begin{vmatrix} -E_\alpha^{(1)} & 0 & -3eEr_0 & 0 \\ 0 & -E_\alpha^{(1)} & 0 & 0 \\ -3eEr_0 & 0 & -E_\alpha^{(1)} & 0 \\ 0 & 0 & 0 & -E_\alpha^{(1)} \end{vmatrix} = (E_\alpha^{(1)})^2[(E_\alpha^{(1)})^2-(3eEr_0)^2] = 0
\tag{9.59}
$$

を解くと，固有値

$$
E_\alpha^{(1)} = 3eEr_0, \quad -3eEr_0, \quad 0(2\text{重に縮退})
\tag{9.60}
$$

が得られる．そこで，この $E_\alpha^{(1)}$ の値を連立1次方程式

$$
\begin{pmatrix} -E_\alpha^{(1)} & 0 & -3eEr_0 & 0 \\ 0 & -E_\alpha^{(1)} & 0 & 0 \\ -3eEr_0 & 0 & -E_\alpha^{(1)} & 0 \\ 0 & 0 & 0 & -E_\alpha^{(1)} \end{pmatrix}
\begin{pmatrix} C_{\alpha,200} \\ C_{\alpha,211} \\ C_{\alpha,210} \\ C_{\alpha,21-1} \end{pmatrix} = 0
\tag{9.61}
$$

に代入して順番に解くと，各固有値に属する規格化された固有ベクトルが次のように求められる．

$$
\begin{array}{lcccc}
\text{固有値} & 3eEr_0 & -3eEr_0 & \multicolumn{2}{c}{\overbrace{\qquad\qquad 0 \qquad\qquad}} \\
\text{固有ベクトル} & \begin{pmatrix} 1/\sqrt{2} \\ 0 \\ -1/\sqrt{2} \\ 0 \end{pmatrix}, & \begin{pmatrix} 1/\sqrt{2} \\ 0 \\ 1/\sqrt{2} \\ 0 \end{pmatrix} & \begin{pmatrix} 0 \\ 1 \\ 0 \\ 0 \end{pmatrix} & \begin{pmatrix} 0 \\ 0 \\ 0 \\ 1 \end{pmatrix}
\end{array}
\tag{9.62}
$$

したがって摂動の最低近似でのエネルギー固有値と固有関数は

$$
\begin{aligned}
E &= E_2^{(0)}+3eEr_0, \quad (u_{200}-u_{210})/\sqrt{2} \\
E &= E_2^{(0)}-3eEr_0, \quad (u_{200}+u_{210})/\sqrt{2} \\
E &= E_2^{(0)}(\text{縮退}), \quad u_{211}, \quad u_{21-1}
\end{aligned}
\tag{9.63}
$$

である．$E_2^{(0)}=-\hbar^2/8mr_0^2=-e^2/8(4\pi\varepsilon_0)r_0$ である． ▩

［注意］ 4-3 節では金属表面に垂直に強い電場をかけると，金属電子がトンネル効果で飛び出すことを説明した．原子に強い電場 $\boldsymbol{E}=(0,0,E)$ をかけると，(9.56)式の電場による位置エネルギーが付け加わるので，電子のポテンシャル $V(\boldsymbol{r})$ は $z\to-\infty$ で $V(\boldsymbol{r})\to-\infty$ となる．したがって，$-z$ 方向の $V(\boldsymbol{r})$ の壁の厚さは有限になり，電子がトンネル効果で原子から飛び出すことが可能になる．すなわち，原子の励起状態も基底状態も不安定である．第 4 章の演習問題 4 と似た計算で，トンネル効果の透過率 T の電気力の強さ eE への依存性は $T\propto e^{-(\text{定数})/eE}$ であることがわかる．すなわち $eE\to 0$ で $T\to 0$ であるが，この減少はきわめて速く，T を eE のべき級数に展開できない．したがって，(9.56)式の $\hat{H}$ を摂動ハミルトン演算子とする摂動計算で T を求めることは不可能である．このような過程を**非摂動的過程**という．

9-4 時間に依存する摂動

水素原子に時間的に急激に変化する電場をかけると，原子の状態は変化する．この場合には，$\hat{\boldsymbol{p}}^2/2m-e^2/4\pi\varepsilon_0\hat{r}$ をハミルトン演算子の無摂動部分 $\hat{H}_0$ とし，時間的に変化する電場による演算子 $\hat{H}'$ を摂動部分として，$\hat{H}_0$ の 1 つの固有状態にある水素原子が時間の経過とともに $\hat{H}_0$ の別の固有状態に

どのような確率で遷移していくかという問題として考える．このようにハミルトン演算子

$$H = \hat{H}_0 + \hat{H}'(t) \tag{9.64}$$

の摂動部分 $\hat{H}'$ が時間とともに変化する場合を**時間に依存する摂動**という．

無摂動ハミルトン演算子 $\hat{H}_0$ は時間とともに変化しないので，$\hat{H}_0$ の固有状態は定常状態であり，固有値 $E_n^{(0)}$ の固有関数

$$\psi_n^{(0)}(\xi, t) = u_n^{(0)}(\xi)e^{-iE_n^{(0)}t/\hbar} \tag{9.65}$$

は微分方程式

$$i\hbar\frac{\partial\psi_n^{(0)}}{\partial t} = \hat{H}_0\psi_n^{(0)} = E_n^{(0)}\psi_n^{(0)}, \quad \hat{H}_0 u_n^{(0)} = E_n^{(0)}u_n^{(0)} \tag{9.66}$$

の解である．関数系 $\{u_n^{(0)}(\xi)\}$ は正規直交完全系を作る．したがって，ハミルトン演算子が $\hat{H}=\hat{H}_0+\hat{H}'(t)$ の場合の時間に依存するシュレーディンガー方程式

$$i\hbar\frac{\partial\psi}{\partial t} = \hat{H}\psi = [\hat{H}_0+\hat{H}'(t)]\psi \tag{9.67}$$

の解である波動関数 $\psi(\xi, t)$ を

$$\psi(\xi, t) = \sum_n C_n(t)\psi_n^{(0)}(\xi, t) = \sum_n C_n(t)u_n^{(0)}(\xi)e^{-iE_n^{(0)}t/\hbar} \tag{9.68}$$

と表わすことができる．展開係数 $C_n(t)$ は時間の関数である．

(9.68)式を(9.67)式に代入すると，

$$\begin{aligned}\hat{H}\psi &= \sum_n C_n(t)[\hat{H}_0+\hat{H}'(t)]\psi_n^{(0)} = \sum_n C_n(t)[E_n^{(0)}+\hat{H}'(t)]\psi_n^{(0)} \\ &= i\hbar\frac{\partial\psi}{\partial t} = \sum_n\left(i\hbar\frac{dC_n}{dt}+E_n^{(0)}C_n\right)\psi_n^{(0)}\end{aligned} \tag{9.69}$$

と変形できるので($\hat{H}_0\psi_n^{(0)}=E_n^{(0)}\psi_n^{(0)}$ を使った)，

$$i\hbar\sum_n\frac{dC_n}{dt}\psi_n^{(0)} = \sum_n C_n(t)\hat{H}'(t)\psi_n^{(0)} \tag{9.70}$$

が導かれる．この式の両辺に $\psi_k^{(0)\dagger}(\xi, t)$ をかけて ξ について積分する．$k\neq n$ の $\psi_k^{(0)}$ と $\psi_n^{(0)}$ は直交するので，

$$\frac{dC_k}{dt} = \frac{1}{i\hbar}\sum_n H'_{kn}(t)e^{i\omega_{kn}t}C_n(t) \tag{9.71}$$

が導かれる．ここで

$$H'_{kn}(t) = \int u_k^{(0)\dagger}(\xi)\hat{H}'(t)u_n^{(0)}(\xi)d\xi, \quad \omega_{kn} = \frac{E_k^{(0)}-E_n^{(0)}}{\hbar} \qquad (9.72)$$

である．

簡単のために時刻 $t=0$ 以前では，

$$\hat{H}'(t) = 0 \qquad (t<0) \qquad (9.73)$$

とし，系の波動関数は $\psi_j^{(0)}(\xi, t)$，すなわち

$$C_n(0) = \delta_{nj} \qquad (9.74)$$

であるとする．(9.71)式を $t=0$ から t まで積分し，(9.74)式を考慮すると，未知関数 $C_n(t)$ の積分を含む

$$C_k(t) = \delta_{kj}+\frac{1}{i\hbar}\int_0^t dt'\sum_n H'_{kn}(t')e^{i\omega_{kn}t'}C_n(t') \qquad (9.75)$$

という積分方程式が得られる．

展開係数 $C_n(t)$ を摂動項 $\hat{H}'$ の次数によって

$$C_n(t) = C_n^{(0)}(t)+C_n^{(1)}(t)+C_n^{(2)}(t)+\cdots \qquad (9.76)$$

と展開して，(9.75)式の両辺に代入し，$\hat{H}'$ の次数の同じ項を等しいとおくと，漸化式

$$C_k^{(m+1)}(t) = \frac{1}{i\hbar}\int_0^t dt'\sum_n H'_{kn}(t')e^{i\omega_{kn}t'}C_n^{(m)}(t') \qquad (9.77)$$

$$C_k^{(0)}(t) = \delta_{kj} \qquad (9.78)$$

が得られる．したがって，(9.77)式と(9.78)式から

$$C_k^{(1)}(t) = \frac{1}{i\hbar}\int_0^t dt' H'_{kj}(t')e^{i\omega_{kj}t'} \qquad (9.79)$$

$$C_k^{(2)}(t) = \left(\frac{1}{i\hbar}\right)^2\int_0^t dt'\sum_n H'_{kn}(t')e^{i\omega_{kn}t'}\int_0^{t'} dt'' H'_{nj}(t'')e^{i\omega_{nj}t''} \qquad (9.80)$$

などの結果が得られる．

$t>0$ での時間的に一定な摂動による遷移　摂動項 $\hat{H}'$ が $t=0$ で加えられはじめ，その後 $\hat{H}'$ が一定な場合を考える．実際の問題としては，たとえば時刻 $t=0$ から電子ビームの通路の一部分に時間的に一定な電場を加えたと

きに，電子ビームはどういう状態にどのような確率で遷移していくかという問題である．この場合，(9.79)式の積分を行なうと，

$$C_k^{(1)}(t) = \frac{1-e^{i\omega_{kj}t}}{\hbar\omega_{kj}}H'_{kj} \tag{9.81}$$

となる．

時刻 $t=0$ に状態 j にあった系が時刻 t に状態 k に発見される確率は，摂動の第1近似では，

$$|C_k^{(1)}(t)|^2 = \frac{4|H'_{kj}|^2}{(E_k^{(0)}-E_j^{(0)})^2}\left[\sin\frac{(E_k^{(0)}-E_j^{(0)})t}{2\hbar}\right]^2 \tag{9.82}$$

である．これが始状態 j から終状態 k への $\hat{H}'$ の作用による遷移確率である．

(9.82)式を理解するために，図9-1の横軸に $\omega=(E_k^{(0)}-E_j^{(0)})/\hbar$，縦軸に $4[\sin^2(\omega t/2)]/\omega^2$ を描いた．この図の中央の山は $|\omega|<2\pi/t$ の範囲にある．この事実は，摂動が加えられはじめてからの時間を $\varDelta t$ とすると，$|C_k^{(1)}(t)|^2$ が比較的に大きく，終状態 k へ比較的に大きな確率で遷移できるのは，$\varDelta E=|E_k^{(0)}-E_j^{(0)}|\lesssim\hbar/\varDelta t$，すなわち

$$(\varDelta E)(\varDelta t) \lesssim \hbar \tag{9.83}$$

のときだけであることを意味する．

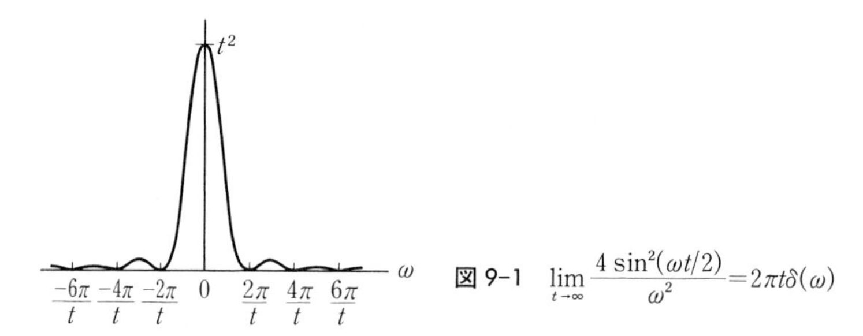

図 9-1 $\lim_{t\to\infty}\frac{4\sin^2(\omega t/2)}{\omega^2}=2\pi t\delta(\omega)$

終状態 k が連続エネルギー固有値に属す状態の場合を考える．摂動をかけはじめてからの時間が長くなると，図9-1の中央の山の高さ t^2 はますます高く，幅 $2\pi/t$ はますます狭くなり，$t\delta(\omega)$ に近づいていく．物理数学の公式

$$\lim_{t\to\infty}\frac{\sin^2 aEt}{\pi a^2E^2t}=\delta(aE)=\frac{1}{|a|}\delta(E) \tag{9.84}$$

を使うと，$t\to\infty$ での遷移確率は

$$|C_k^{(1)}(t)|^2=\frac{2\pi t}{\hbar}|H'_{kj}|^2\delta(E_k^{(0)}-E_j^{(0)}) \tag{9.85}$$

となる．遷移確率(9.85)は摂動のかかっている時間 t に比例しているが，これは当然の結果である．いま $E_k^{(0)}$ は連続固有値なので，H'_{kj} がほぼ一定であるような一群の終状態を k 状態とよび，エネルギーが $E_k^{(0)}$ と $E_k^{(0)}+dE_k^{(0)}$ の間にある k 状態の数を $\rho(E_k^{(0)})dE_k^{(0)}$ とすると，始状態 j から k 状態への単位時間あたりの遷移確率 w_k は，$|C_k^{(1)}(t)|^2/t$ の k 状態についての和の

$$\begin{aligned}w_k&=\sum_k|C_k^{(1)}(t)|^2/t=\frac{2\pi}{\hbar}|H'_{kj}|^2\int\delta(E_k^{(0)}-E_j^{(0)})\rho(E_k^{(0)})dE_k^{(0)}\\&=\frac{2\pi}{\hbar}|H'_{kj}|^2\rho(E_j^{(0)})\end{aligned} \tag{9.86}$$

で与えられる．これを**フェルミの黄金律**(Fermi's golden rule)とよぶ．$\rho(E)$ を**状態密度**(state density)という．この黄金律の応用例としては，次章のポテンシャル散乱のボルン近似の項を参照されたい．

$E_k^{(0)}\approx E_j^{(0)}$ の k 状態に対して $H'_{kj}=0$ ならば1次の摂動では k 状態への遷移は起こらない．この場合に $H'_{kn}H'_{nj}\neq0$ であるような $E_n^{(0)}\neq E_j^{(0)}$ の状態 n があれば，2次の摂動の効果として k 状態への遷移が起こる．(9.79)式の代わりに(9.80)式を利用すると，単位時間あたりの遷移確率 w_k は

$$w_k=\frac{2\pi}{\hbar}\left|\sum_n\frac{H'_{kn}H'_{nj}}{E_n^{(0)}-E_j^{(0)}}\right|^2\rho(E_j^{(0)}) \tag{9.87}$$

であることが導かれる(実際に計算してみると別の項が出てくるが，この項は $t\to\infty$ で急速に振動する項で，無視できる)．(9.87)式は始状態 j から終状態 $k(E_k^{(0)}\approx E_j^{(0)})$ への遷移が，始状態とはエネルギーが異なる中間状態 n $(E_n^{(0)}\neq E_j^{(0)})$ を経由して起こることを示す．有限の時間 $\Delta t\lesssim\hbar/\Delta E$ ならば $C_n^{(1)}(\Delta t)\neq0$ なので，エネルギーが $|E_n^{(0)}-E_j^{(0)}|=\Delta E$ 程度異なる状態 n に実質的に遷移しており，$H'_{kj}=0$ なので直接には遷移できない状態の間でも間

接的に遷移できる．$\Delta E=|E_n^{(0)}-E_j^{(0)}|$ が大きいほど遷移が少ないのは当然である．

周期的に変化する摂動による遷移　時刻 $t=0$ に摂動が加わりはじめ，その後の時間的変化が $e^{i\omega t}$, $e^{-i\omega t}$ に比例する摂動ハミルトン演算子

$$\hat{H}'(t)=F(\hat{\boldsymbol{r}},\hat{\boldsymbol{p}},\hat{\boldsymbol{S}})e^{i\omega t}+F^{\dagger}(\hat{\boldsymbol{r}},\hat{\boldsymbol{p}},\hat{\boldsymbol{S}})e^{-i\omega t} \tag{9.88}$$

による遷移を考える．この場合には $\hat{H}'(t)$ の行列要素は

$$H'_{kj}=F_{kj}e^{i\omega t}+F_{kj}^{\dagger}e^{-i\omega t},\quad F_{kj}=\int u_k^{(0)\dagger}(\xi)\hat{F}u_j^{(0)}(\xi)d\xi \tag{9.89}$$

と表わされるので，これを(9.79)式に代入すると，$C_k^{(1)}(t)$ は

$$\begin{aligned}C_k^{(1)}(t)&=\frac{1}{i\hbar}\int_0^t dt'[F_{kj}e^{i(\omega_{kj}+\omega)t'}+F_{kj}^{\dagger}e^{i(\omega_{kj}-\omega)t'}]\\&=F_{kj}\frac{1-e^{i(\omega_{kj}+\omega)t}}{\hbar(\omega_{kj}+\omega)}+F_{kj}^{\dagger}\frac{1-e^{i(\omega_{kj}-\omega)t}}{\hbar(\omega_{kj}-\omega)}\end{aligned} \tag{9.90}$$

となる．

摂動の加わった時間が長くなり，t が大きいときの遷移確率は

$$|C_k^{(1)}(t)|^2=t\frac{2\pi}{\hbar}[|F_{kj}|^2\delta(E_k^{(0)}-E_j^{(0)}+\hbar\omega)+|F_{jk}|^2\delta(E_k^{(0)}-E_j^{(0)}-\hbar\omega)] \tag{9.91}$$

と表わされる．したがって，遷移が起こるのは，終状態のエネルギー $E_k^{(0)}$ が

$$E_k^{(0)}=E_j^{(0)}-\hbar\omega\quad \text{および}\quad E_k^{(0)}=E_j^{(0)}+\hbar\omega \tag{9.92}$$

の場合である．すなわち始状態 j から終状態 k への遷移は，第1の場合にはエネルギー $\hbar\omega$ の放出，第2の場合にはエネルギー $\hbar\omega$ の吸収を伴って起こる．エネルギー $\hbar\omega$ の放出と吸収は角振動数 ω で振動する $\hat{H}'(t)$ の原因となる系との間で行なわれる．

終状態が連続エネルギー固有値をもつ場合には，(9.86)式の場合と同じように，一群の終状態(k 状態)へエネルギー $\hbar\omega$ を放出して遷移する確率は単位時間あたり

$$\omega_k = \frac{2\pi}{\hbar}|F_{kj}|^2\rho(E_j^{(0)}-\hbar\omega) \tag{9.93}$$

である．これも**フェルミの黄金律**とよばれる．(9.93)式は原子や分子による電磁波の吸収や放射に応用されている．

［参考］ 電子の粒子像でのエネルギー E と波動像での振動数 ν，角振動数 ω との関係 $E=h\nu=\hbar\omega$［(1.13)式］は，摂動が外部からの角振動数 ω の電磁波による場合の(9.91)式によって確立されることを示そう．この場合，エネルギー $\hbar\omega$ の光子の吸収・放出を伴う始状態 j と終状態 k の間での遷移におけるエネルギー保存則から $\hbar\omega=|E_j^{(0)}-E_k^{(0)}|$ が導かれる．一方，(9.91)式の導き方を調べると，始状態と終状態の角振動数 ω_j, ω_k と ω の間には $\omega=|\omega_j-\omega_k|$ という関係があることがわかる．したがって，2つの式から $|E_j^{(0)}-E_k^{(0)}|=\hbar|\omega_j-\omega_k|=h|\nu_j-\nu_k|$ が導かれる．

9-5 変分法

あるハミルトン演算子 $\hat{H}$ のエネルギー固有値を知らなくても，波動関数 ψ で表わされる状態でのエネルギーの期待値 $\langle H\rangle$

$$\langle H\rangle = \frac{\int\psi^\dagger\hat{H}\psi d\xi}{\int\psi^\dagger\psi d\xi} \tag{9.94}$$

を計算できる．

$\hat{H}$ の規格化された固有関数系 $\{u_n\}$ は正規直交完全系を作るので，$\{u_n\}$ で波動関数 ψ を

$$\psi(\xi) = \sum_n C_n u_n(\xi) \tag{9.95}$$

と展開すると，エネルギー期待値(9.94)は

$$\langle H\rangle = \frac{\sum_n E_n|C_n|^2}{\sum_n |C_n|^2} \tag{9.96}$$

と表わされる(E_n は u_n の固有値)．この結果を使うと，系の基底状態のエネルギー固有値 E_1 に対する不等式

$$\langle H \rangle \geqq E_1 \tag{9.97}$$

を導ける．等号は ψ が基底状態の固有関数 u_1 に等しいとき($\psi=u_1$)のみに成り立つ．別の波動関数 φ で $\langle H \rangle_\varphi$ を計算して，(9.94)式の値 $\langle H \rangle_\psi$ よりも小さくなれば，$\langle H \rangle_\psi > \langle H \rangle_\varphi \geqq E_1$ なので，$\langle H \rangle_\varphi$ は $\langle H \rangle_\psi$ よりも E_1 の良い近似値を与える．また，波動関数 φ は ψ よりも基底状態の固有関数 u_1 を成分として多く含み($|C_1|^2$ が大きく)，u_1 のより良い近似になっていると考えられる．

そこで，パラメーター α を含む試行関数 $\psi(\xi, \alpha)$ を使って，エネルギー期待値 $E(\alpha)$

$$E(\alpha) = \frac{\int \psi^\dagger(\xi, \alpha) \hat{H} \psi(\xi, \alpha) d\xi}{\int \psi^\dagger(\xi, \alpha) \psi(\xi, \alpha) d\xi} \tag{9.98}$$

を計算する．次に $dE(\alpha)/d\alpha=0$ を解いて，$E(\alpha)$ が極小になる α の値 α_{m} がわかると，基底状態のエネルギーのいちばん良い近似値 $E(\alpha_{\mathrm{m}})$ が求められる．この極小値 $E(\alpha_{\mathrm{m}})$ に対応する波動関数 $\psi(\xi, \alpha_{\mathrm{m}})$ は，許される範囲の α の値に対応する $\psi(\xi, \alpha)$ の中で，基底状態の波動関数 $u_1(\xi)$ を成分として最も多く含んでいると考えられる．したがって，基底状態のエネルギー固有値と固有関数の近似として $E(\alpha_{\mathrm{m}})$ と $\psi(\xi, \alpha_{\mathrm{m}})$ が得られる．このような近似法を**変分法**(variational method)という．

例題 9-3 電場の中の半導体と絶縁体の境界面付近では，境界面に垂直な方向の電子の運動のハミルトン演算子は

$$\hat{H} = \frac{1}{2m} \hat{p}_x^2 + V(\hat{x}) \tag{9.99}$$

$$V(x) = \begin{cases} \infty & (x<0) \\ -V_0 + ax & (x \geqq 0) \end{cases} \tag{9.100}$$

で近似される(図 9-2 参照)．試行関数として

$$\psi(x) = 2b^{3/2} x e^{-bx} \tag{9.101}$$

をとり，$\langle H \rangle$ を最小にする b の値と $\langle H \rangle$ の最小値を求めよ．

［解］ $\psi(x)$ は規格化されているので，

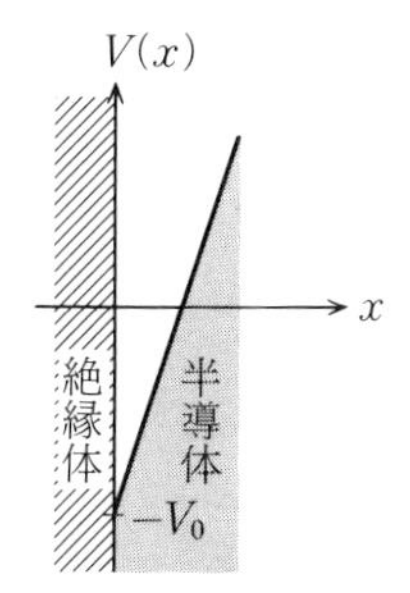

図 9-2 半導体と絶縁体の境界面付近でのポテンシャル

$$\langle H\rangle = 4b^3\int_0^\infty\left[\frac{\hbar^2 b}{m}x-\frac{\hbar^2 b^2}{2m}x^2+(ax-V_0)x^2\right]e^{-2bx}dx$$

$$= \frac{\hbar^2 b^2}{2m}+\frac{3a}{2b}-V_0 \tag{9.102}$$

$$\frac{d\langle H\rangle}{db} = \frac{\hbar^2 b}{m}-\frac{3a}{2b^2} = 0, \quad \therefore \quad b = \left(\frac{3ma}{2\hbar^2}\right)^{1/3} \tag{9.103}$$

したがって，$\langle H\rangle$ は $b=(3ma/2\hbar^2)^{1/3}$ で極小値

$$\left(\frac{3}{2}\right)^{5/3}\left(\frac{\hbar^2 a^2}{m}\right)^{1/3}-V_0$$

となる．これが基底状態のエネルギーの近似値(上限)である． ▩

第9章 演習問題

1. 水素原子の 2p 状態の縮退している $j=3/2$ と $j=1/2$ のエネルギー準位($2p_{3/2}$ と $2p_{1/2}$)はスピン-軌道相互作用(7.114)によってどう変化するか．

2. 2準位近似で $H_{11}=H_{22}$ の場合，$t=0$ で波動関数 ψ が $\psi=\phi_1$ だとする．このとき ψ の時間的変化を調べ，系は ϕ_1 と ϕ_2 の間を周期 $T=h/|E_1-E_2|$ で往復することを示せ．

3. $\hat{H}_0$ のすべての固有値が縮退していない場合，固有関数 $u_n^{(0)}$ の2次の補正項 $u_n^{(2)}$ を $\sum_m C_{nm}^{(2)}u_m^{(0)}$ と表わすと

$$C_{nn}^{(2)} = -\frac{1}{2}\sum_m |C_{nm}^{(1)}|^2 = -\frac{1}{2}\sum_{m\neq n}\frac{|H'_{mn}|^2}{(E_n^{(0)}-E_m^{(0)})^2} \tag{1}$$

$$C_{nm}^{(2)} = \frac{1}{E_m^{(0)} - E_n^{(0)}}\left[-\sum_k H'_{mk} C_{nk}^{(1)} + E_n^{(1)} C_{nm}^{(1)}\right]$$
$$= \sum_{k \neq n} \frac{H'_{mk} H'_{kn}}{(E_m^{(0)} - E_n^{(0)})(E_k^{(0)} - E_n^{(0)})} - \frac{H'_{nn} H'_{mn}}{(E_m^{(0)} - E_n^{(0)})^2} \qquad (n \neq m)$$

となることを導け．(1)式は規格化条件から導びかれる．

4. 水素原子の基底状態(1s 状態)に対する

$$\hat{H}' = \frac{1}{8m} e^2 B^2 (x^2 + y^2)$$

の摂動の最低次の補正項を求めよ．これは水素原子の反磁性によるものであることを示せ．

5. 例題 9-3 の $\hat{H}$ に対して，試行関数として

$$\psi(x) = 2\left(\frac{b^3}{\pi}\right)^{1/4} x \exp\left(-\frac{1}{2} b x^2\right)$$

を考え，変分法で $\hat{H}$ の基底状態のエネルギー固有値の近似値を求めよ．この結果と例題 9-3 の結果を比較せよ．

6. よく使われる変分法として，n 個の実数のパラメーター α_i と実関数 $f_i(x)$ の積 $\alpha_i f_i(x)$ の 1 次結合

$$\alpha_1 f_1(x) + \alpha_2 f_2(x) + \cdots + \alpha_n f_n(x)$$

を試行関数に選ぶことがある．$f_1(x), \cdots, f_n(x)$ は規格直交化されている必要はない．

$$H_{ij} = \int_{-\infty}^{\infty} f_i(x) \hat{H} f_j(x) dx, \quad J_{ij} = \int_{-\infty}^{\infty} f_i(x) f_j(x) dx$$

とおくと，変分法によるエネルギー E は

$$\det |H_{ij} - E J_{ij}| = 0$$

の根として得られることを示せ．

アハラノフ-ボーム効果

電磁気学で学んだように，無限に長いソレノイドの周囲では磁場 $\boldsymbol{B}=0$ である．古典物理学では，荷電粒子(電荷 q，速度 $\boldsymbol{v}$)は磁場が 0 の場所では磁気力 $\boldsymbol{F}=q\boldsymbol{v}\times\boldsymbol{B}$ を受けない．ところで，量子力学のシュレーディンガー方程式には磁場 $\boldsymbol{B}$ そのものは現われず，ベクトル・ポテンシャル $\boldsymbol{A}$ が現われる．

ベクトル・ポテンシャルの定義は $\boldsymbol{B}=\nabla\times\boldsymbol{A}$ なので，ストークスの定理によって，「閉曲線 C にそっての $\boldsymbol{A}$ の接線方向成分 A_{t} の線積分は C を縁とする面 S を貫く磁束 Φ に等しい」

$$\oint_C A_{\mathrm{t}}ds = \iint_S B_{\mathrm{n}}dS = \Phi$$

したがって，$\boldsymbol{B}=0$ のソレノイドの外部でも，$\boldsymbol{A}$ は 0 ではない．そこで，シュレーディンガー方程式に従う電子は，ソレノイドの外部だけを通っても，ソレノイドの中の磁場の磁束を感じることになる．これをアハラノフ-ボーム効果(Aharonov-Bohm effect)という．

図のように，電子ビームが 2 つにわかれてソレノイドの両側を通るようにし，その後で合流させる実験で，合流点で電子ビームが作る干渉模様がソレノイドの中の磁束の変化に伴って変化することがわかり，アハラノフ-ボーム効果が確認された．

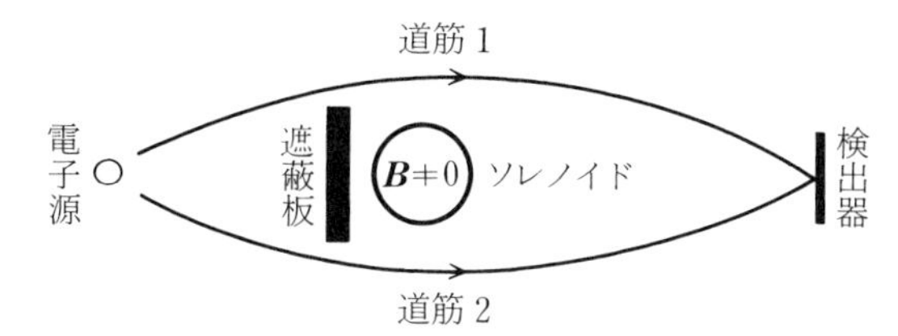

この効果は，物理現象を局所的に見るのではなく，大域的に見る必要性を示している．

ベクトル・ポテンシャルにはゲージ変換の自由度，すなわち，「ゲージ変換 $\boldsymbol{A}\to\boldsymbol{A}+\nabla\Lambda$ (Λ はスカラー関数)で $\boldsymbol{B}$ は不変である」という任意性がある．しかし，干渉模様の変化は磁束($\boldsymbol{B}$ の面積分)だけに依存するので，ゲージ変換に影響されない．なお，電子の波動関数はゲージ変換で変化する．

10 散　乱

原子の中心に原子核が存在する事実は，金箔による α 粒子の散乱実験によって発見された．このように粒子を標的に衝突させたときにどのように散乱されるかを調べることは，われわれに標的についての重要な情報をもたらしてくれる．本章では標的のまわりのポテンシャルによる粒子の弾性散乱について学ぶ．

10-1 散乱断面積

原子，原子核，素粒子などの構造や性質を調べるために，電子や陽子などの荷電粒子を電場で加速して速度のそろったビームを作り，原子，原子核，素粒子などに衝突させるという衝突実験が行なわれている．

実験では入射ビームを静止している標的粒子に衝突させる場合もあるし(図 10-1)，別の粒子ビームに衝突させる場合もある(図 10-2)．いずれの場合も，入射ビームの中の 1 個の粒子と標的あるいは第 2 のビームの中の 1 個の粒子との衝突を考える．すなわち，ビームの中や標的の中の粒子間の相互作用は無視できる場合を考える．図 10-1, 10-2 には新しい粒子の発生を伴う非弾性衝突を示したが，本章では弾性衝突のみを考える．

8-1 節で学んだように，外力の作用しない 2 粒子系の運動は重心運動と相対運動に分離される．物理的に興味があるのは相対運動である．したがっ

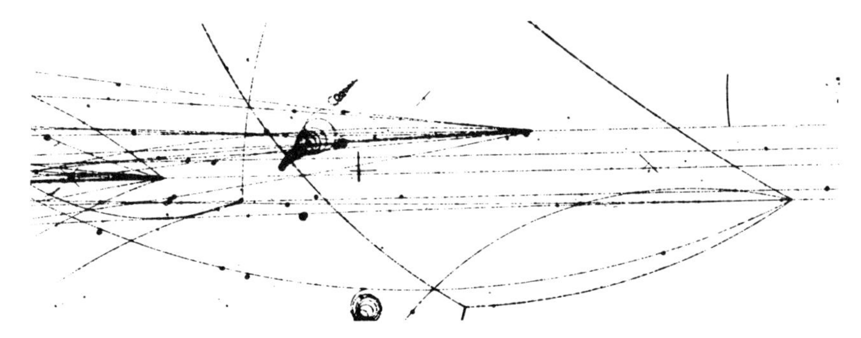

図 10-1　過飽和の液体水素の中に右方から入射したエネルギーが 200 GeV の陽子ビームが静止している水素原子核(陽子)と衝突して引き起こした反応の写真．黒い線は荷電粒子の飛跡に生じた一連の泡を示す．写真面に垂直に磁場がかかっている(米国フェルミ加速器研究所提供)

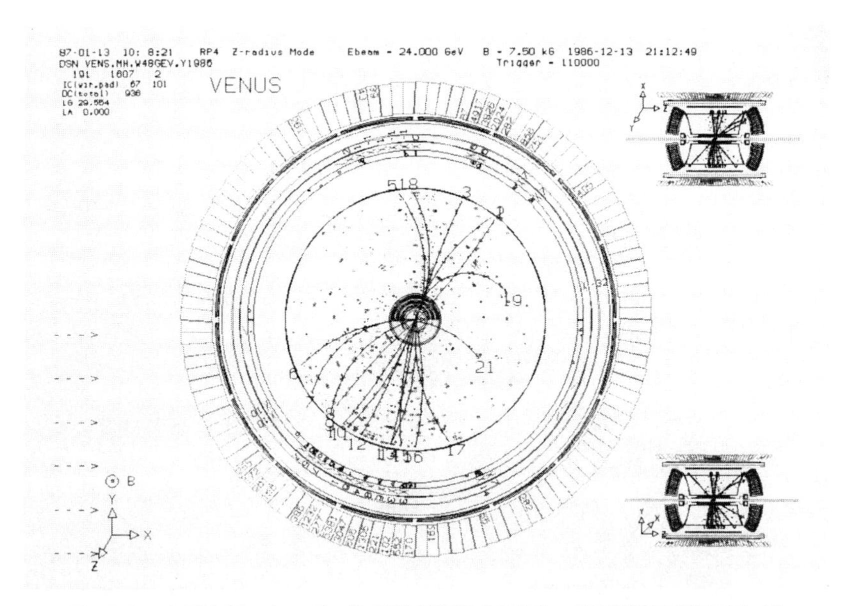

図 10-2　文部省高エネルギー物理学研究所(KEK)の電子陽電子衝突型加速器トリスタンの VENUS 検出器で発生した電子と陽電子の衝突現象($+z$ 方向に進む 24 GeV の電子と $-z$ 方向に進む 24 GeV 陽電子の衝突)．$+z$ 方向に 0.75 T の磁場がかかっている．

て，換算質量

$$m = \frac{m_1 m_2}{m_1 + m_2} \tag{10.1}$$

をもつ入射粒子(質量 m_1)が，原点に静止している標的(あるいは第2のビーム)の粒子(質量 m_2)の周囲の相互作用ポテンシャル $V(\boldsymbol{r})$ の中を運動する場合を考えればよい．ここでは簡単のために相互作用ポテンシャルは中心ポテンシャル $V(r)$ で，スピンには依存しないと仮定する．

相対運動はシュレーディンガー方程式

$$-\frac{\hbar^2}{2m}\nabla^2 u(r, \theta, \varphi) + V(r)u(r, \theta, \varphi) = Eu(r, \theta, \varphi) \tag{10.2}$$

に従う波動関数 $\psi(r, \theta, \varphi, t) = u(r, \theta, \varphi)e^{-iEt/\hbar}$ によって記述される．ここで r は2粒子間の距離で，θ, φ は $+z$ 軸に関する相対位置ベクトル $\boldsymbol{r} = \boldsymbol{r}_1 - \boldsymbol{r}_2$ の方位角である(図10-3)．E は相対運動のエネルギーである．2粒子の間隔が大きく $V(r)=0$ の場所での相対速度を $\boldsymbol{v}$ とすると，

$$E = \frac{1}{2}mv^2 = \frac{p^2}{2m} = \frac{\hbar^2 k^2}{2m} \qquad (p = mv = \hbar k) \tag{10.3}$$

である．

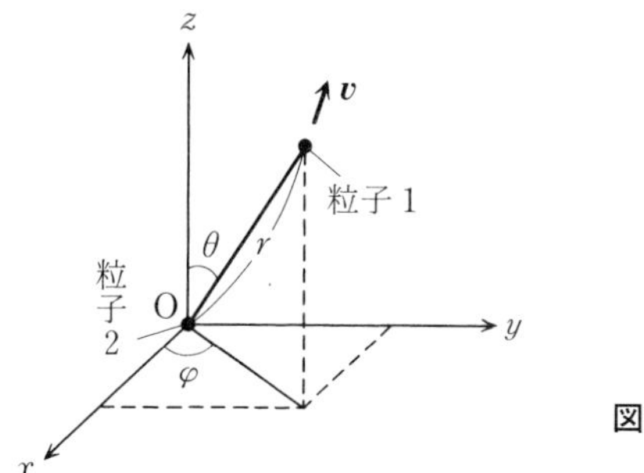

図 10-3

時間的にも空間的にも一様にひろがり，速さと向きのそろった入射粒子のビームが $z<0$ の領域から z 軸に平行に進み，原点にただ1個ある標的粒子に向う場合を考える．このビームの波動関数は平面波 Ae^{ikz} である．もちろん実際の入射粒子のビームは，長さが有限な波束であり，その波動関数

は，ある波数の近傍の波数をもつ平面波の重ね合わせとして記述される．しかし，波束のひろがりはビームのド・ブロイ波長 $\lambda=h/p=2\pi/k$ やポテンシャル $V(r)$ のひろがりよりははるかに大きい．(例えば，図 10-2 の KEK のトリスタンの電子ビームも陽電子ビームも幅が 0.3 mm，厚さが 0.01 mm，長さが 16 mm で，原子の大きさ(約 10^{-10} m)やビームのド・ブロイ波長(約 10^{-25} m)よりはるかに長い．この 1 塊のビームの中に約 10^{11} 個の電子が含まれている.）そこで，簡単のために，入射波の波動関数を単色の平面波

$$Ae^{ikz} = Ae^{ikr\cos\theta} \tag{10.4}$$

で近似する*．A は規格化定数で，入射波の確率の流れの密度が入射粒子ビーム強度に等しくなるように選ぶことにする．原点の近傍のポテンシャル $V(r)$ で散乱されて出ていく散乱波は，r が大きく $V(r)=0$ の領域では，波面が球面となって拡がっていく球面波で，波動関数は

$$Af(\theta,\varphi)\frac{e^{ikr}}{r} \qquad (r\to\infty) \tag{10.5}$$

である．$f(\theta,\varphi)$ という因子は散乱波の振幅と位相が一般に散乱波の進行方向 (θ,φ) によって異なっている効果を表わし，**散乱振幅**(scattering amplitude)とよばれる．振幅が r に反比例して減少することを表わす因子 $1/r$ は，波面の面積 $4\pi r^2$ が r^2 に比例するので確率密度が r^2 に反比例するための因子である．

本章では，入射波もポテンシャルも z 軸のまわりの回転で不変な場合を考えるので，散乱振幅は θ だけに依存する．したがって，波動関数の $r\to\infty$ での漸近形は，入射波と散乱波を重ね合わせた，

$$u(r,\theta)\xrightarrow[r\to\infty]{} A\left[e^{ikz}+\frac{1}{r}f(\theta)e^{ikr}\right] \tag{10.6}$$

となる．この漸近形は $V(r)=0$ とおいた(10.2)式，$(\nabla^2+k^2)u=0$，を $r\to\infty$ の極限で満たす[この事実は $(\nabla^2+k^2)(f(\theta)r^{-1}e^{ikr})=O(r^{-3})$ ((10.28)式参照)と $(\nabla^2+k^2)e^{ikz}=0$ から導かれる]．

---

*　$r\to\infty$ で $V(r)$ は r^{-2} よりも速く 0 に近づくものとする．

入射波の波動関数を平面波で近似したが，入射ビームの幅は実際には有限で，散乱されずに直進する入射粒子は散乱粒子の検出装置には入らないようになっている．したがって，(10.6)式の入射波と散乱波の干渉項は考える必要はない．

入射波(10.4)の確率密度は$|A|^2$なので，入射方向($+z$方向)に垂直な面の単位面積を単位時間に通過する入射粒子数(確率の流れの密度)は$I_{\mathrm{i}}=|A|^2v$ (個/$\mathrm{m^2 \cdot s}$) である．検出器が方位角(θ, φ)の方向にあり，標的から見た検出器の入口の立体角が$\varDelta\Omega$，したがって入口の面積が$r^2\varDelta\Omega$の場合(図10-4)，検出器に単位時間に入る散乱粒子数$I_{\mathrm{s}}(\theta, \varphi)$は，散乱波(10.5)の確率密度が$|A|^2|f(\theta, \varphi)|^2/r^2$なので，$I_{\mathrm{s}}(\theta, \varphi)=|A|^2v|f(\theta,\varphi)|^2\varDelta\Omega$ (個/s)である．I_{s}とI_{i}の比，$I_{\mathrm{s}}/I_{\mathrm{i}}=\varDelta\sigma$,

$$\varDelta\sigma(\theta, \varphi) = |f(\theta, \varphi)|^2\varDelta\Omega \quad \text{あるいは} \quad \frac{d\sigma}{d\Omega} = |f(\theta, \varphi)|^2 \qquad (10.7)$$

を方位角(θ, φ)の方向への散乱の**微分断面積**(differential cross-section)という．$d\Omega=\sin\theta d\theta d\varphi$なので，$f(\theta, \varphi)=f(\theta)$の場合には(10.7)式は，$\varphi$について積分して,

$$\frac{d\sigma}{d\theta} = \int_0^{2\pi} d\varphi |f(\theta)|^2 \sin\theta = 2\pi \sin\theta |f(\theta)|^2 \qquad (10.8)$$

となる．

全立体角への散乱の微分断面積の総和

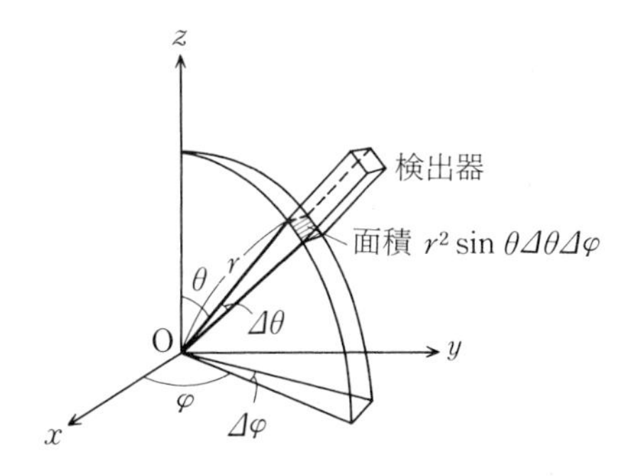

図 10-4 原点から見たときの検出器の入口の立体角は$\varDelta\Omega=\sin\theta\varDelta\theta\varDelta\varphi$，面積は$r^2\varDelta\Omega=r^2\sin\theta\varDelta\theta\varDelta\varphi$

$$\sigma_{\mathrm{t}} = \int \frac{d\sigma}{d\Omega} d\Omega = \int_0^{2\pi} d\varphi \int_0^{\pi} \sin\theta d\theta |f(\theta, \varphi)|^2 \tag{10.9}$$

を散乱の**全断面積**(total cross-section)という．断面積という理由は，σ_{t}, $d\sigma/d\Omega$ は面積の次元をもち，古典的には衝突する粒子の大きさ(断面積)を表わす量だからである．$|A|^2 v = 1$ の場合，すなわち，入射粒子が入射方向に垂直な面の単位面積を単位時間に1個の割合で一様に通過する場合，σ_{t} は入射粒子が単位時間に散乱される確率を表わす．この場合に古典力学では，半径 a の剛体球による点状粒子の単位時間あたりの散乱確率は球の断面積 πa^2 なので，(10.9)式の σ_{t} を全断面積とよぶのである．

10-2 ボルン近似

漸近形(10.6)をもつシュレーディンガー方程式(10.2)の解 $u(\boldsymbol{r})$ は，積分方程式

$$u(\boldsymbol{r}) = e^{ikz} - \frac{1}{4\pi} \iiint \frac{\exp(ik|\boldsymbol{r}-\boldsymbol{r}'|)}{|\boldsymbol{r}-\boldsymbol{r}'|} \frac{2m}{\hbar^2} V(r') u(\boldsymbol{r}') d\boldsymbol{r}' \tag{10.10}$$

を満たすことがあとで証明される．ポテンシャル $V(r)$ の効果が小さいとして，この積分方程式の解 $u(\boldsymbol{r})$ を V のべき級数展開として求め，散乱振幅を計算する近似解法を**ボルン近似**(Born approximation)という．すなわち，(10.10)式の右辺の積分の中の $u(\boldsymbol{r})$ を入射波 e^{ikz} で近似して，$r \to \infty$ で $k|\boldsymbol{r}-\boldsymbol{r}'| = k(r^2 - 2\boldsymbol{r}\cdot\boldsymbol{r}' + r'^2)^{1/2} \approx k(r - \boldsymbol{r}'\cdot\boldsymbol{r}/r) = kr - \boldsymbol{k}'\cdot\boldsymbol{r}'$ となることを使うと，(10.10)式は

$$u(\boldsymbol{r}) \xrightarrow[r\to\infty]{} e^{ikz} - \frac{me^{ikr}}{2\pi\hbar^2 r} \iiint e^{-i(\boldsymbol{k}'-\boldsymbol{k})\cdot\boldsymbol{r}'} V(r') d\boldsymbol{r}' \tag{10.11}$$

となる．$\boldsymbol{k}$ と $\boldsymbol{k}'$ は入射方向($+z$ 方向)と散乱方向($\boldsymbol{r}$ 方向)を向いた波数ベクトルである($|\boldsymbol{k}'| = |\boldsymbol{k}| = k$)．$\boldsymbol{k}$ と $\boldsymbol{k}'$ のなす角が散乱角 θ である．右辺の第2項の e^{ikr}/r の係数が散乱振幅 $f(\theta)$ なので，

$$f(\theta) = -\frac{m}{2\pi\hbar^2} \iiint e^{-i(\boldsymbol{k}'-\boldsymbol{k})\cdot\boldsymbol{r}'} V(r') d\boldsymbol{r}' \tag{10.12}$$

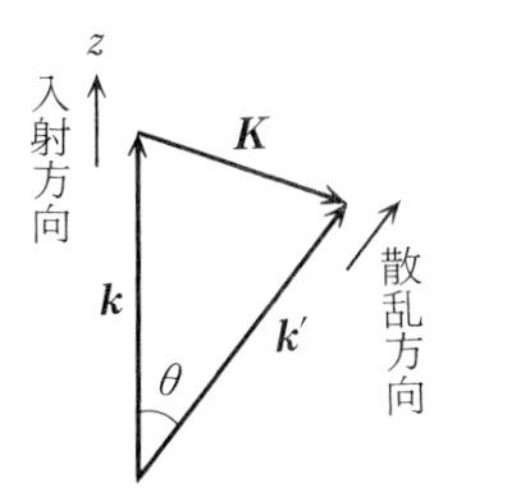

図 10-5　$\boldsymbol{K}=\boldsymbol{k}'-\boldsymbol{k}$

となる．波数ベクトルの変化 $\boldsymbol{k}'-\boldsymbol{k}$ を

$$\boldsymbol{K}=\boldsymbol{k}'-\boldsymbol{k} \qquad \left(K=2k\sin\frac{\theta}{2}\right) \tag{10.13}$$

とおいて(図 10-5)，$\boldsymbol{K}$ の方向を球座標の軸に選んで積分すると，

$$\begin{aligned} f(\theta) &= -\frac{m}{2\pi\hbar^2}\int_0^{2\pi}d\varphi\int_0^{\pi}\sin\theta d\theta\int_0^{\infty}r^2 dre^{-iKr\cos\theta}V(r) \\ &= -\frac{2m}{\hbar^2}\int_0^{\infty}\frac{\sin Kr}{K}V(r)rdr \end{aligned} \tag{10.14}$$

が得られる．これがボルン近似での散乱振幅である．

例題 10-1　(1)　湯川ポテンシャル

$$V(r) = -V_0\frac{e^{-\mu r}}{\mu r} \tag{10.15}$$

による散乱の微分断面積と全断面積をボルン近似で求めよ．

(2)　湯川ポテンシャルの場合の $\mu\to 0$ の極限として，クーロン・ポテンシャル

$$V(r) = \frac{ZZ'e^2}{4\pi\varepsilon_0 r} \tag{10.16}$$

による 2 つの原子核(電荷 $Ze, Z'e$)のクーロン散乱の散乱振幅と微分断面積を求めよ．

[解]　(1)　(10.15)式を(10.14)式に代入し，$K=2k\sin(\theta/2)$ を使うと

$$f(\theta)=\frac{2m}{\hbar^2}\frac{V_0}{K\mu}\int_0^\infty e^{-\mu r}\sin Kr dr$$

$$=\frac{2m}{2i\hbar^2}\frac{V_0}{K\mu}\int_0^\infty[e^{-(\mu-iK)r}-e^{-(\mu+iK)r}]dr$$

$$=\left(\frac{2mV_0}{\hbar^2\mu}\right)\left[\mu^2+4k^2\sin^2\frac{\theta}{2}\right]^{-1} \tag{10.17}$$

$$\frac{d\sigma}{d\Omega}=|f(\theta)|^2=\left(\frac{2mV_0}{\hbar^2\mu}\right)^2\left[\mu^2+4k^2\sin^2\frac{\theta}{2}\right]^{-2} \tag{10.18}$$

$$\sigma=\int_0^{2\pi}d\varphi\int_0^\pi\sin\theta d\theta\left(\frac{2mV_0}{\hbar^2\mu}\right)^2[\mu^2+2k^2(1-\cos\theta)]^{-2}$$

$$=2\pi\left(\frac{2mV_0}{\hbar^2\mu}\right)^2\int_{-1}^1 dw[\mu^2+2k^2(1-w)]^{-2}$$

$$=4\pi\left(\frac{2mV_0}{\hbar^2\mu^2}\right)^2[\mu^2+4k^2]^{-1} \tag{10.19}$$

途中で積分変数を θ から $w=\cos\theta$ に変えた．

(2)　クーロン散乱のボルン近似での散乱振幅と微分断面積は(10.17)，(10.18)式で V_0/μ を $-ZZ'e^2/4\pi\varepsilon_0$ に変え，$\mu\to0$ の極限をとればよい．すなわち，

$$f(\theta)=-\left(\frac{2mZZ'e^2}{4\pi\varepsilon_0\hbar^2}\right)\frac{1}{4k^2\sin^2\theta/2} \tag{10.20}$$

$$\frac{d\sigma}{d\Omega}=\left(\frac{2mZZ'e^2}{4\pi\varepsilon_0\hbar^2}\right)^2\frac{1}{16k^4\sin^4\theta/2} \tag{10.21}$$

(10.21)式で $\hbar k=mv$ とおくと，

$$\frac{d\sigma}{d\Omega}=\left(\frac{ZZ'e^2}{4\pi\varepsilon_0}\right)^2\frac{1}{4m^2v^4}\operatorname{cosec}^4\frac{\theta}{2} \tag{10.22}$$

となる．この式は1911年にラザフォード(E. Rutherford)が，金原子核($Z=79$)による α 粒子($Z'=2$)の散乱実験結果を分析するために，古典力学を使って導いた式と同一なので，**ラザフォードの散乱公式**という．ラザフォードは，角分布の実験結果がこの公式とよく一致したので，金原子の中心に正電荷 Ze をもつ小さな原子核があるという有核原子模型を提唱した．

クーロン散乱の量子力学での微分断面積は正確に求められるが，その結果

はボルン近似の結果(10.21)と同じである*．クーロン散乱の微分断面積は量子力学と古典力学で同一になる特殊な場合である．

クーロン散乱の微分断面積(10.21)は散乱角 $\theta\to 0$ で $1/\theta^4$ に比例して急激に増加し，その結果，全断面積は無限大になる．この理由は，クローン力は到達距離が無限大なので，入射原子核が標的原子核の遠くを通過する場合にも，散乱角 θ はごくわずかではあるが，散乱されるためである．しかし，現実には，電荷が存在すれば，その近傍に異符号の電荷が集まって中和するので，厳密なクーロン散乱は起こらない．

原子番号 Z の中性原子と電子の散乱微分断面積を求めよう．原点にある原子核のまわりの電子の電荷分布を $-Ze\rho(r)$ とする$\left(\iiint\rho(r)d\boldsymbol{r}=1\right)$．

この場合の入射電子に対するポテンシャルは

$$V(r)=-\frac{Ze^2}{4\pi\varepsilon_0}\left(\frac{1}{r}-\iiint\frac{\rho(r')}{|\boldsymbol{r}-\boldsymbol{r}'|}d\boldsymbol{r}'\right) \tag{10.23}$$

なので，(10.12)式に(10.23)式を代入すると，散乱振幅は

$$\begin{aligned}f(\theta)&=f_{\mathrm{C}}(\theta)-\frac{mZe^2}{8\pi^2\varepsilon_0\hbar^2}\iiint d\boldsymbol{r}e^{-i\boldsymbol{K}\cdot\boldsymbol{r}}\iiint d\boldsymbol{r}'\frac{\rho(r')}{|\boldsymbol{r}-\boldsymbol{r}'|}\\&=f_{\mathrm{C}}(\theta)-\frac{mZe^2}{8\pi^2\varepsilon_0\hbar^2}\iiint d\boldsymbol{r}'\rho(r')e^{-i\boldsymbol{K}\cdot\boldsymbol{r}'}\iiint d\boldsymbol{r}\frac{e^{-i\boldsymbol{K}\cdot(\boldsymbol{r}-\boldsymbol{r}')}}{|\boldsymbol{r}-\boldsymbol{r}'|}\\&=f_{\mathrm{C}}(\theta)[1-F(K)]\end{aligned} \tag{10.24}$$

となる[2行目の最後の $\boldsymbol{r}$ 積分の $d\boldsymbol{r}$ を $d(\boldsymbol{r}-\boldsymbol{r}')$ におきかえて，$\boldsymbol{r}-\boldsymbol{r}'=\boldsymbol{r}''$ とした]．ここで

$$f_{\mathrm{C}}(\theta)=\frac{Ze^2}{4\pi\varepsilon_0}\frac{2m}{4k^2\hbar^2\sin^2\theta/2} \tag{10.25}$$

はクーロン・ポテンシャル $-Ze^2/4\pi\varepsilon_0 r$ による散乱振幅である．

$$F(K)=F\left(2k\sin\frac{\theta}{2}\right)=\iiint d\boldsymbol{r}\rho(r)e^{-i\boldsymbol{K}\cdot\boldsymbol{r}} \tag{10.26}$$

---

* ただし，正確な散乱振幅は，ボルン近似の結果(10.20)と絶対値は同一だが，複雑な位相因子がかかる．

は原子内部の電子の電荷分布による因子なので，原子の**形状因子**という．このようにして，原子と電子の弾性散乱の微分断面積の実験結果から形状因子 $F(K)$ がわかると，$F(K)$ から逆にフーリエ変換(4.53)で，原子の中の電子の電荷分布がわかる．

高エネルギーの大角弾性散乱($K\to\infty$)では $F(K)\to 0$ となるので(本章の演習問題2参照)，高エネルギーの電子と原子の弾性散乱は近似的に原子の中心にある原子核と電子の弾性散乱とみなせる．なお，$\iiint\rho(r)d\boldsymbol{r}=1$ なので，$F(0)=1$ である．したがって低エネルギーの電子の中性原子による散乱の断面積は小さい．

［参考］ **積分方程式(10.10)の証明**　(10.10)式の解 $u(\boldsymbol{r})$ が $r\to\infty$ で漸近形(10.6)をもつことは(10.11)式から明らかであろう．

原点にある点電荷(電荷密度は $\delta(\boldsymbol{r}-\boldsymbol{r}')$)のつくるスカラー・ポテンシャル $\phi(\boldsymbol{r})=1/4\pi\varepsilon_0|\boldsymbol{r}-\boldsymbol{r}'|$ はポアッソン方程式 $\nabla^2\phi(\boldsymbol{r})=-\rho(\boldsymbol{r})/\varepsilon_0$，すなわち，

$$\nabla^2\frac{1}{4\pi\varepsilon_0|\boldsymbol{r}-\boldsymbol{r}'|}=-\frac{1}{\varepsilon_0}\delta(\boldsymbol{r}-\boldsymbol{r}') \tag{10.27}$$

を満たすことを利用すると，

$$(\nabla^2+k^2)\left[\frac{1}{|\boldsymbol{r}-\boldsymbol{r}'|}e^{ik|\boldsymbol{r}-\boldsymbol{r}'|}\right]=-4\pi\delta(\boldsymbol{r}-\boldsymbol{r}') \tag{10.28}$$

を証明できる．演算子 ∇^2+k^2 を(10.10)式の両辺に作用し，(10.28)式を使うと，偏微分方程式

$$(\nabla^2+k^2)u(\boldsymbol{r})=\frac{2m}{\hbar^2}V(r)u(\boldsymbol{r}) \tag{10.29}$$

が得られるが，これはシュレーディンガー方程式(10.2)である．■

積分方程式(10.10)を使う代わりに，9-4節で導いた摂動論での単位時間あたりの遷移確率の公式(9.86)

$$w_{\rm fi}=\frac{2\pi}{\hbar}\rho(E)|H'_{\rm fi}|^2 \tag{10.30}$$

を使っても，散乱振幅の絶対値 $|f(\theta)|$ のボルン近似での結果を次のように

導ける．

始状態と終状態の波動関数を $u_{\rm i}(\boldsymbol{r}), u_{\rm f}(\boldsymbol{r})$ として，周期的境界条件を課した体積 L^3 の空間の中の平面波

$$u_{\rm i}(\boldsymbol{r}) = \frac{e^{i\boldsymbol{k}\cdot\boldsymbol{r}}}{\sqrt{L^3}}, \quad u_{\rm f}(\boldsymbol{r}) = \frac{e^{i\boldsymbol{k}'\cdot\boldsymbol{r}}}{\sqrt{L^3}} \tag{10.31}$$

を考える．$t=0$ で始状態 $u_{\rm i}(\boldsymbol{r})$ にあった入射粒子が摂動 $\hat{H}'$ を受け，十分に長い時間の後に終状態 $u_{\rm f}(\boldsymbol{r})$ に見出される単位時間あたりの遷移確率を計算すればよい．波数ベクトルの方向が $\boldsymbol{k}'$ を含む立体角 $d\Omega$ の中にあり，大きさが k と $k+dk$ の間にある平面波の状態の数は，第4章の演習問題7の結果を使うと，

$$\frac{L^3}{(2\pi)^3}k^2dkd\Omega = \frac{L^3}{(2\pi)^3}\frac{km}{\hbar^2}dEd\Omega \tag{10.32}$$

なので，状態密度 $\rho(E)$ は

$$\rho(E) = \frac{L^3mk}{(2\pi)^3\hbar^2}d\Omega \tag{10.33}$$

である．波動関数(10.31)の確率密度は $1/L^3$ なので，単位時間，単位面積あたりの入射粒子数は $v/L^3=\hbar k/mL^3$ である．したがって，立体角 $d\Omega$ の中に散乱される単位時間あたりの遷移確率 w を計算すると，

$$d\sigma = \frac{wL^3}{v} = \left(\frac{mL^3}{2\pi\hbar^2}\right)^2 d\Omega|H'_{\rm fi}|^2 \tag{10.34}$$

$$H'_{\rm fi} = \frac{1}{L^3}\iiint e^{-i(\boldsymbol{k}'-\boldsymbol{k})\cdot\boldsymbol{r}}V(r)d\boldsymbol{r} \tag{10.35}$$

となる．したがって，

$$\frac{d\sigma}{d\Omega} = |f(\theta)|^2 = \left(\frac{m}{2\pi\hbar^2}\right)^2\left|\iiint e^{-i\boldsymbol{K}\cdot\boldsymbol{r}}V(r)d\boldsymbol{r}\right|^2 \tag{10.36}$$

となり，(10.12)式と一致する．

フェルミの黄金律(9.86)を利用するには，時刻 $t<0$ では $V(r)=0$ である必要があるように思われる．現実の散乱では，入射波は波が無限に長く続く平面波ではなく，長さが有限な波束である．しかし，波束を使うと計算が複

雑である．そこで，波束が原点付近に到達しない $t<0$ では $V(r)=0$ として，入射波として平面波を使い，(9.86)式を適用するのである．

10-3 部分波展開と位相のずれ

中心ポテンシャルの場合の波動関数は球面調和関数で展開できる(5-2節参照)．波動関数 $u(r,\theta)$ は角 φ に依存しないので，$u(r,\theta)$ はルジャンドル多項式 $P_l(\cos\theta)\propto Y_{l0}(\theta)$ で，

$$u(r,\theta)=\sum_{l=0}^{\infty}R_l(r)P_l(\cos\theta) \tag{10.37}$$

と展開できる．$R_l(r)$ を軌道量子数 l の**部分波**(partial wave)という．$V(r)=0$ の領域では $R_l(r)$ は $j_l(kr)$ と $n_l(kr)$ の1次結合で表わされる(5-6節参照)．そこで $r\to\infty$ で $V(r)$ が十分に速く0に近づけば，$R_l(r)$ の $r\to\infty$ での漸近形は

$$\begin{aligned}R_l(r)&=A_l[\cos\delta_l j_l(kr)-\sin\delta_l n_l(kr)]\\&=\frac{1}{kr}A_l\sin\left(kr-\frac{1}{2}l\pi+\delta_l\right)\end{aligned} \tag{10.38}$$

と表わせる．ここで(5.88)式を使った．δ_l は実数の定数，A_l は複素定数である．

ポテンシャル $V(r)=0$ の場合の $R_l(r)$ は原点で正則な $j_l(kr)$ なので，$R_l(r)$ の $r\to\infty$ での漸近形は

$$R_l(r)=A_l j_l(kr)\underset{r\to\infty}{\longrightarrow}\frac{1}{kr}A_l\sin\left(kr-\frac{1}{2}l\pi\right) \tag{10.39}$$

である．(10.38)と(10.39)式を比べると，実数 δ_l はポテンシャルによる軌道量子数 l の部分波の**位相のずれ**(phase shift)を表わすことがわかる．図10-6を見ると，δ_l の符号は

$$\begin{aligned}&\delta_l>0\quad \text{引力}\,[V(r)<0]\,\text{の場合}\\&\delta_l<0\quad \text{斥力}\,[V(r)>0]\,\text{の場合}\end{aligned} \tag{10.40}$$

であることがわかる．

入射平面波 $e^{ikz}=e^{ikr\cos\theta}$ を(5.94)式を使ってルジャンドル展開し，

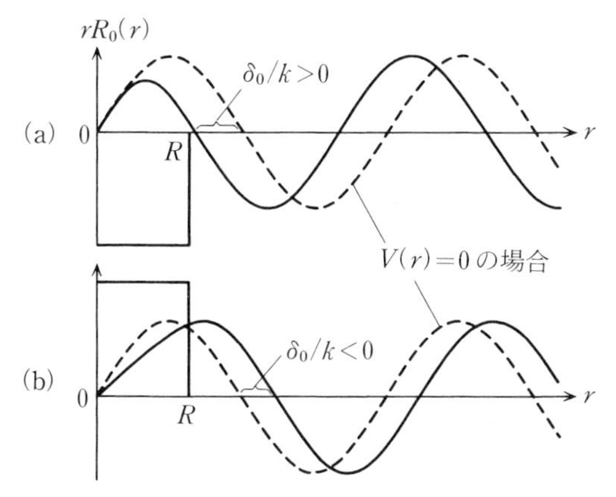

図 10-6 位相のずれ δ_l. (a)引力の場合, $V(r)=0$ の場合(破線)に比べて, 波動関数は引き込まれる($\delta_l>0$), (b)斥力の場合は押し出される($\delta_l<0$).

$j_l(kr)$ の漸近形(5.88)を使うと,

$$e^{ikr\cos\theta} = \sum_{l=0}^{\infty}(2l+1)i^l j_l(kr)P_l(\cos\theta)$$
$$\xrightarrow[r\to\infty]{} \frac{1}{2ikr}\sum_{l=0}^{\infty}(2l+1)P_l(\cos\theta)[e^{ikr}-(-1)^l e^{-ikr}] \tag{10.41}$$

と変形できる. $\psi(\boldsymbol{r},t)=u(\boldsymbol{r})e^{-i\omega t}$ に注意すると, e^{-ikr}/r に比例する項は入射平面波を入射球面波の重ね合せとして表わしたもので, e^{ikr}/r に比例する項は素通りして行った平面波を射出球面波の重ね合せとして表わしたものであることがわかる. $r\to\infty$ での入射球面波はポテンシャル $V(r)$ の影響を受けない. したがって, ポテンシャル $V(r)$ が存在する場合の波動関数(10.37)の $R_l(r)$ に漸近形(10.38)を代入した

$$u(r,\theta)\xrightarrow[r\to\infty]{} \frac{1}{2ikr}\sum_{l=0}^{\infty}A_l i^{-l}e^{-i\delta_l}P_l(\cos\theta)[e^{2i\delta_l}e^{ikr}-(-1)^l e^{-ikr}] \tag{10.42}$$

の入射球面波の部分は, (10.41)式の入射球面波の部分と一致せねばならない. この事実から A_l は次のようになる.

$$A_l = (2l+1)i^l e^{i\delta_l} \tag{10.43}$$

$r\to\infty$ での散乱波は(10.42)式と(10.41)式の差

$$f(\theta)\frac{e^{ikr}}{r} \sim u(r,\theta)-e^{ikz} \qquad (r\to\infty) \tag{10.44}$$

である．したがって散乱振幅 $f(\theta)$ は

$$f(\theta)=\frac{1}{2ik}\sum_{l=0}^{\infty}(2l+1)(e^{2i\delta_l}-1)P_l(\cos\theta) \tag{10.45}$$

となり，δ_l によって表わされる．(10.45)式の右辺を散乱振幅 $f(\theta)$ の**部分波展開**という．この式からポテンシャルの影響で軌道量子数 l の部分波の位相が $2\delta_l$ だけ変化したことがわかる．

散乱の微分断面積と全断面積は

$$\frac{d\sigma}{d\Omega}=|f(\theta)|^2=\frac{1}{k^2}\left|\sum_{l=0}^{\infty}(2l+1)e^{i\delta_l}\sin\delta_l P_l(\cos\theta)\right|^2 \tag{10.46}$$

$$\sigma_{\mathrm{t}}=2\pi\int_0^{\pi}\frac{d\sigma}{d\Omega}\sin\theta d\theta=\frac{4\pi}{k^2}\sum_{l=0}^{\infty}(2l+1)\sin^2\delta_l \tag{10.47}$$

となる．(10.47)式を導く際に(5.28)式を使った．

さて $r\to\infty$ で $V(r)$ が急速に 0 に近づき，$a<r$ ではポテンシャルを無視できるので，力の到達距離が a とみなせる場合を考えよう．ポテンシャルによる粒子の速さの変化を無視すると，古典力学では軌道角運動量 L の粒子の力の中心への最近接距離は $L/p\sim l\hbar/\hbar k=l/k$ なので，散乱されるのは主として $l<ka$ の部分波だと考えられる．したがって，$l\gtrsim ka$ の部分波の位相のずれは小さい．また，低エネルギーの粒子の散乱では k が小さいので，l の小さな部分波しか散乱されない．

問 10-1　$l\geqq 2$ の部分波の位相のずれが 0 のときの散乱の微分断面積は

$$\frac{d\sigma}{d\Omega}=\frac{1}{k^2}[\sin^2\delta_0+6\sin\delta_0\sin\delta_1\cos(\delta_0-\delta_1)\cos\theta+9\sin^2\delta_1\cos^2\theta]$$

であることを確かめよ．

軌道量子数 l の部分波までが散乱される場合，$d\sigma/d\Omega$ は $\cos\theta$ の $2l$ 次の多項式になる．

例題 10-2　剛体球ポテンシャル

$$V(r)=\begin{cases}\infty & (0\leqq r\leqq a)\\ 0 & (a<r)\end{cases} \tag{10.48}$$

の場合には

$$\tan\delta_l(k)=\frac{j_l(ka)}{n_l(ka)} \tag{10.49}$$

であることを示せ．また，$j_0(kr)=\sin kr/kr$, $n_0(kr)=-\cos kr/kr$ を使って，

$$\delta_0(k)=-ka \tag{10.50}$$

を示し，$k\to 0$ での全断面積は

$$\lim_{k\to 0}\sigma_{\mathrm{t}}=4\pi a^2 \tag{10.51}$$

となることを示せ．

［解］　$V(r)=0$ の場合の一般解(10.38)

$$R_l(r)\propto\cos\delta_l j_l(kr)-\sin\delta_l n_l(kr)\qquad(a<r) \tag{10.52}$$

と $r=a$ での境界条件 $R_l(a)=0$ から(10.49)が導かれる．$l=0$ の場合に(10.49)式は $\tan\delta_0(k)=-\tan ka$ となるので，

$$\delta_0(k)=-ka \tag{10.50}$$

が導かれる．$k\to 0$ では $l=0$ の部分波だけを考えればよいので，

$$\lim_{k\to 0}\sigma_{\mathrm{t}}=\lim_{k\to 0}\frac{4\pi}{k^2}\sin^2\delta_0(k)=4\pi a^2 \tag{10.53}$$

となる．古典力学での断面積は $\sigma_{\mathrm{t}}=\pi a^2$ であり，$4\pi a^2$ ではない．量子力学では，ド・ブロイ波長 $2\pi/k$ が標的の大きさ a より大きいので回折効果によって $\sigma_{\mathrm{t}}=4\pi a^2$ になる．■

第10章　演習問題

1.　井戸型ポテンシャル

$$V(r)=\begin{cases}-V_0 & (r\leqq a)\\ 0 & (a<r)\end{cases} \tag{1}$$

の場合のボルン近似での散乱振幅を求めよ．入射粒子の速さがきわめて遅く，

ド・ブロイ波長 $\lambda=2\pi/k\gg a$ の場合には，散乱が等方的に起こることを示せ．

2. 電荷分布が $\rho(r)=(a^2/4\pi r)e^{-ar}$ のときには，形状因子 $F(K)$ は

$$F(K) = \frac{a^2}{a^2+K^2} \tag{2}$$

であることを示せ．

3. 剛体球ポテンシャル(10.48)の場合，$\rho\to 0$ での漸近形 $j_l(\rho)\to O(\rho^l)$, $n_l(\rho)\to O(\rho^{-l-1})$ を使って，

$$\delta_l(k) \xrightarrow[k\to 0]{} O(k^{2l+1}) \tag{3}$$

であることを示せ．低エネルギーでは l の小さな部分波のみが重要になることを説明せよ．

4. 井戸型ポテンシャル(1)による散乱で，

（i） $k\to\infty$ の場合，$\delta_0(k)\to 0$ を示せ．

（ii） 軌道量子数 $l=0$ の束縛状態の数を n_0 とすると，

$$\delta_0(0)-\delta_0(\infty) = n_0\pi \tag{4}$$

が成り立つ．ただし $E=0$ の束縛状態がある場合には n_0 を $n_0-1/2$ とする．この関係が成り立つことを説明せよ．

ファインマンの経路積分量子化法

第2章では，古典論のハミルトニアン $H(x, p)$ の中の x と p を交換関係 $[\hat{x}, \hat{p}]=i\hbar$ に従う演算子 $\hat{x}$ と $\hat{p}$ で置きかえることによってシュレーディンガー方程式を導いた．しかし，厳密にいうと，ミクロな世界の法則であるシュレーディンガー方程式をマクロな世界の運動法則から導いたわけではない．両者の対応をつけたというべきであろう．

古典論と量子論の別な対応の付け方を発見したのが，ファインマン(R. Feynman)である．かれは，「時刻 t_0 に点 A を出発して，時刻 t_1 に点 B に到着する電子波を表わす波動関数は，電子が通過可能なすべての道筋の1つ1つに対する波 $\exp[(i/\hbar)$(作用積分)$]$ の重ね合わせである」という経路積分量子化法を発見した．作用積分とは，道筋についての各時刻での「ラグランジアン」=「運動エネルギー」−「位置エネルギー」を計算して，それを時刻 t_0 から時刻 t_1 まで積分したものである．この方法は，非相対論的量子力学では概念的に優れているが，実用的ではない．しかし，相対論的場の理論や統計力学ではきわめて有効である．

ファインマン教授は，シュウィンガー教授，朝永振一郎教授とともに量子電磁気学の研究で1965年度のノーベル物理学賞を受賞した理論物理学者であり，『ファインマン物理学』(邦訳，岩波書店)の著者である．ファインマン教授は，物理的な直観力に富み，発想がユニークで，しかも非常に計算が達者な物理学者であった．それだけではなく，型破りで，天真爛漫(てんしんらんまん)で飾るところのない人柄の持ち主であったことは，『ご冗談でしょう，ファインマンさん』，『困ります，ファインマンさん』(いずれも邦訳は岩波書店)などを通じてご承知の読者も多いと思う．

ファインマン教授の言葉を2つ紹介しよう．

「古典論の立場では，原子はまったく存在しえない」

「昔，哲学者が『同一条件ではつねに同一の結果を生むことが，真の科学の存在に不可欠である』といったが，現実はそうなっていない」

11 光の放射

量子論は光子(光の量子)の発見がきっかけになって誕生した．電磁波と荷電粒子の相互作用を扱う量子論は**量子電磁気学**とよばれる．この章では原子による光の放射に焦点を絞って簡単に述べる．

11-1 光子の生成演算子と消滅演算子

光はマクスウェル方程式の解の電磁波として空間を伝わる．しかし，光電効果，黒体放射，光の線スペクトルなどの研究から，(1)原子や分子による振動数 ν の電磁波の放射・吸収は，エネルギー $h\nu$ をもつ光子の放射・吸収という形でおこること，(2)真空中の電磁波のもつことができるエネルギーの値は，光子のエネルギーの和

$$E = \sum_{\boldsymbol{k}} \sum_{s=1,2} \hbar\omega(k) n(\boldsymbol{k}, s) \qquad (n(\boldsymbol{k}, s)=0, 1, 2, \cdots) \tag{11.1}$$

であることなどがわかった．$\boldsymbol{k}$ は光の波数ベクトル($k=2\pi/\lambda$)，$\omega(k)=2\pi\nu=kc$ は光の角振動数である(c は真空中の光速)．横波である電磁波には2つの独立な偏りの方向(電場の振動方向)があるが，$s=1, 2$ はその2方向を表わす添字である．

電磁場の中の電子に対するハミルトン演算子(5.98)

$$\hat{H} = \frac{1}{2m_{\mathrm{e}}}\left[\hat{\boldsymbol{p}} + e\boldsymbol{A}(\boldsymbol{r})\right]^2 - e\phi(\boldsymbol{r}) \tag{11.2}$$

のうち，電子による電磁波の放射・吸収に関与する部分は，点 $\boldsymbol{r}$ にある電子の運動に伴う電流要素 $-e\hat{\boldsymbol{p}}/m_{\mathrm{e}}$ を因子として含む $(e/2m_{\mathrm{e}})[\hat{\boldsymbol{p}}\cdot\boldsymbol{A}(\boldsymbol{r})+\boldsymbol{A}(\boldsymbol{r})\cdot\hat{\boldsymbol{p}}]$ である*．このことから，光の放射・吸収を扱うことのできる量子論では，ベクトル・ポテンシャル $\boldsymbol{A}(\boldsymbol{r})$ は，電子の位置 $\boldsymbol{r}$ で，光子を生成・消滅させる演算子 $\hat{\boldsymbol{A}}(\boldsymbol{r})$ であることが要求される．

生成演算子 $\hat{a}^{\dagger}$ と消滅演算子 $\hat{a}$ は，調和振動子について学んだ6-6節に出てきた．交換関係(6.54)，

$$[\hat{a}, \hat{a}] = 0, \quad [\hat{a}^{\dagger}, \hat{a}^{\dagger}] = 0, \quad [\hat{a}, \hat{a}^{\dagger}] = 1 \tag{11.3}$$

に従う $\hat{a}$ と $\hat{a}^{\dagger}$ によって調和振動子のハミルトン演算子は

$$\hat{H} = \hbar\omega\left(\hat{a}^{\dagger}\hat{a}+\frac{1}{2}\right) \tag{11.4}$$

と表わされ，その固有値と規格化された固有関数は

$$E_n = \hbar\omega\left(n+\frac{1}{2}\right) \qquad (n=0, 1, 2, \cdots) \tag{11.5}$$

$$u_n(x) = \frac{1}{\sqrt{n!}}(\hat{a}^{\dagger})^n u_0(x) \qquad (n=0, 1, 2, \cdots) \tag{11.6}$$

と表わされた．$n=0$ の基底状態の波動関数 $u_0(x)$ は

$$\hat{a}u_0(x) = 0 \tag{11.7}$$

によって決まった．(11.5), (11.6)式は $\hat{a}^{\dagger}u_n=\sqrt{n+1}\,u_{n+1}$ という性質をもつ演算子 $\hat{a}^{\dagger}$ がエネルギー $\hbar\omega$ をもつ振動の量子の生成演算子であることを示す．$\hat{a}u_n=\sqrt{n}\,u_{n-1}$ なので，$\hat{a}$ はエネルギー $\hbar\omega$ をもつ振動の量子の消滅演算子である．

(11.1)式と(11.5)式を比較すると，電磁波を媒介する電磁場は波数 $\boldsymbol{k}$ と偏り s の組 $(\boldsymbol{k}, s)$ のそれぞれに対応する調和振動子の集合であることが示唆される．そこで，これらの調和振動の量子(光子)の生成演算子 $\hat{a}^{\dagger}(\boldsymbol{k}, s)$ と消滅演算子 $\hat{a}(\boldsymbol{k}, s)$ を次の交換関係

---

* $(e^2/2m_{\mathrm{e}})|\boldsymbol{A}(\boldsymbol{r})|^2$ も点 $\boldsymbol{r}$ にある荷電粒子による光の放射・吸収の高次の過程に寄与する．

$$[\hat{a}(\boldsymbol{k},s),\,\hat{a}(\boldsymbol{k}',s')]=0,\quad [\hat{a}^\dagger(\boldsymbol{k},s),\,\hat{a}^\dagger(\boldsymbol{k}',s')]=0$$
$$[\hat{a}(\boldsymbol{k},s),\,\hat{a}^\dagger(\boldsymbol{k}',s')]=\delta_{\boldsymbol{k}\boldsymbol{k}'}\delta_{ss'} \tag{11.8}$$

を満たす演算子として定義する．固有値(11.1)をもつ電磁場のハミルトン演算子 $\hat{H}_{\rm EM}$ は，(11.4)式との対応で，

$$\hat{H}_{\rm EM}=\sum_{\boldsymbol{k}}\sum_{s}\hbar\omega(k)\,\hat{a}^\dagger(\boldsymbol{k},s)\,\hat{a}(\boldsymbol{k},s) \tag{11.9}$$

と置けばよいことがわかる．

光子を生成・消滅させる演算子のベクトル・ポテンシャル演算子 $\hat{A}(r)$ が $\hat{a}^\dagger(\boldsymbol{k},s)$ と $\hat{a}(\boldsymbol{k},s)$ でどのように表わされるかは次節で示す．

光子が1個も存在しない状態を**真空**とよんで，そのケット・ベクトルを $|$真空$\rangle$ と記すと，$|$真空$\rangle$ は次の条件，

$$\text{すべての}\ (\boldsymbol{k},s)\ \text{に対して}\ \hat{a}(\boldsymbol{k},s)|\text{真空}\rangle=0 \tag{11.10}$$

で定義される．(11.9)，(11.10)式から

$$\hat{H}_{\rm EM}|\text{真空}\rangle=0 \tag{11.11}$$

である．$(\boldsymbol{k},s)$ に対応する調和振動子の座標を $q_{\boldsymbol{k}s}$ と記すと，真空の波動関数は $u_0(q_{\boldsymbol{k}s})$ の積 $\prod_{\boldsymbol{k},s}u_0(q_{\boldsymbol{k}s})$ であるが，この表現を本書では用いない．$|$真空$\rangle$ に共役なブラ・ベクトルを $\langle$真空$|$ と記し，演算子 $\hat{P}$ の真空状態での期待値を $\langle$真空$|\hat{P}|$真空$\rangle$ と記す．

決まった $(\boldsymbol{k},s)$ をもつ1光子状態，2光子状態，… の規格化された波動関数は6-6節とまったく同様にして

$$\hat{a}^\dagger(\boldsymbol{k},s)|\text{真空}\rangle,\quad (1/\sqrt{2})(\hat{a}^\dagger(\boldsymbol{k},s))^2|\text{真空}\rangle,\quad \cdots \tag{11.12}$$

と表わせる．n 粒子状態を

$$|n(\boldsymbol{k},s)\rangle=\frac{1}{\sqrt{n(\boldsymbol{k},s)!}}[\hat{a}^\dagger(\boldsymbol{k},s)]^{n(\boldsymbol{k},s)}|\text{真空}\rangle \tag{11.13}$$

と記すと，

$$\langle n(\boldsymbol{k},s)+1|\hat{a}^\dagger(\boldsymbol{k},s)|n(\boldsymbol{k},s)\rangle=\sqrt{n(\boldsymbol{k},s)+1} \tag{11.14}$$

という関係がある．

11-2 演算子としてのベクトル・ポテンシャル

電磁波は横波なので，光子の記述には電場の振動方向を向いている単位ベクトルである偏りのベクトル $\boldsymbol{\varepsilon}(\boldsymbol{k})$ が必要である．$\boldsymbol{\varepsilon}(\boldsymbol{k})$ は光子の進行方向(波数ベクトル) $\boldsymbol{k}$ に垂直で，互いに垂直な2つの単位ベクトル $\boldsymbol{\varepsilon}^{(1)}(\boldsymbol{k})$ と $\boldsymbol{\varepsilon}^{(2)}(\boldsymbol{k})$ の重ね合わせで表わされる．$\boldsymbol{\varepsilon}^{(1)}(\boldsymbol{k})$ と $\boldsymbol{\varepsilon}^{(2)}(\boldsymbol{k})$ は

$$\boldsymbol{\varepsilon}^{(1)}(\boldsymbol{k})\cdot\boldsymbol{k} = \boldsymbol{\varepsilon}^{(2)}(\boldsymbol{k})\cdot\boldsymbol{k} = \boldsymbol{\varepsilon}^{(1)}(\boldsymbol{k})\cdot\boldsymbol{\varepsilon}^{(2)}(\boldsymbol{k}) = 0 \tag{11.15}$$

という関係を満たす．

運動量 $\hbar\boldsymbol{k}$ の自由粒子の規格化された波動関数は $e^{i\boldsymbol{k}\cdot\boldsymbol{r}}/\sqrt{L^3}$ なので，周期的境界条件のついた体積 L^3 の領域の中を自由に運動する光子の波動関数は，正規直交完全系

$$\begin{gathered}\{\boldsymbol{\varepsilon}^{(s)}(\boldsymbol{k})e^{i\boldsymbol{k}\cdot\boldsymbol{r}}/\sqrt{L^3}\} \qquad (s=1,2) \\ (k_x, k_y, k_z) = (2\pi/L)(n_x, n_y, n_z) \qquad (n_x, n_y, n_z \text{ は整数})\end{gathered} \tag{11.16}$$

の重ね合わせで表わされる(4-7節参照)．

点 $\boldsymbol{r}$ にいる電子が光子を吸収する確率振幅は，吸収される光子の点 $\boldsymbol{r}$ での波動関数に比例する．波動関数 $\boldsymbol{\varepsilon}^{(s)}(k)e^{i\boldsymbol{k}\cdot\boldsymbol{r}}/\sqrt{L^3}$ をもつ光子の生成演算子と消滅演算子が $\hat{a}^\dagger(\boldsymbol{k},s)$ と $\hat{a}(\boldsymbol{k},s)$ である．したがって，(11.2)式の $\hat{\boldsymbol{A}}(\boldsymbol{r})$ の中に $\hat{a}(\boldsymbol{k},s)$ は $\hat{a}(\boldsymbol{k},s)\boldsymbol{\varepsilon}^{(s)}(\boldsymbol{k})e^{i\boldsymbol{k}\cdot\boldsymbol{r}}/\sqrt{L^3}$ という形で含まれ，$\hat{a}(\boldsymbol{k},s)$ のエルミット共役な演算子 $\hat{a}^\dagger(\boldsymbol{k},s)$ は $\hat{a}^\dagger(\boldsymbol{k},s)\boldsymbol{\varepsilon}^{(s)}(\boldsymbol{k})e^{-i\boldsymbol{k}\cdot\boldsymbol{r}}/\sqrt{L^3}$ という形で含まれている．そこで，

$$\hat{\boldsymbol{A}}(\boldsymbol{r}) = \sum_{\boldsymbol{k}}\sum_{s}\sqrt{\frac{\hbar}{2\varepsilon_0\omega L^3}}\left[\hat{a}(\boldsymbol{k},s)\boldsymbol{\varepsilon}^{(s)}(\boldsymbol{k})e^{i\boldsymbol{k}\cdot\boldsymbol{r}} + \hat{a}^\dagger(\boldsymbol{k},s)\boldsymbol{\varepsilon}^{(s)}(\boldsymbol{k})e^{-i\boldsymbol{k}\cdot\boldsymbol{r}}\right] \tag{11.17}$$

と定義する．ε_0 は真空の誘電率である．そうすると，位置座標が $\boldsymbol{r}_j$ の j 番目の電子による光の放射・吸収に関するハミルトン演算子 $\hat{H}'$ は

$$
\begin{aligned}
\hat{H}' &= \frac{e}{m_e}\hat{\boldsymbol{A}}(\boldsymbol{r}_j)\cdot\hat{\boldsymbol{p}}_j \\
&= \frac{e}{m_e}\sum_{\boldsymbol{k}}\sum_{s}\sqrt{\frac{\hbar}{2\varepsilon_0\omega L^3}}\,[\,\hat{a}^\dagger(\boldsymbol{k},s)e^{-i\boldsymbol{k}\cdot\boldsymbol{r}_j}\boldsymbol{\varepsilon}^{(s)}(\boldsymbol{k})\cdot\hat{\boldsymbol{p}}_j \\
&\qquad + \hat{a}(\boldsymbol{k},s)e^{i\boldsymbol{k}\cdot\boldsymbol{r}_j}\boldsymbol{\varepsilon}^{(s)}(\boldsymbol{k})\cdot\hat{\boldsymbol{p}}_j]
\end{aligned}
\tag{11.18}
$$

となる($\nabla\cdot\boldsymbol{A}(\boldsymbol{r})=0$ なので，$\hat{\boldsymbol{p}}_j\cdot\hat{\boldsymbol{A}}(\boldsymbol{r}_j)=\hat{\boldsymbol{A}}(\boldsymbol{r}_j)\cdot\hat{\boldsymbol{p}}_j$ となることを使った).

量子力学で基本になるのは，ハミルトン演算子 $\hat{H}$ と交換関係である．物理量 P の期待値 $\langle P\rangle_t$ の時間的変化は，交換関係 $[\hat{H},\hat{P}]$ から導かれる運動方程式，

$$
\frac{d}{dt}\langle P\rangle_t = \frac{i}{\hbar}\langle[\hat{H},\hat{P}]\rangle_t \tag{11.19}
$$

によって決まる(第6章の演習問題4参照).

電磁場に対するハミルトン演算子は(11.9)式の $\hat{H}_{\mathrm{EM}}$ と(11.18)式の $\hat{H}'$ であり，交換関係は(11.8)式である．ベクトル・ポテンシャルの古典電磁気学での波動方程式

$$
-\nabla^2\boldsymbol{A}+\frac{1}{c^2}\frac{\partial^2\boldsymbol{A}}{\partial t^2} = \mu_0\boldsymbol{i} = \frac{1}{c^2\varepsilon_0}\boldsymbol{i} \tag{11.20}
$$

は，(11.17)式のように $\hat{\boldsymbol{A}}(\boldsymbol{r})$ を定義すると，$\boldsymbol{A}(\boldsymbol{r},t)$ を期待値 $\langle\boldsymbol{A}(\boldsymbol{r})\rangle_t$ で，電流密度 $\boldsymbol{i}(\boldsymbol{r})$ を $-(e/m)\delta(\boldsymbol{r}-\boldsymbol{r}_j)\hat{\boldsymbol{p}}_j$ の期待値で置きかえた形で満足されることが，(11.19)式を使って証明できる*．この事実は $\hat{\boldsymbol{A}}(\boldsymbol{r})$ に対する(11.17)式の正しさを示している.

励起状態に励起された原子による光の放射に対して9-4節の時間に依存する摂動論を適用しよう．光子 $(\boldsymbol{k},s)$ を放射して，原子が状態Aから状態Bに遷移する場合の遷移行列要素を求める．(11.18)式の $\hat{H}'$ を，$\hat{H}$ のそれ以外の部分の $\hat{H}_0$ の固有関数である始状態の波動関数と終状態の波動関数，

$$
|n(\boldsymbol{k},s)\rangle\psi_{\mathrm{A}}(\boldsymbol{r},t)e^{-in\omega t},\quad \psi_{\mathrm{B}}^\dagger(\boldsymbol{r},t)e^{i(n+1)\omega t}\langle n(\boldsymbol{k},s)+1| \tag{11.21}
$$

で挟んで期待値を求める［e の肩の n は $n(\boldsymbol{k},s)$，ω は $\omega(k)$ の略］．(11.14)

* 厳密には $\hat{\boldsymbol{p}}_j$ そのものではなく，$\hat{\boldsymbol{p}}_j$ のうち横波の $\langle\boldsymbol{A}(\boldsymbol{r})\rangle_t$ $[\nabla\cdot\langle\boldsymbol{A}(\boldsymbol{r})\rangle_t=0]$ を生じさせる部分のみである.

式を使うと，$\hat{H}'$ の行列要素

$$e^{i\omega t}e^{i(E_\mathrm{B}-E_\mathrm{A})t/\hbar}H'_\mathrm{fi} = e^{i\omega t}e^{i(E_\mathrm{B}-E_\mathrm{A})t/\hbar}\frac{e}{m_\mathrm{e}}\sqrt{n(\boldsymbol{k},s)+1}\sqrt{\frac{\hbar}{2\omega\varepsilon_0 L^3}} \times\iiint u_\mathrm{B}^\dagger(\boldsymbol{r})e^{-i\boldsymbol{k}\cdot\boldsymbol{r}}(\boldsymbol{\varepsilon}^{(s)}(\boldsymbol{k})\cdot\hat{\boldsymbol{p}})u_\mathrm{A}(\boldsymbol{r})d\boldsymbol{r} \quad (11.22)$$

が得られる．ここで次の式を使った．

$$\psi_\mathrm{A}(\boldsymbol{r},t) = u_\mathrm{A}(\boldsymbol{r})e^{-iE_\mathrm{A}t/\hbar},\quad \psi_\mathrm{B}(\boldsymbol{r},t) = u_\mathrm{B}(\boldsymbol{r})e^{-iE_\mathrm{B}t/\hbar} \quad (11.23)$$

(11.22)式は，ある $(\boldsymbol{k},s)$ の光子が多く存在しているほど，$(\boldsymbol{k},s)$ をもつ光子が放射される確率が大きいことを示す．近傍に $(\boldsymbol{k},s)$ の光子が存在しない $n(\boldsymbol{k},s)=0$ の場合の光子 $(\boldsymbol{k},s)$ の放射を**自発放射**，近傍に $(\boldsymbol{k},s)$ の光子が存在する $n(\boldsymbol{k},s)\geqq 1$ の場合の光子 $(\boldsymbol{k},s)$ の放射を**誘導放射**という．次節では自発放射を考える．

11-3 原子の自発放射

(11.18)式の $\hat{H}'$ を $t>0$ での時間的に一定な摂動と考えて，原子が自発放射して状態 A から状態 B に遷移する場合に 9-4 節の摂動論を適用するには，(9.85)式で $E_k^{(0)}-E_j^{(0)}$ を $\hbar\omega+E_\mathrm{B}-E_\mathrm{A}$ で，H'_{kj} を $n(\boldsymbol{k},s)=0$ とした(11.22)式の H'_fi で，$C_k^{(1)}(t)$ を $C_\mathrm{f}^{(1)}(t)$ で置きかえればよい．すなわち，(9.85)式は次のようになる．

$$|C_\mathrm{f}^{(1)}(t)|^2 = \frac{2\pi t}{\hbar}|H'_\mathrm{fi}|^2\delta(\hbar\omega+E_\mathrm{B}-E_\mathrm{A}) \quad (11.24)$$

偏りの状態が s で，$\hbar\omega$ と $\hbar(\omega+d\omega)$ の間のエネルギーをもち，立体角 $d\Omega$ の中に放射される光子の状態の数を $\rho_{d\Omega}(\hbar\omega)$ と記すと，第 4 章の演習問題 7 と $\omega=|\boldsymbol{k}|c$ を利用すると，

$$\rho_{d\Omega}(\hbar\omega) = \frac{L^3|\boldsymbol{k}|^2 d|\boldsymbol{k}|d\Omega}{(2\pi)^3 d(\hbar\omega)} = \frac{L^3\omega^2 d\Omega}{(2\pi)^3\hbar c^3} \quad (11.25)$$

であることがわかる．(11.24)，(11.25)式と(9.86)式から，偏りベクトルが $\boldsymbol{\varepsilon}^{(s)}$，エネルギーが $\hbar\omega=E_\mathrm{A}-E_\mathrm{B}$ の光子を立体角 $d\Omega$ の中へ自発放射して，

状態 A から状態 B へ原子が単位時間に遷移する確率 $w_{d\Omega}$ は

$$w_{d\Omega}=\frac{2\pi}{\hbar}\frac{e^2\hbar}{2m_e^2\varepsilon_0\omega L^3}\left|\iiint d\boldsymbol{r}u_B^\dagger(\boldsymbol{r})e^{-i\boldsymbol{k}\cdot\boldsymbol{r}}\boldsymbol{\varepsilon}^{(s)}\cdot\hat{\boldsymbol{p}}u_A(\boldsymbol{r})\right|^2\frac{L^3\omega^2d\Omega}{(2\pi)^3\hbar c^3} \tag{11.26}$$

であることがわかる．

電気 2 重極放射　高い励起状態の重い原子は X 線も放射するが，波長 λ が原子の半径 $r_{\rm atom}$ に比べてはるかに長い可視光の放射の場合には，(11.26) 式は簡単になる．

$$1/|\boldsymbol{k}|=\lambda/2\pi\gg r_{\rm atom} \tag{11.27}$$

なので，(11.26)式の積分の中で $e^{-i\boldsymbol{k}\cdot\boldsymbol{r}}$ のテイラー展開

$$e^{-i\boldsymbol{k}\cdot\boldsymbol{r}}=1-i\boldsymbol{k}\cdot\boldsymbol{r}-\cdots \tag{11.28}$$

の第 2 項以下は無視できる．このとき放射公式(11.26)は

$$w_{d\Omega}=\frac{e^2\omega}{8\pi^2m_e^2\varepsilon_0\hbar c^3}\left|\boldsymbol{\varepsilon}^{(s)}\cdot\iiint u_B^\dagger(\boldsymbol{r})\hat{\boldsymbol{p}}u_A(\boldsymbol{r})d\boldsymbol{r}\right|^2d\Omega \tag{11.29}$$

となる．交換関係

$$[\hat{H}_0,\ \hat{\boldsymbol{r}}]=-\frac{i\hbar}{m_e}\hat{\boldsymbol{p}} \tag{11.30}$$

と(6.16)式および $E_A-E_B=\hbar\omega$ を利用すると，(11.29)式は

$$w_{d\Omega}=\frac{e^2\omega^3}{8\pi^2\varepsilon_0\hbar c^3}|\boldsymbol{r}_{BA}\cdot\boldsymbol{\varepsilon}^{(s)}|^2d\Omega \tag{11.31}$$

と簡単になる．ここで $\boldsymbol{r}_{BA}$ は

$$\boldsymbol{r}_{BA}=\iiint u_B^\dagger(\boldsymbol{r})\boldsymbol{r}u_A(\boldsymbol{r})d\boldsymbol{r} \tag{11.32}$$

である．$\boldsymbol{r}_{BA}\neq0$ の場合の光の放射は，原子の電気双極子モーメント $-e\boldsymbol{r}$ による原子の遷移に伴うものなので，**電気 2 重極放射**($E1$ 放射)とよばれる．

(11.32)式を見ると，角運動量から $1\geqq|l_A-l_B|$，パリティから $(-1)^{l_A+l_B+1}=1$ という条件がでるので，電気 2 重極放射は始状態と終状態の軌道量子数 l_A, l_B が

$$l_A-l_B=1\quad あるいは\quad -1 \tag{11.33}$$

の場合にのみ起こることがわかる．(11.33)式を**選択則**という．

状態Aの原子が光を放射して状態Bに単位時間あたりに遷移する全確率は，$|\boldsymbol{r}_{\mathrm{BA}}\cdot\boldsymbol{\varepsilon}^{(s)}|^2$ の角度平均が $(1/3)|\boldsymbol{r}_{\mathrm{BA}}|^2$ なので，

$$w = \left(\frac{e^2}{4\pi\varepsilon_0\hbar c}\right)\frac{4}{3}\frac{\omega^3}{c^2}|\boldsymbol{r}_{\mathrm{BA}}|^2 = \frac{1}{137}\cdot\frac{4\omega^3}{3c^2}|\boldsymbol{r}_{\mathrm{BA}}|^2 \tag{11.34}$$

となる(2つの偏りがあることに注意)．

単位時間あたりの全遷移確率の逆数が励起状態の平均寿命 τ である．たとえば，水素原子の場合に，2p状態は電気2重極放射を行なって1s状態に遷移するが，

$$\tau(2\mathrm{p}\to 1\mathrm{s}) = 1.6\times10^{-9}\quad\mathrm{s} \tag{11.35}$$

である．

11-4 レーザー

レーザー(laser)はきわめて細く，強力で，位相のそろった単色光のビームを作り出す装置である．これに対して，ふつうの光源では個々の原子が独立に光を自発放射するので，光は全方向に放射され，また異なる原子の放射する光の位相はそろっていない．

レーザー(light amplification by stimulated emission of radiation；誘導放射による光の増幅の略語)は，ある $(\boldsymbol{k}, s)$ の光子の数 $n(\boldsymbol{k}, s)$ が多くなると，その $(\boldsymbol{k}, s)$ の光子の放射確率は $n(\boldsymbol{k}, s)$ に比例して増加するという誘導放射を利用するので，進行方向と位相のそろった強力な光のビームを発生させる．

熱平衡状態では原子はボルツマン分布に従うので，エネルギー E の原子数は $e^{-E/kT}$ に比例する．そこで，熱平衡状態ではほとんどの原子は基底状態にあり，励起状態からの誘導放射よりも基底状態による光の誘導吸収の方が圧倒的に多く起こる．そこでレーザーでは基底状態よりも特定の励起状態にある原子数の方が多いという逆転分布を人工的に生じさせている．

たとえば，ルビー・レーザーでは，図11-1のように，ルビー結晶中の基

底状態 E_1 のクロム・イオンに緑色や青色の強い光のビームをあてて E_3 準位に励起させる(クロム・イオンは結晶中にあるので，E_3 準位は幅広い励起エネルギー・バンドである)．励起クロム・イオンは結晶格子の振動にエネルギーを与えて，準安定な第1励起状態 E_2 へ遷移する．E_2 準位の寿命は 3×10^{-3} s と比較的に長いので，強い励起を行なうと，E_1 準位より E_2 準位にあるイオン数の方が多いという逆転分布が実現する．

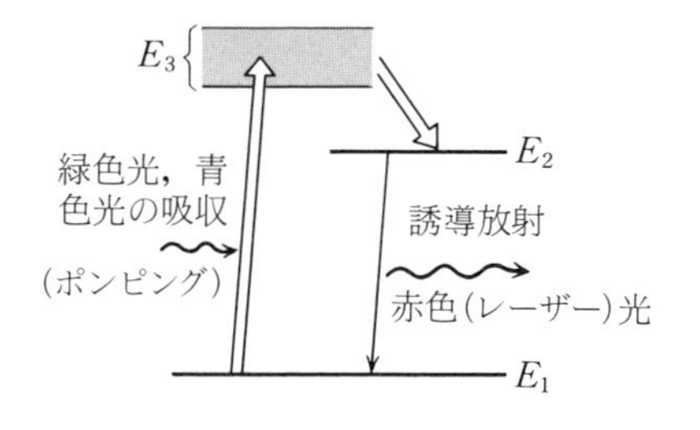

図 11-1　ルビー結晶中のクロム・イオンのエネルギー準位．レーザーの作用は $E_2 \to E_1$ の遷移に伴う誘導放射で生じる．

第11章　演習問題

1.　フェルミ粒子の生成演算子 $\hat{b}_r^\dagger$ と消滅演算子 $\hat{b}_r$ は**反交換関係**

$$\hat{b}_r\hat{b}_{r'}+\hat{b}_{r'}\hat{b}_r = 0, \quad \hat{b}_r^\dagger\hat{b}_{r'}^\dagger+\hat{b}_{r'}^\dagger\hat{b}_r^\dagger = 0$$

$$\hat{b}_r\hat{b}_{r'}^\dagger+\hat{b}_{r'}^\dagger\hat{b}_r = \delta_{rr'}$$

に従う．すべての状態 r に対して $\hat{b}_r|\text{真空}\rangle=0$ という条件を満たす状態として $|\text{真空}\rangle$ を定義すると，$n_r=1$ の1粒子状態 $\hat{b}_r^\dagger|\text{真空}\rangle$ は存在するが，$n_r=2$ の2粒子状態 $\hat{b}_r^\dagger\hat{b}_r^\dagger|\text{真空}\rangle$ は存在しないことを示せ．

2.　原子の磁気相互作用ハミルトン演算子

$$\hat{H}' = \frac{e\hbar}{2m_{\mathrm{e}}}\boldsymbol{\sigma}\cdot[\nabla\times\hat{\boldsymbol{A}}(\boldsymbol{r})]$$

による光の放射を磁気放射という．可視光の場合，磁気放射は(11.18)による電気放射よりもはるかに弱いことを示せ．

Coffee Break

EPRのパラドックス

講義の後で，「量子力学の計算結果が実験結果と一致することは理解しました．しかし，電子の広がっていた波動関数が，位置の観測によってデルタ関数型に収縮する機構がわかりません」という質問がでる．私は，「観測による状態の収縮（波動関数の収縮）は，理論を実験結果と比較する際に導入せねばならない量子力学の基本的要請です．基本的要請や基本的法則を別の法則から導き出すことはできません」と答えている．

状態の収縮は古典物理学での常識とはかけ離れている．次の思考実験を考えてみよう．スピン1/2の粒子2個がs状態($l=0$)で結合した全スピン角運動量が$0(s=0)$の複合系を考える．例えば，電子と陽子の複合系である水素原子の基底状態で，スピン波動関数が$(\alpha_e\beta_p-\beta_e\alpha_p)/\sqrt{2}$の状態(7.113d)を考える．さて，$s=0$という状態を保ちながら電子と陽子を引き離せるとする．この場合，電子のスピンの向きを測定したときにスピンが上向きであれば，複合系の波動関数は瞬間的に$\alpha_e\beta_p$になる．したがって，その後で陽子のスピンの向きを観測すれば確実に下向きである．すなわち，電子のスピンの向きの観測と陽子のスピンの波動関数の変化が同時に起こり，このとき，電子から陽子へこの変化を促す何物かが，光速よりも速く伝わっているように見え，一見，因果律と矛盾するように思われる．しかし，この波動関数の収縮を利用して，光速よりも速く信号を送れないので，因果律とは矛盾しない．

「同一時刻に離れた所にある2つの粒子は，どちらの粒子も瞬間的に他の粒子に影響を与えられない」という「局所性の原理」を信じる立場から，アインシュタインは1935年にポドルスキー，ローゼンと連名で論文を書き，波動関数の収縮が瞬間的に不連続に起こるという量子力学の基本的要請を批判した．上記の思考実験の結果をパラドックスだと考えた人たちは，このパラドックスをアインシュタイン-ポドルスキー-ローゼンのパラドックス，略して，「EPRのパラドックス」とよんだ．一方，この結果を量子力学の理論的な結論だと考えた人たちは「EPRの相関」とよんだ．

上記の思考実験の結果が正しいことは，カルシウム原子のスピン0の励起状態からスピン0の基底状態への崩壊の際に，逆向きに放射される2個の光子の直線偏光の相関を測定することによって，アスペ(A. Aspect)たちが実験的に確かめている．

さらに勉強するために

量子力学の教科書・参考書はきわめて多い．日本語のもので容易に入手できるものに対象を絞り，私の限られた情報の範囲内で主観的に選んだ．翻訳書の場合の発行年は原書の発行年にしてある．

本書のほかに初等的入門書を読みたい方には

J. L. マーチン：『量子力学』水野幸夫訳，丸善，1981 年

がある．本書よりも近似解法と形式的な話が詳しい．

本書を読みおえて，さらに高度の教科書を読みたい方には

桜井純：『現代の量子力学』桜井明夫訳，吉岡書店，1985 年

をお薦めしたい．新しい量子力学的現象がカバーされており，量子力学の基礎概念が今日的視点から平易に記述されている．訳者によるベリーの位相に関する明快な解説が付録に収められている．

いろいろな問題について詳しく知りたいときには，

L. シッフ：『新版量子力学』井上健訳，吉岡書店，1968 年

A. メシア：『量子力学』小出昭一郎・田村二郎訳，東京図書，1962 年

L. L. ランダウ，E. M. リフシッツ：『量子力学』好村滋洋他訳，東京図書，1962 年

などの程度の高い標準的な教科書が役に立つ．

量子力学の教科書としての歴史的名著が

P. A. M. ディラック：『量子力学』朝永振一郎他訳，岩波書店，1958 年

である(初版は 1930 年に出版)．新しい力学系に量子論を適用しようとするときに生じる疑問への解決の手掛かりを与えてくれるのがこの本である．量子力学に関連のある研究をする場合に「どうも量子力学の基本的なところがよくわからない」と感じたときには，この本をじっくりと読むことを勧めたい．訳者による詳しい注釈が付いている．

標準的な教科書と相補的な教科書が

R. P. ファインマン，R. B. レイトン，M. L. サンズ：『ファインマン物理学 V 量子力学』砂川重信訳，岩波書店，1965 年

である．物理現象をファインマンの独特の流儀で考えていくことによって量子力学的な見方が示される．

日本人によるもう 1 つの大著が

朝永振一郎：『量子力学』みすず書房，第 I 巻 1948 年，第 II 巻 1953 年

である．古典力学の困難の発見から量子力学の誕生に至るいきさつの物理学的な説明が第 I 巻に詳しい．物質の波動性と粒子性が量子力学ではどのように統一的に理解されるのかが第 II 巻の主要なテーマである．

本書の記述では古典力学と量子力学の違いは $[\hat{x}, \hat{p}]=i\hbar$ という交換関係に現われている．このような定式化を正準量子化法という．この他に経路積分に基づく量子化法がある．両者は同じ結果に導く．経路積分量子化法は，非相対論的量子力学の場合には新しい見方として参考になる程度であるが，ゲージ場の量子論に対してはきわめて有効である．経路積分量子化法に基づく量子力学の代表的な教科書として

R. P. ファインマン，A. R. ヒッブス：『ファインマン経路積分と量子力学』北原和夫訳，マグロウヒル出版，1964 年

がある．

量子力学に関係する読み物としては次のようなものもある．

朝永振一郎：『スピンはめぐる』中央公論社，1973 年

原康夫：『量子の不思議』(中公新書)中央公論社，1985 年

並木美喜雄：『量子力学入門』(岩波新書)岩波書店，1992 年

問および演習問題略解

第1章

1. $v=7\times10^6\,\mathrm{m/s}$, $2.2\times10^{-17}\,\mathrm{J}=1.4\times10^2\,\mathrm{eV}$

2. $\lambda=4.0\times10^{-11}\,\mathrm{m}$

3. $\lambda=1.5\times10^{-10}\,\mathrm{m}$, $v=2.7\times10^3\,\mathrm{m/s}$

4. 電子

5. 運動量 h/d の光子との散乱で電子の進行方向に角度 $\theta\approx\Delta p_\perp/p=(h/d)/(h/\lambda)=\lambda/d$ の不確定さが生じる．$l\theta\approx l\lambda/d$ である．

6. $E=h\nu=ch/\lambda$ なので，E が減少すると λ は増加する．

7. $\lambda=1.67\times10^{-10}\,\mathrm{m}$, $\sin\theta=0.77$, $\theta=50^\circ$

8. $\Delta p\gtrsim\hbar/\Delta x=2\times10^{-24}\,\mathrm{kg\cdot m/s}$, $\Delta v\gtrsim2\times10^6\,\mathrm{m/s}$
$E\approx(\Delta p)^2/2m\gtrsim2\times10^{-18}\,\mathrm{J}=13\,\mathrm{eV}$．同程度の大きさ．

第2章

1. $(1+i)/\sqrt{2}$, i, -1, 1, $-i$

2. (2.29)式の x に ax, $-ax$ を代入して得られる(2.32)式を使え．

3. (2.78)式を(2.77)式に代入せよ．

4. $-(\hbar^2/2m)\nabla^2u-(Ze^2/4\pi\varepsilon_0 r)u=Eu$

5. $\omega=\pm kc$, $v_\mathrm{p}=v_\mathrm{g}=c$

6. $a_{2m}=0$, $a_{2m-1}=-(-1)^m8/(2m-1)^2\pi^2$

7. (2.70)式の複素共役をとれ．

第3章

問 3-1 節の数が4つあるので，この状態よりエネルギーの低い状態は，節の数が0, 1, 2, 3 の4個．

1. (i) $(E_1, E_2, E_3)=(6.0\times10^{-18}\,\mathrm{J}=38\,\mathrm{eV}, 1.5\times10^2\,\mathrm{eV}, 3.4\times10^2\,\mathrm{eV})$,

(0.38 eV, 1.5 eV, 3.4 eV), (3.8×10^{-3} eV, 1.5×10^{-2} eV, 3.4×10^{-2} eV)

（ii） $\lambda=1.1\times10^{-8}$ m(紫外線). 1.1×10^{-6} m(赤外線), 1.1×10^{-4} m(マイクロ波)

2. $E_1=8.2\times10^{-12}\,\mathrm{J}=5.1\times10^{7}\,\mathrm{eV}$,　$E_2=2.1\times10^{8}\,\mathrm{eV}$,　$E_3=4.6\times10^{8}\,\mathrm{eV}$,　$\lambda=8.1\times10^{-15}$ m(ガンマー線)

3. $u_n(x)=\sqrt{\dfrac{2}{L}}\cos\dfrac{n\pi x}{L}$　(n；奇数),　　$\sqrt{\dfrac{2}{L}}\sin\dfrac{n\pi x}{L}$　(n；偶数)

4. このポテンシャルの $x>0$ の部分は井戸型ポテンシャル(3.17)と同一である. $x<0$ では $V(x)=\infty$ なので, $u(x)=0$ である. したがって $u(0)=0$ なので, 井戸型ポテンシャル(3.17)の x について奇関数の固有関数に対する固有値に等しい. 図は略す.

5.（i） エネルギーは低くなり, 波動関数は $|x|>a$ の領域にひろがる.

（ii） 増加する. Δx が減少すると Δp は増加するから.

6. エネルギーの固有状態の波動関数 $u_n(x)$ には $e^{-iE_nt/\hbar}$ という因子がかかることに注意せよ.

7. $u(x)$ はすべての x で連続である. シュレーディンガー方程式(3.2)を $x=x_0-\varepsilon$ から $x_0+\varepsilon$ まで積分して, $\varepsilon\to0$ の極限をとると

$$
\begin{aligned}
-\frac{\hbar^2}{2m}\int_{x_0-\varepsilon}^{x_0+\varepsilon}\frac{d^2u}{dx^2}dx &= -\frac{\hbar^2}{2m}\left[\left.\frac{du}{dx}\right|_{x=x_0+\varepsilon}-\left.\frac{du}{dx}\right|_{x=x_0-\varepsilon}\right]\\
&=\int_{x_0-\varepsilon}^{x_0+\varepsilon}[E-V(x)]u(x)dx\\
&\fallingdotseq u(x_0)\left[2\varepsilon E-\int_{x_0}^{x_0+\varepsilon}V(x)dx-\int_{x_0-\varepsilon}^{x_0}V(x)dx\right]\\
&\fallingdotseq u(x_0)[2\varepsilon E-\varepsilon V(x_0+\varepsilon)-\varepsilon V(x_0-\varepsilon)]\\
&=\varepsilon u(x_0)[2E-V(x+\varepsilon_0)-V(x_0-\varepsilon)]\xrightarrow[\varepsilon\to0]{}0
\end{aligned}
$$

8. $V_0\to\infty$ では $\kappa\to\infty$, ゆえに(3.29)式から $\cos ka\to0$, $\therefore$　$A\cos ka=Ce^{-\kappa a}\to0$. したがって, $V(x)=\infty$ の領域では $u(x)=0$.

9. (2.80)式に代入してみよ. $V=V(x,y)$ の場合には $u(x,y,z)=v(x,y)w(z)$ という形の解がある.

第4章

問 4-1　$2A=C-iD,\quad 2B=C+iD$

1.（i）　$m(v+\varDelta v)^2/2-mv^2/2 \fallingdotseq mv\varDelta v=-mg\varDelta h$

ゆえに，

$$\varDelta v=-g\varDelta h/v=-9.8\times 0.01/2800=-3.5\times 10^{-5}\,(\mathrm{m/s})$$

$$\frac{\varDelta\lambda}{\lambda}=\left[\frac{h}{m(v+\varDelta v)}-\frac{h}{mv}\right]\frac{mv}{h}\fallingdotseq -\frac{\varDelta v}{v}=1.25\times 10^{-8}$$

$$\varDelta\lambda=1.8\times 10^{-18}\,\mathrm{m}$$

（ii）　$2\pi d\left\{\dfrac{1}{\lambda+\varDelta\lambda}-\dfrac{1}{\lambda}\right\}\fallingdotseq -2\pi d\dfrac{\varDelta\lambda}{\lambda^2}=-22\,\mathrm{rad}$

2.　9.2 eV

3.（i）　図 4-3 の場合

$$E=V_0+\frac{\hbar^2k'^2}{2m}=V_0+\frac{n^2\pi^2\hbar^2}{2ma^2}\qquad (n=1,2,\cdots)$$

図 4-7 の場合，$n_0\pi\hbar>a\sqrt{2mV_0}$ であるような最小の整数を n_0 とすると，

$$E=-V_0+\frac{n^2\pi^2\hbar^2}{2ma^2}\qquad (n=n_0,\,n_0+1,\cdots)$$

（ii）　確率の流れの密度＝一定，なので，土手(井戸)の部分では群速度 v が小さく(大きく)なり，|振幅| は大きい(小さい)．図は略．

4.　$x>0$ では $V(x)=-eE_0x$．ゆえに，

$$T=\exp\left\{-\frac{2}{\hbar}\int_0^{W_0/eE_0}[2m(W_0-eE_0x)]^{1/2}dx\right\}=\exp\left[-4\sqrt{2mW_0^3}/3e\hbar E_0\right]$$

$$=2\times 10^{-6}$$

$2\times 10^{-6}\times 10^{6}\times 10^{29}\times 10^{-8}\approx 2\times 10^{21}$ (個/s)

5.　区間 $-a\leqq x\leqq b$ を考える．一般解は

$$u(x)=\begin{cases}Ae^{ik'x}+Be^{-ik'x} & (-a\leqq x\leqq 0)\\ Ce^{ikx}+De^{-ikx} & (0<x\leqq b)\end{cases}$$

で，これに $x=0$ での境界条件と，$x=-a,\,b$ での位相因子付の境界条件を課すと，

$$A+B=C+D,\quad k'(A-B)=k(C-D)$$

$$Ce^{ikb}+De^{-ikb}=e^{iK(a+b)}(Ae^{-ik'a}+Be^{ik'a})$$

$$k(Ce^{ikb}-De^{-ikb}) = k'e^{iK(a+b)}(Ae^{-ik'a}-Be^{ik'a})$$

が得られ，これを解くと $\cos Kl=\Phi(E)$ が導かれる．

6. $\hat{x}\delta(x-a)=x\delta(x-a)$ と(4.45), (4.47)を使え．

7. (3)式は(4.77)式の一般化である．運動量空間の $|\boldsymbol{p}|=p_0$ と $|\boldsymbol{p}|=p_0+\Delta p$ の間の球殻の体積は $4\pi p_0^2\Delta p$．そこで

$$\Delta E = (p_0+\Delta p)^2/2m-p_0^2/2m \simeq p_0\Delta p/m$$

を使うと，

$$\rho(E)\Delta E = (V/h^3)4\pi p_0^2\Delta p = (V/h^3)4\pi p_0 m\Delta E$$

$p_0=\sqrt{2mE}$ なので，$\rho(E)=4\pi\sqrt{2}\,m^{3/2}E^{1/2}V/h^3$．

第5章

問 5-1 5.79×10^{-5} eV，2.7×10^{-9} eV

1. $r=\sin^2\theta$ のグラフは問題の図を 90° 回転したグラフ．3次元にすると，$m_l=\pm1$ は穴の半径が 0 のドーナッツ状のグラフ．

2. (i) (5.46)式で $V(r)=E=0$ とおけ．$r=0$ は特異点．

(ii) $r\to0$ では(5.46)式の中の $V(r)\chi_l$ と $E\chi_l$ は無視できる．

3. (5.51)式で e^2 が Ze^2 になるから．(5.67), (5.72)式で e^2 は $2e^2$ になり，換算質量 m の変化は無視できるので，エネルギーは4倍，半径は1/2倍．

4. (i) (5.72)式から半径は換算質量 m に反比例するので1/186倍．

(ii) (5.67)式からエネルギーは m に比例するので光子のエネルギーは186倍．

5. 水素原子の場合 $m=m_{\mathrm{e}}/1.00054$，重水素の場合 $m=m_{\mathrm{e}}/1.00027$．

6. (i) 1次元の調和振動子ポテンシャル $V(x)=\dfrac{1}{2}m\omega^2x^2$ のエネルギー固有値 $E_n=\left(n+\dfrac{1}{2}\right)\hbar\omega$ $(n=0,1,2,\cdots)$ の固有関数を $u_n(x)$ とすると，3次元調和振動子ポテンシャルは変数分離形の解 $u_{n_1}(x)u_{n_2}(y)u_{n_3}(z)$ をもち，エネルギー固有値は

$$E_n = \left(n+\frac{3}{2}\right)\hbar\omega \qquad (n=n_1+n_2+n_3=0,1,2,\cdots)$$

固有値 E_n は $1+2+\cdots+(n+1)=(n+1)(n+2)/2$ 重に縮退．

(ii) $u(x,y,z)=R(\xi)Y_{lm}(\theta,\varphi)$ とおいて，まず

$$\frac{1}{\xi^2}\frac{d}{d\xi}\left(\xi^2\frac{dR}{d\xi}\right)-\xi^2R-\frac{l(l+1)}{\xi^2}R = -\lambda R$$

を導け．$(2j+2)(2j+2l+3)c_{j+1}=(4j+2l+3-\lambda)c_j$ という関係がある．$n=2k+l$ $(k=0,1,2,\cdots)$ を使え．

7. $r=0$ と $a\leqq r$ で $\chi_0(r)=0$ で，$0<r<a$ では $d^2\chi_0/dr^2=-k^2\chi_0$ なので，3-2 節の無限に深い井戸型ポテンシャルと同じ結果になる．

8. (i)　v は(2)式を満たす多項式なので，C_l を定数として，

$$P_l(z)=C_l v=C_l\frac{d^l}{dz^l}(z^2-1)^l,\quad P_l(1)=C_l 2^l l!=1$$

ゆえに，

$$C_l=\frac{1}{2^l l!}$$

(ii)　$w\propto P_l^m$ なので，$P_l^{|m|}(z)\propto(1-z^2)^{|m|/2}v\propto(1-z^2)^{|m|/2}\dfrac{d^{|m|}P_l(z)}{dz^{|m|}}$

ゆえに，

$$P_l^m(z)\propto(1-z^2)^{|m|/2}\frac{d^{l+|m|}(z^2-1)^l}{dz^{l+|m|}}$$

第6章

問 6-1　$\delta_{jk}=\int f_j^*(x)f_k(x)dx=\sum_{m,n}U_{mj}^*U_{nk}\int g_m^*(x)g_n(x)dx$

$$=\sum_{m,n}U_{mj}^*U_{nk}\delta_{mn}=\sum_m U_{jm}^\dagger U_{mk}$$

$$=\int g_j^*(x)g_k(x)dx=\sum_{m,n}U_{jm}U_{nk}^\dagger\int f_m^*(x)f_n(x)dx$$

$$=\sum_m U_{jm}U_{mk}^\dagger$$

問 6-2　$[\hat{a},\hat{a}^\dagger]=\dfrac{m\omega}{2\hbar}\left[\hat{x}+\dfrac{i}{m\omega}\hat{p},\hat{x}-\dfrac{i}{m\omega}\hat{p}\right]$

$$=\frac{i}{2\hbar}(-[\hat{x},\hat{p}]+[\hat{p},\hat{x}])=\frac{i}{2\hbar}(-i\hbar+(-i\hbar))=1$$

$$[\hat{a},\hat{a}]=\hat{a}\hat{a}-\hat{a}\hat{a}=0$$

問 6-3　$\hat{a}^\dagger u_n=\hat{a}^\dagger\left[\dfrac{1}{\sqrt{n!}}(\hat{a}^\dagger)^n u_0\right]=\dfrac{1}{\sqrt{n!}}(\hat{a}^\dagger)^{n+1}u_0=\sqrt{n+1}\,u_{n+1}$

$$\int u_m^*\hat{a}u_n dx=\int(\hat{a}^\dagger u_m)^*u_n dx=\sqrt{m+1}\int u_{m+1}^*u_n dx=\sqrt{n}\,\delta_{m+1,n}$$

$$\int u_m^*\hat{a}^\dagger u_n dx=\sqrt{n+1}\int u_m^*u_{n+1}dx=\sqrt{n+1}\,\delta_{m,n+1}$$

を使え．

1. ψ^* と $\dfrac{\partial\psi}{\partial t}=\dfrac{i\hbar}{2m}\nabla^2\psi-\dfrac{i}{\hbar}V\psi$ の両辺の積と $\dfrac{\partial\psi^*}{\partial t}=-\dfrac{i\hbar}{2m}\nabla^2\psi^*+\dfrac{i}{\hbar}V\psi^*$ の両辺と ψ の積の和は

$$\frac{\partial P}{\partial t}=\psi^*\frac{\partial\psi}{\partial t}+\frac{\partial\psi^*}{\partial t}\psi=\frac{i\hbar}{2m}\nabla\cdot[\psi^*\nabla\psi-(\nabla\psi^*)\psi]=-\nabla\cdot\boldsymbol{S}$$

この式を領域 V について積分してガウスの定理を使うと

$$\frac{d}{dt}\iiint_V P(\boldsymbol{r},t)d\boldsymbol{r}=-\iint_S S_n(\boldsymbol{r},t)dS$$

領域 V の表面 S の上で $\boldsymbol{S}=0$ あるいは周期的境界条件が満たされれば右辺は 0 なので，(1)式が導かれる．

2. (6.13)式の ψ として $\psi+\alpha\varphi$ を使い（α は任意の複素定数），(6.20)式の内積の記号を使うと，

$$\alpha^*(\varphi,\hat{Q}\psi)+\alpha(\psi,\hat{Q}\varphi)=\alpha(\varphi,\hat{Q}\psi)^*+\alpha^*(\psi,\hat{Q}\varphi)^*$$

となる．$\alpha=1$ と $\alpha=i$ の場合の 2 つの式から

$$(\varphi,\hat{Q}\psi)=(\psi,\hat{Q}\varphi)^*$$

3. $\psi(x)=\sum_k C_kf_k(x)$ を代入し，左から $f_j^*(x)$ を掛けて x で積分すると，$\sum_k Q_{jk}C_k=qC_j$ が得られる．1 次の同次連立方程式に解が存在する条件から $\det|Q-q\mathbf{1}|=0$.

4. $\hat{H}u_j(x)=E_ju_j(x)$ とし，$\psi(x,t)=\sum_j C_ju_j(x)e^{-iE_jt/\hbar}$ とおき，$\langle A\rangle_t$ を計算し，t で微分すると，

$$\langle A\rangle_t=\int_{-\infty}^{\infty}(\sum_k C_k^*u_k^*e^{iE_kt/\hbar})\hat{A}(\sum_j C_ju_je^{-iE_jt/\hbar})dx$$

$$\begin{aligned}\frac{d}{dt}\langle A\rangle_t&=\frac{1}{i\hbar}\int_{-\infty}^{\infty}(\sum_k C_k^*u_k^*e^{iE_kt/\hbar})(E_j-E_k)\hat{A}(\sum_j C_ju_je^{-iE_jt/\hbar})dx\\&=\frac{1}{i\hbar}\int_{-\infty}^{\infty}\psi^*(\hat{A}\hat{H}-\hat{H}\hat{A})\psi dx=\frac{1}{i\hbar}\langle[\hat{A},\hat{H}]\rangle_t\end{aligned}$$

ここで，

$$\int_{-\infty}^{\infty}u_k^*\hat{H}\hat{A}u_jdx=\int_{-\infty}^{\infty}(\hat{H}u_k)^*\hat{A}u_jdx=E_k\int_{-\infty}^{\infty}u_k^*\hat{A}u_jdx$$

$$\int_{-\infty}^{\infty}u_k^*\hat{A}\hat{H}u_jdx=E_j\int_{-\infty}^{\infty}u_k^*\hat{A}u_jdx$$

を使った.

5. 前の問題の結果を使え.

6. $\hat{H}$ の最初の2項は(6.55)式の真中の辺と同一なので，固有値は $\hbar\omega_c(n+1/2)$. 第3項は z 方向の運動エネルギーを表わす.

第7章

1. $[\hbar\omega]=[E]=[\mathrm{ML^2T^{-2}}]\quad\therefore\quad[\hbar]=[\mathrm{ML^2T^{-1}}]$

2. $[(\mu_z dB_z/dz)/m](l/v)^2=2.5\times10^{-4}\,\mathrm{m}$

$$\tan(\theta/2)=(l/mv^2)\mu_z dB_z/dz=1.3\times10^{-2}\,\mathrm{rad}$$

3. $\hat{L}_x, \hat{L}_y$ の表現行列の対角線要素は0なので，$\langle\hat{L}_x\rangle=\langle\hat{L}_y\rangle=0$.

$$\langle\hat{L}_x^2\rangle=\langle\hat{L}_y^2\rangle=\frac{1}{2}\langle(\hat{\boldsymbol{L}}^2-\hat{L}_z^2)\rangle=[j(j+1)-m^2]\hbar^2/2$$

4. $\alpha=\begin{pmatrix}1\\0\end{pmatrix}$. $\alpha=\dfrac{1}{\sqrt{2}}(\alpha_y-i\beta_y)$ なので，$\dfrac{1}{\sqrt{2}}\alpha_y=\dfrac{1}{2}\begin{pmatrix}1\\i\end{pmatrix}$. $\dfrac{1}{2}\begin{pmatrix}1\\0\end{pmatrix}=\dfrac{1}{2}\alpha$.

5. $2.8m_e/m_p\fallingdotseq1.5\times10^{-3}$

6. $\phi(1, m_1)\phi(1, m_2)$ を $\phi(m_1)\phi(m_2)$ と記すと，

$j=2$：$\phi(1)\phi(1)$，$[\phi(1)\phi(0)+\phi(0)\phi(1)]/\sqrt{2}$，$[\phi(1)\phi(-1)+2\phi(0)\phi(0)+\phi(-1)\phi(1)]/\sqrt{6}$，$[\phi(0)\phi(-1)+\phi(-1)\phi(0)]/\sqrt{2}$，$\phi(-1)\phi(-1)$

$j=1$：$[\phi(1)\phi(0)-\phi(0)\phi(1)]/\sqrt{2}$，$[\phi(1)\phi(-1)-\phi(-1)\phi(1)]/\sqrt{2}$，$[\phi(0)\phi(-1)-\phi(-1)\phi(0)]/\sqrt{2}$

$j=0$：$[\phi(1)\phi(-1)-\phi(0)\phi(0)+\phi(-1)\phi(1)]/\sqrt{3}$

7. (i) $[\hat{L}_z, \hat{x}]=[\hat{x}\hat{p}_y-\hat{y}\hat{p}_x, \hat{x}]=-\hat{y}[\hat{p}_x, \hat{x}]=i\hbar\hat{y}$，$[\hat{L}_z, \hat{y}]=-i\hbar\hat{x}$，$[\hat{L}_z, \hat{z}]=0$，$[\hat{L}_z, \hat{p}_x]=i\hbar\hat{p}_y$，$[\hat{L}_z, \hat{p}_y]=-i\hbar\hat{p}_x$，$[\hat{L}_z, \hat{p}_z]=0$

したがって，

$[\hat{L}_z, \hat{x}^2]=[\hat{L}_z, \hat{x}]\hat{x}+\hat{x}[\hat{L}_z, \hat{x}]=2i\hbar\hat{x}\hat{y}$，$[\hat{L}_z, \hat{y}^2]=-2i\hbar\hat{x}\hat{y}$，$[\hat{L}_z, \hat{z}^2]=0$，$[\hat{L}_z, \hat{p}_x^2]=2i\hbar\hat{p}_x\hat{p}_y$，$[\hat{L}_z, \hat{p}_y^2]=-2i\hbar\hat{p}_x\hat{p}_y$，$[\hat{L}_z, \hat{p}_z^2]=0$

ゆえに $[\hat{L}_z, \hat{\boldsymbol{r}}^2]=[\hat{L}_z, \hat{\boldsymbol{p}}^2]=0$

(ii) $\hat{H}u=Eu$ なら $\hat{H}(\hat{L}_\pm u)=\hat{L}_\pm(\hat{H}u)=E(\hat{L}_\pm u)$ を使え.

8. $u(r, \theta, \varphi)=\sum_{m=-\infty}^{\infty}a_m(r,\theta)e^{im\varphi}$ とおくと，

$$\exp[-(i/\hbar)\hat{L}_z\beta]u(r, \theta, \varphi)=\sum_m a_m(r, \theta)e^{im(\varphi-\beta)}=u(r, \theta, \varphi-\beta)$$

$[\hat{L}_x, \hat{L}_y] \neq 0$ は x 軸のまわりの回転と y 軸のまわりの回転の順序を変えると結果が異なることを示す.

9. 磁場の通過時間は l/v. ビームの半分がスピン上向き，半分が下向きなので，(7.50)式から $N \propto (1/2)|1+e^{i\mu Bl/\hbar v}|^2+(1/2)|1+e^{-i\mu Bl/\hbar v}|^2 \propto 1+\cos(\mu Bl/\hbar v)$

10. (i) $\cos\varphi \pm i\sin\varphi = e^{\pm i\varphi}$ を使え.

(ii) $\hat{L}_+[\Theta(\theta)e^{il\varphi}] = \hbar e^{i(l+1)\varphi}\left[\dfrac{d\Theta}{d\theta} - l\cot\theta\Theta\right] = 0.$

$\therefore \quad \Theta_{ll}(\theta) = \text{const.}\sin^l\theta.$

(iii) l 回部分積分して，$z=\cos\theta$ とおくと

$$\frac{(2l)!}{(2^l l!)^2}\int_0^\pi \sin^{2l+1}\theta d\theta = \frac{2}{2l+1}$$

(iv) (2)式は簡単に導かれる. (2)式と(5.25)式から

$$\hat{L}_\pm(P_l^{|m|}e^{\pm i|m|\varphi}) = \mp\hbar P_l^{|m|+1}e^{\pm i(|m|+1)\varphi}$$

$m \geqq 0$ のときは $C^+_{lm} = [(l-m)(l+m+1)]^{1/2}$ であり，$(-1)^m = (-1)^{(m+|m|)/2}$

$m \leqq 0$ のときは $C^-_{lm} = [(l-|m|)(l+|m|+1)]^{1/2}$ であり，$1 = (-1)^{(m+|m|)/2}$

であることを使うと，(5.30)式の因子が

$$(-1)^{(m+|m|)/2}[l(l-1)\cdots(l-|m|+1)(l+1)\cdots(l+|m|)]^{-1/2}$$
$$= (-1)^{(m+|m|)/2}[(l-|m|)!/(l+|m|)!]^{1/2}$$

であることがわかる.

(v) $\hat{L}_\pm$ の適用で得られるものは Y_{lm} だけであることを使え.

第8章

問 8.1 (5.67)式で e^4 を $[(Z-1)e^2]^2$ とおけ.

1. ${}^{14}_{7}\mathrm{N}$ 原子核が 14 個の陽子と 7 個の電子の合計 21 個の複合粒子ならば，7 個の電子を含む ${}^{14}_{7}\mathrm{N}$ 原子は 28 個のフェルミ粒子の複合系なのでボース粒子. 実際には ${}^{14}_{7}\mathrm{N}$ 原子核は 7 個の陽子と 7 個の中性子の複合粒子なので，${}^{14}_{7}\mathrm{N}$ 原子は 21 個のフェルミ粒子の複合系となり，フェルミ粒子.

2. (1) 2 つの独立な調和振動子の集合なので，

$$E = \hbar\omega(n+1) \qquad (n=0, 1, 2, \cdots)$$

(2) 換算質量は $m/2$ なので，$m\omega^2 = (m/2)(\sqrt{2}\,\omega)^2$. ゆえに，角振動数 $\sqrt{2}\,\omega$ の調和振動子と力の作用をうけない質量 $2m$ の自由粒子のエネルギー，

$$E = \sqrt{2}\hbar\omega\left(n+\frac{1}{2}\right)+\frac{\hbar^2K^2}{4m} \qquad (n \text{ は負でない整数，} K \text{ は実数})$$

(3)　ポテンシャルは

$$\frac{1}{2}(2m)\omega^2X^2+\frac{1}{2}\left(\frac{m}{2}\right)[(m+2f)/m]\omega^2x^2$$

なので，角振動数 ω と $[(m+2f)/m]^{1/2}\omega$ の調和振動子．

$$E = \hbar\omega\left(n_1+\frac{1}{2}\right)+\hbar\omega\left[\frac{m+2f}{m}\right]^{1/2}\left(n_2+\frac{1}{2}\right) \qquad (n_1, n_2 \text{ は負でない整数})$$

3. $\hat{\boldsymbol{P}}=\hat{\boldsymbol{p}}_1+\hat{\boldsymbol{p}}_2+\cdots+\hat{\boldsymbol{p}}_N$

$$u(\boldsymbol{r}_1, \cdots, \boldsymbol{r}_N) = (2\pi)^{-N/2}e^{i(\boldsymbol{k}_1\cdot\boldsymbol{r}_1+\cdots+\boldsymbol{k}_N\cdot\boldsymbol{r}_N)}$$

$$\boldsymbol{P} = \hbar(\boldsymbol{k}_1+\boldsymbol{k}_2+\cdots+\boldsymbol{k}_N)$$

4. スピン2と2の合成スピンは0, 1, 2, 3, 4であるが，$s=2$ の粒子はボース粒子なので，$\psi(2,2)\psi(2,2)$，$[\psi(2,2)\psi(2,1)+\psi(2,1)\psi(2,2)]/\sqrt{2}$ のように粒子1と粒子2の交換で不変なものだけが許される．

5. 波動関数が1粒子関数の積になっていることに注意．

6. $u(\boldsymbol{r}_1)u(\boldsymbol{r}_2)[\alpha(\sigma_1)\beta(\sigma_2)-\beta(\sigma_1)\alpha(\sigma_2)]/\sqrt{2}$

7. 準位間隔と価電子数に注目せよ．

8. $(1s)^2(2s)^2$，$(1s)^2(2s)^2(2p)^6$

9. 電子殻が満席になり，次の電子殻に入るときには平均半径は増加．1つの電子殻に入る電子数が増加するときは，最外殻の電子の感じる平均ポテンシャルが強くなるので平均半径は減少．

第9章

1. $\langle\hat{H}'\rangle=(1/4m_e^2c^2)(e^2/4\pi\varepsilon_0r^3)[j(j+1)-2-3/4]\hbar^2$

$$\hbar^2\int_0^\infty(1/4m_e^2c^2)(e^2/4\pi\varepsilon_0r^3)|R_{21}(r)|^2r^2dr$$

$$=(1/96)(e^2/4\pi\varepsilon_0\hbar c)^4m_ec^2 = 1.5\times10^{-5}\,\text{eV}$$

$[j(j+1)-2-3/4]$ は $2p_{1/2}$ と $2p_{3/2}$ に対して -2 と1 (非対角線要素は0)．ゆえに，$2p_{1/2}$ は $\Delta E=-3.0\times10^{-5}\,\text{eV}$，$2p_{3/2}$ は $\Delta E=1.5\times10^{-5}\,\text{eV}$．

2. $\psi=C_1u_1e^{-iE_1t/\hbar}+C_2u_2e^{-iE_2t/\hbar}$

$t=0$ で $C_1u_1+C_2u_2=\phi_1=(u_1+u_2)/\sqrt{2}$．ゆえに，

$$\psi = e^{-iE_0t/\hbar}[u_1e^{-iE't/\hbar}+u_2e^{iE't/\hbar}]/\sqrt{2}$$
$$= e^{-iE_0t/\hbar}[\phi_1\cos(E't/\hbar)-i\phi_2\sin(E't/\hbar)]$$

系は ϕ_1 と ϕ_2 の間を周期 $T=h/2E'=h/|E_1-E_2|$ で往復する．

3. $C_{nn}^{(2)}$ は規格化条件の λ^2 の係数が 0 という条件，$\sum_m |C_{nm}^{(1)}|^2+C_{nn}^{(2)}+C_{nn}^{(2)*}=0$ を使った．$\mathrm{Im}\, C_{nn}$ は任意なので，$\mathrm{Im}\, C_{nn}^{(2)}=0$ とした．

(9.29b) で $n \neq m$ とおくと，$C_{nm}^{(2)}$ が求められる．

4. $$E_{1s}^{(1)} = \frac{e^2B^2}{8m}\frac{1}{\pi r_0^3}\int_0^\infty r^2dr\int_0^\pi \sin\theta d\theta\int_0^{2\pi}d\varphi e^{-2r/r_0}r^2\sin^2\theta$$
$$= e^2r_0^2B^2/4m = 1.97\times10^{-29}B^2(\mathrm{J/T^2}) = 1.2\times10^{-10}B^2(\mathrm{eV/T^2})$$

$E_{1s}^{(1)}=e^2B^2\langle r^2\rangle/12m$ は反磁性による磁気モーメント $\boldsymbol{\mu}=-(e^2\langle r^2\rangle/6m)\boldsymbol{B}$ による．

5. $$\langle H\rangle = 4\sqrt{b^3/\pi}\int_0^\infty\left[-\frac{b^2\hbar^2}{2m}x^4+\frac{3b\hbar^2}{2m}x^2-V_0x^2+ax^3\right]e^{-bx^2}dx$$
$$= 4\sqrt{b^3/\pi}\left[\frac{3\hbar^2}{16m}\sqrt{\frac{\pi}{b}}-\frac{1}{4}V_0\sqrt{\frac{\pi}{b^3}}+\frac{a}{2b^2}\right]$$

ゆえに，

$$b=(4ma/3\sqrt{\pi}\hbar^2)^{2/3},\qquad \langle H\rangle=\frac{3}{2}\left(\frac{6\hbar^2a^2}{\pi m}\right)^{1/3}-V_0$$

この結果の方が小さいので，良い近似である．

6. $\langle H\rangle=\sum_i\sum_j \alpha_i\alpha_jH_{ij}/\sum_i\sum_j\alpha_i\alpha_jJ_{ij}$

$\partial\langle H\rangle/\partial\alpha_i=0$ から $\sum_j H_{ij}\alpha_j-\langle H\rangle\sum_j J_{ij}\alpha_j=0$ が導かれる．この連立 1 次方程式が根 $E=\langle H\rangle$ をもつ条件が $\det|H_{ij}-EJ_{ij}|=0$.

第 10 章

問 10.1 $\dfrac{d\sigma}{d\Omega}=\dfrac{1}{k^2}|e^{i\delta_0}\sin\delta_0+3e^{i\delta_1}\sin\delta_1\cos\theta|^2$

1. $$f(\theta)=\frac{2mV_0}{\hbar^2K}\int_0^a r\sin Kr dr=\frac{2mV_0}{\hbar^2K^3}[\sin Ka-Ka\cos Ka]$$

$K\to0$ で $f(\theta)=2mV_0a^3/3\hbar^2$.

2. $$F(K)=\frac{4\pi}{K}\int_0^\infty\rho(r)r\sin Krdr=\frac{a^2}{K}\int_0^\infty e^{-ar}\sin Krdr=\frac{a^2}{a^2+K^2}$$

3. (10.49) 式から $k\to0$ で $\tan\delta_l\to O(k^{2l+1})$ を使え．

4. (i) $k\to\infty$ ではポテンシャルの効果は無視できる．

（ii） $r=a$ での dR_0/dr と R_0 の連続性から $\sin\delta_0(0)=0$，$E=0$ の束縛状態がある場合は $|\sin\delta_0(0)|=1$ であることを使い，$k=0\to\infty$ での $\delta_0(k)$ の変化を調べよ．

第 11 章

1. $\hat{b}_r^\dagger\hat{b}_r^\dagger=0$ なので，$\hat{b}_r^\dagger\hat{b}_r^\dagger|$真空$\rangle=0$.

2. $e\hbar k/2m_e : e\langle p\rangle/m_e \approx \hbar k/2m_e : \omega\langle\gamma\rangle \approx \hbar/2m_e c : \gamma_{\mathrm{atom}} \approx 1 : 10^2$

索　引

ア　行
アインシュタイン　5
アハラノフ-ボーム効果　213
位相速度　35
位相のずれ　227
位置演算子　37
1次演算子　127
1次独立　126
井戸型ポテンシャル　47
　3次元の——　108
　無限に深い——　44
EPRのパラドックス　242
運動量演算子　34
永年方程式　200
江崎玲於奈　76, 89
エネルギー準位　16
エルミート演算子　124
エルミート共役　124
エルミート多項式　59
演算子　34, 119
　位置——　37
　1次——　127
　運動量——　34
　エルミート——　124
　軌道角運動量——　98
　昇降——　159, 169
　消滅——　136, 234
　スピン角運動量——　145
　生成——　136, 234
　ハミルトン——　37
　両立する——　132
遠心ポテンシャル　94

カ　行
階段型ポテンシャル　67
角運動量　143
角運動量の合成　163
角振動数　34
確率振幅　12, 136
確率の流れの密度　66, 138
確率の保存　126
確率密度　11, 66, 138
ガーマー　12
完全系　28
完全性条件　130
規格化条件　28, 38, 39
基準振動　27
期待値　122
基底　128
基底状態　17, 46
軌道角運動量演算子　98
軌道確率密度　107
軌道量子数　99
球座標　91
球調和関数　114
球ノイマン関数　109
球ハンケル関数　110
球ベッセル関数　109
球面調和関数　95
行列力学　42
偶然縮退　105
クレーニッヒ-ペニー・ポテンシャル

87
クレプシュ-ゴルダン係数　166
クーロン散乱　222
群速度　36
形状因子　224,230
経路積分量子化法　230
ケット(ベクトル)　136
交換関係　130,156
交換子　130
交換積分　184
交換相互作用　184
剛体球ポテンシャル　228
光電効果　4
固有関数　34
　同時――　132
固有磁気モーメント　143,152
固有状態　34
固有振動(数)　27
固有値　34
　離散的エネルギー――　51
　離散的――　47
　連続エネルギー――　66
固有値方程式　34
コンプトン散乱　6

サ　行

最小波束　82
散乱　215
　クローン――　222
　コンプトン――　6
　ラザフォードの――公式　222
散乱振幅　218
g因子　153
磁気共鳴吸収　156
磁気モーメント　112
　固有――　143,152
磁気量子数　99,113
自発放射　238
磁場の中の電子　111,152
自由運動　65
周期的境界条件　84
自由電子模型　186
自由粒子　85
縮退　55,123
シュタルク効果　201
シュテルン-ゲルラッハの実験　144
主量子数　101,105
シュレーディンガー　37,42
　――の猫　140
シュレーディンガー方程式　37
　時間に依存しない――　39
　時間に依存する――　39
昇降演算子　159,169
状態　11,123
　――の収縮　123
　――ベクトル　128
　――密度　88,207
消滅演算子　136,234
真空　235
人工超格子　89
水素原子　102
水素類似原子　114
スカラー・ポテンシャル　111
スピノル　147
スピン　143,144
　――1重項　167,179
　――角運動量演算子　145
　――3重項　167,179
　――と波動関数の対称性の関係　178
　――の回転　150
　――の歳差運動　154
　――の波動関数の2価性　151,169
　――量子数　146

複合粒子の——　180
スピン-軌道相互作用　167
スレーターの行列式　183
正規直交完全系(性)　28, 125
正規直交系　28
正常ゼーマン効果　113
生成演算子　136, 234
摂動(論)　194
時間に依存しない——　195
時間に依存する——　203
零点エネルギー　47
線スペクトル　16
全断面積　220
走査型トンネル電子顕微鏡(STM)　76
束縛状態　53

タ　行

多粒子系　173
中心ポテンシャル　91
中性子干渉計　86
超関数　79
超伝導　189
超流動　189
調和振動子　56
調和振動子ポテンシャル　56
3次元の——　115
直接積分　184
定常状態　16
定常波　26
ディラック　78
デビソン　12
デルタ関数　78
——規格化　81
電気2重極放射　239
電子殻　181
動径方程式　93
同時固有関数　132
同種粒子　177
特性X線　182
独立粒子近似　181
ド・ブロイ　42
——波長　12
トンネル効果　71

ナ　行

内積　126
2重性　4, 8
2準位近似　191
2粒子系　175

ハ　行

ハイゼンベルク　42
——の不確定性関係　14, 130
パウリ行列　148
パウリの排他原理　178
波数　34
波束　35, 81
最小——　82
波動関数　11
——の収縮　123, 242
波動方程式　24
波動力学　42
ハートリー近似　181
ハートリー-フォック近似　183
ハミルトニアン　36-37
ハミルトン演算子　37
パリティ　55, 98
バンド　88
光の放射　233
非摂動的過程　203
微分断面積　219
表現行列　129, 148, 158
ヒルベルト空間　128

ファインマン　230
フェルミ・エネルギー　186
フェルミ準位　186
フェルミの黄金律　207, 209
フェルミ粒子(フェルミオン)　178
不確定性関係　14, 130
不確定性原理　14
複合粒子のスピン　180
複素共役　30
複素数　29
部分波　226
　——展開　228
ブラ(ベクトル)　136
フランク　19
フランク-ヘルツの実験　18
プランク　4
　——定数　4
フーリエ級数　27
フーリエ変換　81
閉殻　184
ベクトル・ポテンシャル　111, 234, 236
ヘルツ　19
変換関数　138
変分法　210
ボーア　117
　——磁子　113
　——半径　105
方位量子数　99
方向量子化　100
ボース-アインシュタイン凝縮　188
ボース粒子(ボソン)　178
保存則　139
ボルン　42
　——近似　220

マ・ヤ行

ミリカン　5

誘導放射　238
湯川ポテンシャル　221
ユニタリー変換　129

ラ　行

ラゲールの陪多項式　106
ラザフォードの散乱公式　222
ラムザウワー効果　87
ランダウ準位　140
離散的エネルギー固有値　51
離散的固有値　47
リッツの結合原理　16
量子　10
量子細線　89
量子数　46
　軌道——　99
　磁気——　99, 113
　主——　101, 105
　スピン——　146
　方位——　99
量子電磁気学　233
量子箱　89
両立する演算子　132
ルジャンドル多項式　96
ルジャンドルの陪多項式　96
ルビー・レーザー　241
励起状態　17, 46
零点エネルギー　47
レーザー　240
　ルビー・——　240
連続エネルギー固有値　66

原 康夫
1934年神奈川県鎌倉に生まれる．1957年東京大学理学部物理学科卒業．カリフォルニア工科大学，シカゴ大学，プリンストン高等学術研究所の研究員，東京教育大学理学部助教授，筑波大学物理学系教授を歴任．筑波大学名誉教授．1978年仁科記念賞受賞．理学博士．
専攻，素粒子論．
主な著書：『電磁気学入門』『物理学基礎』『物理学通論 I，II』『物理学』(以上，学術図書出版社)，『力学』(東京教学社)，『素粒子』(朝倉書店)，『量子の不思議』(中央公論社)，『量子色力学とは何か』(丸善)，『トップクォーク最前線』(日本放送出版協会)，その他．

岩波基礎物理シリーズ 新装版
量子力学

1994年6月6日 初版第1刷発行
2020年2月14日 初版第25刷発行
2021年11月10日 新装版第1刷発行
2024年2月26日 新装版第3刷発行

著 者 原 康夫（はら やすお）

発行者 坂本政謙

発行所 株式会社 岩波書店
〒101-8002 東京都千代田区一ツ橋2-5-5
電話案内 03-5210-4000
https://www.iwanami.co.jp/

印刷・三秀舎 表紙・半七印刷 製本・牧製本

ISBN 978-4-00-029907-7 Printed in Japan